リスクを知るための確率・統計入門

岩沢 宏和 著

東京図書

|R|〈日本複製権センター委託出版物〉
本書を無断で複写複製（コピー）することは，著作権法上の例外を除き，禁じられています。本書をコピーされる場合は，事前に日本複製権センター（電話：03-3401-2382）の許諾を受けてください。

はじめに

　確率論や統計学（以下，「確率・統計」という）を扱った本は数多く出ている．幅広い人々をターゲットにした入門書も目にするし，大学合格や大学での単位取得に役立つような参考書も多い．つまり，大学教養レベルまでの入門書や参考書は数多く出ている．ところが，その先に進むための参考書はあまりないように思う．

　もちろん，その先に進む必要がなければ問題ない．しかし，筆者が携わっている保険や金融の世界だけを念頭においても，大学教養レベルの確率・統計の知識では実用にはまったく不十分である．そこで，その先に進む参考書がぜひともほしいところである．

　他方，特定の専門的手法や議論に特化した（おそらく発行部数はさほど多くない）書籍は多種類出ている．問題は，大学教養レベルの参考書とそれらの専門書との間に，レベルとして大きなギャップがあることである．そのギャップを埋める一助となることが本書の狙いである．

　ギャップとしては，1つには，大学教養レベルの参考書では説明がないが専門書では当然のように使われている概念や手法の存在がある．そうした概念や手法をとりあげ，その動機づけや発想方法や活用方法を解説するのは有益なことである．本書にもその一面がある．しかし，そうした解説をし始めると切りがないのが実際である．

　本書がとくに力を入れているのはもっと別のことである．本書が重要だと考えているのは，より専門的な議論や本格的な応用に出合ったときに自力でそれを消化したり習得したりするのに役立つ強靭な基礎力を習得してもらうことである．つまり，本書はそうした基礎力を養うための学習書である．

本書の特徴的な要素について少し述べておくと以下のとおりである．

手法 本書では，確率・統計に関する基礎的なテクニック（手法やコツ）を数多くとりあげている．読みやすさに配慮して，いくつかの手法（33個になった）は枠で囲んで通し番号も付したが，紹介している手法はそれらにとどまらず，また，コツやヒントのたぐいも随所に散りばめてある．

問題 本書の中心となっているのは，結果としてちょうど100題となった「問題」である．それらの問題を軸にして手法やコツを紹介・解説するのが本書の基本形である．「問題」のほかに「練習問題」も用意している（37題となった）が，それらは，「問題」を軸とした解説だけでは伝えきれない手法のエッセンスを示したり，きわめて重要な代表的適用例を示したりするためにとくに選んだものであり，本書の中心的な要素の1つである．どちらの問題にしても，ごくわずかの例外を除いて，単なる計算練習のたぐいは含まれておらず，解法はもちろん，結果まで覚えておくとよいものが大半である．したがって，学習者におかれては，（一部の例外的な問題を除いて）実際に結果を覚えるほどになるまで繰り返し問題にとり組むことをおすすめする．

コラム 内容的に本文には収まりきらないが話題としては捨てきれない事項をコラム（5個になった）にして収めている．形式にあまりとらわれないでよいぶん，かなり密度の濃い内容になっていると思う．

付録 付録も本書の重要な要素である．とくに，代表的な統計的推測の手法をまとめて詳しく掲載しているのでぜひとも有効に活用してほしい．

ところで，確率・統計の広範な話題を，付録部分を含めても300頁たらずの本に収めるにあたっては，とり扱う範囲の選定に大いに苦労した．基本的には，「リスク」を知るための専門的な手法を念頭に置いた上で，それらを習得する際に基礎となる確率・統計のテクニックを厳選することとした．ここでいうリスクは，いわば不確実性のみに関わるものである．つまり，リスクを軽減するために，工学的な手法をはじめとする確率・統計以外の手法が中心的な役割を果たすものは本書では扱わない．別のいい方をすると，ここでいうリスクは，保険や投資の対象になりうるものである．ただし，経済学の役割が大きな

比重を占める投資理論や数理ファイナンスないし金融工学の話も直接は扱わないこととした．

しかし，以上のような選定基準を設けても，まだまだ絞りきれなかった．そこで，さらに具体的に参考としたのは，アクチュアリーという保険数理の専門家となるために必修とされている確率・統計の知識や手法である．それを選定基準としたのは，1つには，その学習範囲が，国際アクチュアリー会という組織によって国際的に規定されていて，その意味でグローバル・スタンダードだといえるからである．そして，もっと現実的な理由は，その範囲であれば，筆者の経験と知識が最大限に活かせるからである．というのも，筆者は，アクチュアリー資格を目指す人たちを対象にした数多くの講座の講師を日々務めているからである．

とはいえ，本書は，アクチュアリー試験だけを意識したものでは決してない．実際，本書の企画段階では，アクチュアリーの試験範囲に必ずしも限定する意図はなかったのだが，書き進めていくうちに原稿が膨れ上がってしまい，最終的に内容を選定するときに最も客観的かつ現実的な基準として到達したのが，上で述べた基準だったという次第である．いずれにせよ，たしかに具体的に扱っている手法は限定せざるをえなかったものの，本書が伝えようとする確率・統計のエッセンスは，保険や金融のリスクを数理的に捉えることに関心をもつすべての人にとって有効なものである（とともに，最終章を除けば，確率・統計の手法に携わるもっとずっと広範な人びとにとっても有効なものであろう）と考えている．

本書を書くにあたってお世話になった人は多い．東京大学名誉教授の松原望先生は，本書の企画を一貫して応援してくださり，とくに初期段階の原稿の一部に目を通して好意的なコメントをくださったことにより，本書の企画は幸先のよいスタートが切れた．筆者は本書を書き進めている最中，さまざまな段階の原稿を，種々の講義において使用した．その際の受講者たちの反応や，もっと直接的には，誤記や誤字脱字のたぐいの指摘のおかげで，本書の内容は大いに改善された．東京海上日動火災保険株式会社の佐藤政洋氏と日本興亜損害保険株式会社の島本大輔氏には，完成に近い原稿全体に目を通してもらい，多くの単純な誤植のほか，いくつかの記述の間違いも見つけていただいた．中央大

学教授の藤田岳彦先生からは，筆者が最終段階まで表現の工夫に悩んでいた箇所に対して貴重なコメントをいただき，大変助けられた．そして，本書の企画の最初から最後まで，東京図書の則松直樹氏にお世話になった．以上の方々にこの場を借りて深く感謝申しあげたい．

平成 23 年 12 月

岩沢 宏和

目次

はじめに ... iii

第1章 確率計算のエッセンス 1
1.1 確率論の誕生 ... 1
    1.1.1 ガリレオのサイコロ ... 2
    1.1.2 ド・メレのサイコロ問題 ... 4
    1.1.3 分配問題 ... 5
    1.1.4 ギャンブラーの破産問題 ... 8
1.2 組み合わせ論の基本テクニック ... 9
1.3 確率計算の基本テクニック ... 12
    1.3.1 くじ引きの原理 ... 12
    1.3.2 期待値の加法性と確率変数の分解 ... 16
    1.3.3 ベイズの定理 ... 19
    1.3.4 独立性に関する注意 ... 25

第2章 確率分布を扱うための基本テクニック 31
2.1 確率分布と確率変数 ... 31
2.2 とくに基本的な確率分布の例 ... 34
    2.2.1 ベルヌーイ試行 ... 34
    2.2.2 正規分布 ... 40
コラム①●ガウス積分 ... 45
    2.2.3 一様分布 ... 46
2.3 確率分布の特性値 ... 50

　　　　2.3.1　特性値の定義 ･･････････････････････････････ 51
　　　　2.3.2　連続型確率分布の特性値の求め方 ･･････････････ 53
　コラム②●ガンマ関数 ･････････････････････････････････ 58
　　　　2.3.3　連続型以外の確率分布の特性値の求め方 ･･･････ 60
　　　　2.3.4　特性値の基本的性質 ･･････････････････････････ 64
　コラム③●ベータ関数 ･････････････････････････････････ 74
　2.4　「条件付期待値」と「条件付の期待値」････････････････ 76

第3章　確率分布のエッセンス　　　　　　　　　　　　　83
　3.1　確率分布の作り方 ･･････････････････････････････････ 83
　　　　3.1.1　原初的な確率分布 ･･････････････････････････ 84
　　　　3.1.2　順序統計量 ････････････････････････････････ 98
　　　　3.1.3　確率分布の関数 ･･･････････････････････････ 102
　　　　3.1.4　確率分布の和差積商 ･･･････････････････････ 106
　コラム④●分布どうしの関係とポアソン過程 ･･････････････ 116
　　　　3.1.5　一様分布に関する演習問題 ･････････････････ 118
　　　　3.1.6　確率分布の極限 ･･･････････････････････････ 123
　　　　3.1.7　多次元分布 ･･･････････････････････････････ 126
　3.2　母関数 ･･ 143
　　　　3.2.1　積率母関数と確率母関数 ･･･････････････････ 146
　　　　3.2.2　特性関数 ･････････････････････････････････ 158
　　　　3.2.3　キュムラント母関数 ･･･････････････････････ 161

第4章　統計的推測のエッセンス　　　　　　　　　　　167
　4.1　経験分布 ･･ 168
　4.2　点推定 ･･ 172
　　　　4.2.1　モーメント法 ･････････････････････････････ 172
　　　　4.2.2　最尤法 ･･･････････････････････････････････ 174
　　　　4.2.3　推定量の評価 ･････････････････････････････ 179
　コラム⑤●最小分散不偏推定量の見つけ方 ････････････････ 187
　4.3　標本分布 ･･ 188

4.4	区間推定		194
	4.4.1	典型的な信頼区間の作り方	194
	4.4.2	近似法による信頼区間の作り方	201
	4.4.3	信頼区間の最適化	202
4.5	仮説検定		204
	4.5.1	典型的な検定方式の作り方	209
	4.5.2	検定方式の評価	211
	4.5.3	尤度比検定	215
	4.5.4	適合度検定	218

第 5 章　リスクを知るための確率・統計の応用例　　223

5.1	リスクどうしの従属性の表現方法		224
	5.1.1	コピュラとは何か	225
	5.1.2	コピュラの利用方法	231
	5.1.3	コピュラの基本的性質と種類	238
5.2	破産リスクの算定		242
	5.2.1	破産問題とマルチンゲール	244
	5.2.2	離散時間型モデルにおける無限期間の破産確率	252
	5.2.3	連続時間型モデルにおける無限期間の破産確率	255
5.3	クレディビリティ理論		259
	5.3.1	クレディビリティ理論の基本モデル	261
	5.3.2	ベイズ推定	263
	5.3.3	ビュールマンの方法	271

付録　確率・統計ミニハンドブック　　279

A.1	代表的な確率分布の特性値など		279
A.2	代表的な統計的推測における推定量や統計量など		280
	A.2.1	正規母集団 $N(\mu, \sigma^2)$ の母平均 μ の統計的推測	280
	A.2.2	2つの正規母集団の母平均の差 d の統計的推測	281
	A.2.3	正規母集団 $N(\mu, \sigma^2)$ の母分散 σ^2 の統計的推測	284

- A.2.4 2つの正規母集団の母分散の比の区間推定と等分散仮説の検定 ････････････････････････････････ 285
- A.2.5 2次元正規母集団の母相関係数の点推定と無相関検定 ･･ 286
- A.2.6 2次元正規母集団の母相関係数の区間推定と仮説検定 ･･ 286
- A.2.7 回帰直線に関する統計的推測 ････････････････ 287
- A.2.8 2項母集団 $Bin(1, p)$ の母比率 p の統計的推測 ･･･････ 288
- A.2.9 2つの2項母集団の母比率の差 d の統計的推測 ･･････ 290
- A.2.10 指数母集団 $\Gamma(1, 1/\mu)$ の母平均 μ の統計的推測 ･･････ 290
- A.2.11 ポアソン母集団 $Po(\lambda)$ の母平均 λ の統計的推測 ･････ 291

参考文献　293

索　引　294

■装幀：戸田ツトム

確率計算のエッセンス

1.1 確率論の誕生

　世の中には，どのような値が実現するかが不確定な事象がたくさんある．そのような事象のことを「リスク」とよぶことにすれば，この意味でのリスクを数学的に整合的な観点から評価しようという努力から創られ発展してきたのが確率論であった．

　現代に続く数学的な確率論が生まれたのは，17 世紀の中葉のことといわれる．そのころに，それまで何世紀もの間解けなかった，というよりも，どう手をつけてよいかすらわからなかった，いまでいう「確率」の問題，とくに「分配問題」とよばれる問題（問題 3 (5 頁)）が，いくつかのまったく新たな計算手法の発見（ないし発明）によって解けるようになった．しかも，その計算の内容だけ見れば，基本的に四則演算の範囲ですむものであるから，手法が高度というよりは，確率論的なものの考え方自体が（少なくとも歴史をふり返るかぎり）たぐいまれな天才たちでなければとうてい思いつけない画期的なものだったのである．

　本節では，確率論誕生前後のいくつかの古典的な確率の問題をとりあげる．これらを通して，確率計算の基本的な発想方法をつかみとってもらいたい．

1.1.1 ●●● ガリレオのサイコロ

　確率論の数学的研究は，ブレーズ・パスカル (1623-1662) とピエール・ド・フェルマー (1607?-1665) の 1654 年の往復書簡（次項参照）によって始まったというのが通説である．そのときに扱われている題材は，基本的に賭け事であった．賭け事を題材とした，確率に関する問題（といまならいえる問題）は，1654 年よりも前から扱われており，とくに，かのガリレオ・ガリレイ (1564-1642) も「サイコロ遊びについての考察」を行っている．ガリレオがもちかけられたのは，「3 個のサイコロを投げると，目の和が 9 になる組み合わせも目の和が 10 になる組み合わせもともに 6 通りであるのに，経験によると目の和が 9 のパターンより目の和が 10 のパターンのほうがよく出るが，これはどうしたことか」という問いであった[1]．これは，いまならば確率の概念を使って解かれるかもしれないが，当時は（名称はもちろんのこと実質的にも）確率という観念なしに解かれた問題である．もちろん，このくらいの問題であれば，確率という概念を使うにせよ使わないにせよ，本書の読者なら誰でも正確に解けるであろう．とはいえ，本問は単に歴史的に有名なだけでなく，確率計算の基本的な特徴を解説するのにもちょうどよいので，第一問として掲げておく．

> **問題 1**　サイコロを 3 つ同時に投げたとき，目の和が 9 になるのと 10 になるのとではどちらが出やすいか．

　この問題を正しく解くには，場合の数を比べるときに，3 つのサイコロをすべて区別しておくところがミソである．

(解答)　出た目の組み合わせが（たとえば）⚀と⚁と⚅の場合を「⚀⚁⚅」というように略記すると，以下のとおりとなる（初歩的な内容なので，細かい計算の根拠はいちいち記していない）．

---

[1] 同等の問題は（もっとずっと多くの他の事例とともに）さらに少し前にジロラモ・カルダーノ (1501-1576) も扱っており，正しい答えを得ている．ただし，もう少し複雑な類似の問題についてのカルダーノの記述には不明点も多く，カルダーノが現代の目から見てどれだけ正確に「確率」計算を実行していたかは数学史上はよくわからないらしい．

9 の場合:

目の組み合わせ　⚀⚃⚃, ⚀⚂⚄, ⚀⚁⚅, ⚁⚂⚃, ⚁⚁⚄, ⚂⚂⚂

場合の数　6 + 6 + 3 + 3 + 6 + 1 = 25

10 の場合:

目の組み合わせ　⚀⚂⚅, ⚀⚃⚄, ⚀⚄⚃, ⚁⚂⚄, ⚁⚃⚃, ⚁⚁⚅

場合の数　6 + 6 + 3 + 6 + 3 + 3 = 27

したがって，10 のほうが場合の数が多く，出やすい． □

　この問題の例のように，典型的な確率の計算の基本は，場合の数を数え上げることである．ただし，その際に数えるのは，**どれも等確率で生じる互いに排反な事象**でなければならない．そうしたいわば基本的な事象を見てとり，現代でいう組み合わせ論的手法により場合の数をうまく数え上げることが，（確率論出現以前も含めた）古典的な確率計算の基本であった．本問の場合は，すべての可能性（**全事象**ないし**標本空間**という）を $6^3 = 216$ 個の等確率の事象に「分割」していた．このようなテクニックを**全事象の分割**という．

　ところで，細かい計算をしないでも，10 のほうが出やすいことはすぐにわかる．それがわかるためには，たとえば，「出る目の合計の期待値 = $3.5 \times 3 = 10.5 > 10 > 9$ なので，10 のほうが出やすい」と考えればよい（サイコロの目の細かさや対称性を考慮すれば，その正しさは直感的にはほぼ明らかであろう）．一般に「期待値に近い値のほうが実現しやすい」という傾向があるからである．こうした考えは，いい加減なものに見えるかもしれないが，このような感覚を身につけることは，リスクを実際に知ろうとする者にとっては，大いに有益なことである．なお，3 つのサイコロの目の和を表す確率変数を S とするとき，対称性より，

$P(S = 10) = P(S = 11) > P(S = 9) = P(S = 12) > \cdots > P(S = 3) = P(S = 18)$

がいえる，ということも念のため指摘しておこう．

1.1.2 ●●● ド・メレのサイコロ問題

1653年から1654年にかけてのことと考えられているが，当時有名な賭博師であり軍人であり貴族であったシュヴァリエ・ド・メレ(1607-1684)が，賭け事に関する2つの問題をパスカルに問いかけた．それが「確率」の問題に関してパスカルとフェルマーとの間で往復書簡が交わされるきっかけとなり，その往復書簡に示された偉大な成果を指して，1654年に確率論が誕生したといわれている．

ド・メレは，1つのサイコロを振って6の目が出るのと，2つのサイコロを振って2つとも6の目（つまり6のゾロ目）が出るのとでは，6倍の差があることを知っていた．であれば，（本人は「確率」という言葉は使っていないが）サイコロを4回振って6の目が1回以上出る確率と，2つのサイコロをその6倍の回数である24回振って6のゾロ目が1回以上出る確率とでは同じになりそうだと考えたのだが，賭博師としての経験上（！），前者は1/2よりわずかに大きく後者は1/2よりわずかに小さいので不思議に思っていたのである．

> **問題 2** サイコロを4回振って6の目が1回以上出る確率と，2つのサイコロを24回振って6のゾロ目が1回以上出る確率をそれぞれ求めよ．

解答 4回振って6が1回以上出る確率 = $1 - (5/6)^4 (\fallingdotseq 0.518)$
24回振って6のゾロ目が1回以上出る確率 = $1 - (35/36)^{24} (\fallingdotseq 0.491)$ □

これは，いまとなっては高校の数学で解ける問題であるが，パスカルやフェルマーが当時初めて正確に計算したのはやはり画期的なことであった．ただし，彼らの用いた算式自体はかなり複雑である（パスカルのものは算式が記載されていたと思われる書簡が後世に残っていないので詳細すら不明である）ので，現代のわれわれがそれらを参考にする必要はないであろう．これに対し，上記の現代的解答の算式には，基本的な確率計算のエッセンスがいくつか詰まっている．1つは，**余事象**を考えるというテクニックである．「1回以上出る確率」を出すには，1から「1回も出ない確率」を引けばよいのである．また，互いに独

立な事象の積の確率は各確率の積をとればよいという原理も使われている[2].

1.1.3 ●●● 分配問題

ド・メレは，もう1つ，分配問題（あるいは「点数の問題」）とよばれる種類の問題を提起している．簡単にいえば，賭けの勝負がつかないうちに何らかの理由で賭けを中止したとき，賭け金をどう配分すればよいか，という問題である．

> **問題3** ある賞金をかけてA，B，Cの3人が平等なゲーム（たとえば，サイコロを振って1か2ならA，3か4ならB，5か6ならCがそれぞれ勝ちとなるゲーム）をくり返して行う．そして，先に3勝したものが賞金全額を受けとることとした．しかし，何らかの理由でゲームを中断しなければならなくなった．その時点でAはすでに2勝，B，Cはともに1勝ずつだとして，賞金を公平に分配する比率を求めよ．

この分配問題こそ，15世紀の終わりごろ以来，ゲームの参加者が2人だけというもっと簡単な場合について何人もの数学者がとり組んだにもかかわらず，17世紀中頃まで（現代の目からすると）誰一人として正解に達しなかった超難問である．パスカルとフェルマーも（少なくともパスカルは相当に）苦労をして，この問題の解法をいろいろ検討しているので，読者も複数の解き方で解こうとしてみてほしい．

後の研究者の解釈も踏まえると，パスカルとフェルマーはこの問題に3種類の解法を与えているようである．以下に，それぞれに対応する3通りの解法を示す．解法1と2では，中断時の状態から始めてゲームを続けていったと仮想し，最終的にそれぞれが賞金全額を獲得する確率を求め，その比率で分配する．

解法① （全事象の分割）

確率を計算するために，全事象をうまく分割することを考える．本問の場合，あと

---

[2] n 個の事象の積とは，n 個の事象を「かつ」で結んだ事象のことである．独立性に関する注意点については，1.3.4を参照せよ．

高々3ゲームで勝負がつくので，(途中で勝負がついたとしても)形式的に必ずあと3ゲーム行わせるとする(フェルマーによる，当時としては天才的なアイディア！)ならば，全事象を27通りの等確率の事象に分割することができる．そのうえで，その1つひとつの賞金獲得者を判定し，各人が，それぞれ何通りの場合に賞金を獲得しているかを数えればよい．Aが賞金を獲得する場合の数は多いので，代わりにBについて数えれば，各ゲームの勝者がBBA,BBB,BBC,BCB,CBBである5通りの場合にBが賞金を獲得することがわかる．Cが賞金を獲得するという場合の数も同じで，また，場合の数は全部で27であるから，A:B:C=17:5:5に配分すればよい． □

解法 ② (樹形図)

すべての場合を網羅するため**樹形図**を書く．ただし，樹形図の末端の確率は何ゲームめで決着するかに依存して異なる(計算しやすいよう，分母は27にそろえた)．

第1ゲーム勝者	第2ゲーム勝者	第3ゲーム勝者	賞金獲得者	決着試合数	確率
A			A	1	9/27
B	A		A	2	3/27
B	B		B	2	3/27
B	C	A	A	3	1/27
B	C	B	B	3	1/27
B	C	C	C	3	1/27
C	A		A	2	3/27
C	B	A	A	3	1/27
C	B	B	B	3	1/27
C	B	C	C	3	1/27
C	C		C	2	3/27

したがって，

$$A の配分 = 9/27 \times 1 + 3/27 \times 2 + 1/27 \times 2 = 17/27$$
$$B の配分 = C の配分 = 3/27 \times 1 + 1/27 \times 2 = 5/27$$

となり(確率の合計が1であることを確かめよ)，求める分配比はA:B:C=17:5:5となる． □

解法2を考えたのはフェルマーである．書簡では樹形図は示されていない[3]

---
[3] 樹形図を最初に明示的に用いたのは，確率の問題に関するパスカルやフェルマーの手法を

が，フェルマーが事実上，樹形図に基づくテクニックを獲得していたことはたしかなようである．ただし，本問くらいの単純な設定であれば，樹形図をきちんと描かなくとも，たとえば「Bが勝つのは，勝者がBBかBCBかCBBの場合だから，その確率は$(1/3)^2 + (1/3)^3 \times 2 = 5/27$である」等々とすればよい．ここで重要なのは，BBとBCBとCBBが，注目している事象（Bが賞金をもらうという事象）の「分割」であることである．このようなテクニックを**事象の分割**という．一般に，樹形図を描くときに行っているのは，全事象の分割や事象の分割である．

さて，上の2つの解法は，時間に順行する形で展開されている．これに対し，次に示す，パスカルによるとされる[4]解法3は，同じくすべての可能性を網羅するにしても，時間に**逆行**する形で計算を実行している点が画期的であった．また，その際，（おそらく）期待値の発想を用いている点も画期的であった．

解法 ③（逆行のテクニック）

（結果を知らないとこの工夫はできないのでまったく本質的ではないものの）分数表示の煩わしさを避けるため，勝者に渡される賞金は27であるとする（以下の場合分けは解法2の樹形図を見ながらのほうが理解しやすいであろう）．仮に中断後の（仮想的な）ゲームの勝者が（たとえば）順にB，C，Aだった場合はAが賞金をもらうことになるが，そのときの賞金の分配結果を$d_{BCA} = (27, 0, 0)$と表すとすると，

$$d_A = (27, 0, 0),\ d_{BA} = (27, 0, 0),\ d_{BB} = (0, 27, 0),\ d_{BCA} = (27, 0, 0),$$
$$d_{BCB} = (0, 27, 0),\ d_{BCC} = (0, 0, 27),\ d_{CA} = (27, 0, 0),\ d_{CBA} = (27, 0, 0),$$
$$d_{CBB} = (0, 27, 0),\ d_{CBC} = (0, 0, 27),\ d_{CC} = (0, 0, 27)$$

となる．次に，中断後の勝者が（たとえば）順にB，Cであったとき，その時点で見ると，その後の分配結果が$d_{BCA}, d_{BCB}, d_{BCC}$となる確率はいずれも1/3なので，

$$d_{BC} = d_{BCA} \times 1/3 + d_{BCB} \times 1/3 + d_{BCC} \times 1/3 = (9, 9, 9)$$

と計算する．同様に，

$$d_{CB} = d_{CBA} \times 1/3 + d_{CBB} \times 1/3 + d_{CBC} \times 1/3 = (9, 9, 9)$$

（おそらく独自の整理や工夫も相当に加えつつ）書物の形で最初に広く伝えたクリスティアン・ホイヘンス(1629-1695)のようである．
[4] この解法をパスカルに帰するのは，現代のA.W.F. Edwardsという学者の解釈に基づくものである．じつは，現存していない書簡があることもあり，パスカル自身の解法や理解の程度は，数学史上の論争の的になっている．

である.さらに同様の考えで計算をくり返せば,

$$d_B = d_{BA} \times 1/3 + d_{BB} \times 1/3 + d_{BC} \times 1/3 = (12, 12, 3)$$
$$d_C = d_{CA} \times 1/3 + d_{CB} \times 1/3 + d_{CC} \times 1/3 = (12, 3, 12)$$

となるので,中断時の(適正な)分配方法を d とすれば,

$$d = d_A \times 1/3 + d_B \times 1/3 + d_C \times 1/3 = (17, 5, 5)$$

となり,求める分配比が 17:5:5 であることがわかる. □

1.1.4 ●●● ギャンブラーの破産問題

確率の問題として有名な「ギャンブラーの破産問題」も,(じつはあまり知られていないことなのだが)すでにパスカルが確率論誕生後すぐ[5]に提起した問題である.もとの問題の具体的数値例は計算がやっかい(パスカル自身は,18桁の数字と15桁の数字の比をもって答えを表記している)なので,数値例は用いず,少し一般的な形で問題を提示しておく.

> **問題4** AとBの2人は,あるゲームをくり返し行い,各ゲームの勝者は敗者から1円受け取ることにする.ただし,各ゲームにおいてA, Bの勝つ確率は,他のゲームの勝敗とは独立にそれぞれ p, q ($p+q=1$) とする.A, Bの最初の所持金をそれぞれ n 円,$N-n$ 円とし,どちらかが破産するまでゲームを続けるとき,Aが破産する確率を求めよ.

前問で紹介した逆行のテクニックは,確率や期待値の計算において**漸化式**を利用するときに有用なテクニックである.どうやらパスカルは,確率の計算に漸化式をうまく使うコツを(実質的に)心得ていたようである.

解答 本問では,Aの所持金が k 円($0 \leq k \leq N$)になった場合にその後Aが破産する確率[6]を r_k で表し,この r_k について漸化式を立てることに思い至ることが鍵となる.

---
[5] 1656年のことといわれる.仮にもしその前に問題提起した人があったとしても,まったく手のつけようがなかったであろう.
[6] もう少し厳密な書き方をするなら「条件付確率」,つまり,Aの所持金が k 円になったという条件のもとでの条件付確率である.条件付確率については 1.3.3(20頁)で説明する.

漸化式は,
$$r_k = \begin{cases} 1 & (k=0 \text{ のとき}) \\ pr_{k+1} + qr_{k-1} & (1 \leq k \leq N-1 \text{ のとき}) \\ 0 & (k=N \text{ のとき}) \end{cases}$$

となる. $1 \leq k \leq N-1$ について整理すれば,
$$r_{k+1} - r_k = (q/p)(r_k - r_{k-1}) = \cdots = (q/p)^k (r_1 - r_0)$$

となるので, ある定数 c によって, $1 \leq k \leq N$ について,
$$r_k = r_0 + c \sum_{i=0}^{k-1} (q/p)^i = \begin{cases} r_0 + ck & (p = q(=1/2) \text{ のとき}) \\ r_0 + \dfrac{c(1-(q/p)^k)}{1-q/p} & (p \neq q \text{ のとき}) \end{cases}$$

と書ける. ここで $r_0 = 1, r_N = 0$ に注意すれば,
$$c = \begin{cases} -\dfrac{1}{N} & (p = q(=1/2) \text{ のとき}) \\ -\dfrac{1-q/p}{1-(q/p)^N} & (p \neq q \text{ のとき}) \end{cases}$$

と計算されるので, 求める確率は,
$$r_n = \begin{cases} \dfrac{N-n}{N} & (p = q = 1/2 \text{ のとき}) \\ \dfrac{(q/p)^n - (q/p)^N}{1-(q/p)^N} & (p \neq q \text{ のとき}) \end{cases}$$

という計算結果になる. □

この解答において $p \neq q$ の場合の漸化式の処理はやや煩雑であった. 現代では, 答えを出すだけなら, もっとずっと簡単な計算方法が知られている. その手法は, 5.2 節で「破産リスク」の問題を扱うときに紹介する.

1.2　組み合わせ論の基本テクニック

　実際の確率計算を行うためには, 組み合わせ論的な計算テクニックに習熟している必要がある. しかし, 本書の限りで必要とされるテクニックはごく初歩的なもので十分であり, 大方の読者にとっては真新しいものはほとんどないであろう. 本節では, 確認のつもりで, いくつかの一般的用語の導入と基本事項の簡単な説明を行っておく.

> **問題 5** 次の各問いに答えよ.
> (1) a から j までの (10 種の) アルファベットだけを使って長さ 5 の文字列を作るとすると,何通りあるか.
> (2) a から j までのアルファベットから 5 文字を選んで一列に並べるとすると,何通りあるか.
> (3) a から j までのアルファベットから 5 文字を選ぶとすると,何通りあるか.
> (4) a から j までのアルファベットだけを使って 5 次の項 (たとえば a^2cd^2) を作るとすると,何通りあるか.

解答

(1) **重複順列** ${}_{10}\Pi_5 = 10^5 = 100000$ (Π は Permutation (順列) の頭文字 P に対応するギリシャ文字)

(2) **順列** ${}_{10}P_5 = 10 \cdot 9 \cdot 8 \cdot 7 \cdot 6 = 30240$ (P は Permutation (順列) に由来)

(3) **組み合わせ** ${}_{10}C_5 = \frac{10 \cdot 9 \cdot 8 \cdot 7 \cdot 6}{5 \cdot 4 \cdot 3 \cdot 2 \cdot 1} = 252$ (C は Combination (組み合わせ) に由来)

(4) **重複組み合わせ** ${}_{10}H_5 = {}_{10+5-1}C_5 = \frac{14 \cdot 13 \cdot 12 \cdot 11 \cdot 10}{5 \cdot 4 \cdot 3 \cdot 2 \cdot 1} = 2002$ (H は Homogeneous monomial (同次単項式) に由来) □

組み合わせ ${}_nC_k$ (n は正の整数, $k = 0, 1, \ldots, n$) は 2 項係数 $\binom{n}{k}$ の値に一致する. 2 項係数 $\binom{\alpha}{k}$ は, α が実数, k が 0 以上の整数の場合に定義され,2 項式である $1 + x$ を α 乗した $(1 + x)^\alpha$ を多項式 (項数が無限個の場合を含む) に展開したときの x^k の係数を表し,

$$\binom{\alpha}{k} = \begin{cases} \dfrac{\alpha(\alpha - 1) \cdots (\alpha - k + 1)}{k!} & (k \neq 0 \text{ のとき}) \\ 1 & (k = 0 \text{ のとき}) \end{cases}$$

と計算される (あるいは,名前の由来に頓着しないとしたら,この計算式が端的に定義であると考えればよい).

> **問題 6** 次の各問いに答えよ.
> (1) A〜J の (10 個の) 箱に,区別のある 5 個のボールを,1 つの箱に複数も可として入れるとすると,何通りあるか.

(2) A〜Jの箱に，区別のある5個のボールを，1つの箱にせいぜい1個として入れるとすると，何通りあるか．

(3) A〜Jの箱に，区別のない5個のボールを，1つの箱にせいぜい1個として入れるとすると，何通りあるか．

(4) A〜Jの箱に，区別のない5個のボールを，1つの箱に複数も可として入れるとすると，何通りあるか．

(解答) 前問と同じ． □

この問題は少し初歩的すぎたであろうか．だが，前問にしても本問にしても，重複組み合わせだけは少し解説をしたほうがよいかもしれない．というのは，確率の学習を数年続けていても重複組み合わせの具体的な問題になるとどうもうまく解けない，という人が少なくないのが現実だからである．

なかなか身につかないという人は，自分で何か1つ典型的な問題を決めて，まずはその問題について一度しっかりと発想を理解するとよい．たとえば，もし本問 (4) を念頭におくとすれば，求めるのは，

(箱と箱の間の) 9個の仕切りと，5個のボールを一列に並べる並べ方の総数

と同じであると考えればよい．もちろん，その数は，14個の位置から5つの位置を選ぶ選び方の総数であるから，$_{14}C_5$ で計算されるということがわかる．

こうして1つの類型を理解した後は，見た目が異なる重複組み合わせの問題 (たとえば前問 (4)) に出合うたびに，それを自分の知っている形へ翻訳する練習をする．これをしばらく続ければ，自然と重複組み合わせの考え方に慣れるであろう．

練習問題 1 次の各問いに答えよ．

(1) $x+y+z=10$ (x,y,z は 0 以上の整数) の解の個数はいくつか．

(2) $x+y+z=13$ (x,y,z は 1 以上の整数) の解の個数はいくつか．

(3) $x+y \leqq 10$ (x,y は 0 以上の整数) の解の個数はいくつか．

解答

(1) これは，区別のある 3 個の箱に区別のない 10 個のボールを入れるという重複組み合わせの問題と同じであるから，

$$\text{求める値} = {}_3H_{10} = {}_{12}C_{10} = {}_{12}C_2 = 66$$

となる．

(2) $x' := x-1, y' := y-1, z' := z-1$ とすると，求めるものは，$x'+y'+z'=10$（x', y', z' は 0 以上の整数）の解の個数となって (1) の問題に帰着するから，求める値は 66 である．

(3) $z := 10-x-y$ とすれば $z \geq 0$ であるから，求めるものは，$x+y+z=10$（x, y, z は 0 以上の整数）の解の個数と同じとなって (1) の問題に帰着するので，求める値は 66 である． □

本問 (2) を解く際には，求めるのは，13 個の（何でもよいが，たとえば）ボールを一列に並べたときにできる（隣り合うボールどうしの間の）12 個の隙間のうち 2 か所に仕切りを入れる選び方と同じである，ということから，ただちに ${}_{12}C_2 = 66$ と考えることもできる．

本問 (3) の解答に登場する z のように，（いわば）よけいな間隙を埋めることによって，不等式を含む問題を等式のみの問題に帰着させるために導入する変数のことを**スラック変数**という．このような変数を導入することは，最適化の問題（とくに線形計画問題）を処理する場合の基本的なテクニックである．

1.3 確率計算の基本テクニック

1.1 節では，確率論誕生時およびその直後の問題を，当時発見された手法を中心にとり扱った．本節では，時代を限定せずに，基本的な確率計算のエッセンスが凝縮された問題を厳選してとり扱うことにする．

1.3.1 ●●● くじ引きの原理

人間は，時間的順序をよく踏まえて物事を捉えることに慣れている．考えて

みればこれはじつに高度なことであるが，確率の計算においては，（皮肉なことに）時間的順序をあえて捨象して考えないとうまくいかないことがよくある．

最も端的な例は，じつに多くの人にとって直感に反するにもかかわらず，くじ引きは何番めに引いても当たる確率は一緒である，という事実である．そこで，時間的順序を捨象してよいときに的確に捨象するテクニックのことを，象徴的に**くじ引きの原理**とよぶことにし，以下に，くじ引きの原理に関する問題をいくつかとりあげておこう．

> **問題7** ［なくした搭乗券］
> 100人分の客席がある飛行機に，100人の乗客が一列になって乗り込んでいる最中，先頭の人が自分の搭乗券をなくしてしまい，無作為に席を選んで座ってしまった．その後の乗客たちは，自分の席が空いていればそこに座るが，空いていない場合には，まだ空いているところから無作為に席を選んで座っていくものとする．最後の乗客が搭乗してきたとき，すでにその乗客の席が埋まっている確率はいくらか．

解答 最終的に100番めの乗客が搭乗してきたときにまだ空いている席は，最後の乗客自身の席か最初の乗客の席かのいずれかである．その他の席はどれも，本来権利がある人が来たときにまだ誰も座っていなければその人自身が座るからである．そして，この2つの席のうちのどちらが先に埋まるかについては優劣はまったくない．したがって，100番めの乗客が来たときにすでに自分の席が埋まっている確率は1/2である． □

本問では，最初の乗客の席ないし最後の乗客の席がいつ埋まるかについてはまったく考慮しないでよく，最初の乗客の席と最後の乗客のうちどちらが先に埋まるかという一点だけに着目すればよい，ということに気づくことが鍵である．なお，この問題は，ここまで説明されてもどうもしっくりこないという人も少なくないが，その事実は，「くじ引きの原理」が直感に反するゆえに人はよくよく注意しなければならない，ということを示唆しているのだと受け止めておくとよいと思う．とはいえ，もう少しだけ付言すると，問題の2つの席のうちのどちらかがいったん選ばれたならば，その後は99番めの乗客まではずっ

と本人たちの席に座っていく，ということに気づくと納得いく場合が多いようである．

> **問題 8** ［次のカードの色］
> よくシャッフルされた一組のトランプ（赤26枚，黒26枚）の山がテーブルの上にある．その山の一番上からカードを1枚ずつ開いていき，いつでもよいから，あるカードを開く直前にそのカードの色が赤であるほうに100円賭ける．賭けるのはちょうど1回で，それより多くても少なくてもいけない．したがって，もし最後の1枚の直前まで賭けを行わなかったならば，最後の1枚に賭けるものと自動的に見なされる．このゲームで最善の戦略をとったとき，賭けに勝つ確率はいくらとなるか．

一見すると，このゲームに勝つ確率をわずかながら 1/2 よりも大きくする戦略はありそうである．というのも，山に残っている赤の枚数が黒の枚数を最初に上回るときまで待って，そのときに 100 円賭ければよさそうだからである．もちろん，赤が黒を上回ることは最後までないかもしれないので，そのあたりの影響がどの程度なのかを測るのはなかなか複雑なことに見える．だが，次の解答に示すように，じつはこのゲームには，うまい戦略はないのである．

(解答) どんな戦略をとったところで，勝つ確率が 1/2 であることは変わりようがない，というのが答えである．この結論を見てとるには，このゲーム（次に開くカードが赤であるほうに賭けるゲーム）と，山の一番下のカードが赤であるほうに賭けることとするゲームとは，確率の観点からはまったく同等のゲームであることに気づけばよい．この 2 つのゲームが同等なのは，いざ賭けるときのことを考えると，山の一番下のカードが赤である確率は，一番上のカードが赤である確率といつもまったく同じだからである．ところで，もちろん，この新しいほうのゲームは，最初にカードがシャッフルされた時点で決着していて，山の一番下のカードが赤なら勝ち，そうでないなら負けであり，戦略は一切関係なく，勝つ確率はつねに 1/2 である．したがって，もとのゲームも戦略は無関係であり，勝つ確率はつねに 1/2 である． □

これは，どんな戦略をとっても期待値（本問の場合は勝つ確率）が変わらない状況であり，ここで使われているのは，くじ引きの原理をもっと一般化した原

理であると解釈することができる．実際，本問は，確率過程におけるマルチンゲールというものに関係する任意停止定理という20世紀に登場した定理の適用例として捉えることもでき，そして，その定理こそ，くじ引きの原理を数学的にきちんと定式化したものだといえるものである．任意停止定理については，後で（5.2節で）とり扱う．

練習問題 2　[先手は有利か]

壺のなかに黒いボールが n 個と赤いボールが1個入っている．2人の人がその壺のなかからボールを交互に1個ずつ引いていく．その際，一度引いたボールは壺には返さない（非復元抽出）．こうしてボールを引いていって，たまたま赤いボールを引いた者がこのゲームの勝者となる．このとき，先手と後手ではどちらが有利か．

解答　これは単なるくじ引きである．どこに当たりが入っているかは完全に均等である．つまり，何回めに引いたくじ（＝ボール）であっても，それが当たり（＝赤いボール）である確率はみな等しく $1/(n+1)$ である．

すると，先手と後手のどちらが有利であるかは，先手と後手に，形式上，それぞれ何回ずつくじを引くチャンスがあるかのみによって決まる．もちろん実際には，当たりが出た以後はくじを引かないのだが，当たりが出ても，かまわず続けてくじを引いていってしまうと考えるとよい（問題3の解法1で見たフェルマーのアイディア）．すると，n が奇数のときは，先手も後手も引くくじの本数は等しく $(n+1)/2$ 本であって有利・不利はない．これに対し，n が偶数のときは，先手が引くのは $n/2+1$ 本で，後手が引く $n/2$ 本よりも1本多いので先手が有利である．すなわち，n が奇数のときは有利・不利はなく，n が偶数のときは先手有利である．　□

練習問題 3　よくシャッフルされた通常の52枚のトランプから13枚のカードを無作為に引き出した．さらに，その13枚のなかから2枚を無作為に引き出したところ，2枚ともキングであった．このとき，最初に引いた13枚のなかに3枚以上のキングがあった確率を求めよ．

解答　くじ引きの原理から，引く順番は確率に影響しないので，本問の状況は，「52枚から2枚引いたらともにキングであったとき，あと11枚引く中にキングが1枚以上入る確率」を求める問題に一致する．したがって，

　　　求める確率 $= 1 - P($ あと11枚引くなかにキングが1枚も入らない $)$

$$= 1 - \frac{\text{キング以外の残り48枚のうちから11枚を選ぶ場合の数}}{\text{残り50枚のうちから11枚を選ぶ場合の数}}$$

$$= 1 - \frac{48 \cdot 47 \cdots 39 \cdot 38}{50 \cdot 49 \cdots 41 \cdot 40} = 1 - \frac{39 \cdot 38}{50 \cdot 49} = \frac{484}{1225} \fallingdotseq 0.3951$$

となる[7].

1.3.2 ●●● 期待値の加法性と確率変数の分解

本節では，**期待値の加法性**に関する問題を扱う．ここでいう期待値の加法性とは，

　　確率変数の和の期待値は確率変数の期待値の和に等しい

という原理（式で書けば，$E[X+Y] = E[X] + E[Y]$）である（あるいは**期待値の線形性** $E[aX + bY] = aE[X] + bE[Y]$ を考えてもよい）．この原理においては，確率変数に関しては何の制約もなく，とくに，確率変数どうしが独立でなくても成り立つので非常に適用範囲が広い．

> **問題9** [一致する枚数の期待値]
> よくシャッフルされたトランプのスペード一組13枚を，1, 2, 3, ... の掛け声と同時に1枚ずつめくっていく．掛け声の数字とトランプの数字が一致する枚数の期待値はいくらか．

同じやり方で13枚を開いていって1枚でも一致すれば胴元の勝ち，1枚も一致しなければ胴元の負けとする賭けはトレーズ（フランス語で「十三」の意味）とよばれ，この賭けで胴元の勝つ確率を求める問題をピエール・レモン・ド・モンモール(1678-1719)が解いている．それは「出会いの問題」とよばれることも多い有名問題であり，答えは

$$\frac{1}{1!} - \frac{1}{2!} + \frac{1}{3!} - \cdots + \frac{1}{13!} (\fallingdotseq 1 - \frac{1}{e} \fallingdotseq 0.63)$$

---

[7] 計算式中の $\frac{39 \cdot 38}{50 \cdot 49}$ の部分は，もう少し直接的に導出することもできるが，それは読者の確率的思考の訓練のための自習課題としておこう．

であり（美しいが）簡単な数値ではない．そしてさらに，ちょうど1枚一致する確率，ちょうど2枚一致する確率，……を求めていくのは大変であるので，そうした確率をもとに期待値を求めるとしたら相当に大変な作業である．ところが，本問の答えは，期待値の加法性を使えば，非常に簡単に求めることができる．

(解答) 各トランプを開くとき，その数字が掛け声の数字と一致する確率は，他のトランプを開いたときの一致不一致とは独立ではないものの，値としてはすべて（くじ引きの原理により）1/13である．したがって，1枚開くときに数字が一致する枚数の期待値は $0 \times 12/13 + 1 \times 1/13 = 1/13$ である．これを13回くり返すのだから，求める値は，$1/13 \times 13 = 1$ である． □

本問はたまたま13枚の例であったが，解答からわかるとおり，枚数が13以外のどんな正の整数 n であったとしても，1から n までのカードをよくシャッフルして同様のことを行えば，一致する枚数の期待値が1であることは変わらない点に注意されたい．

ところで，本問を解くにあたっては，期待値の加法性もさることながら，もっと重要なのは（本問を解くかぎりで意識する必要があるか否かは別として）**確率変数の分解**というテクニックである．本問の場合にこのテクニックを明示的に書くとすれば，本問を解く際には（実質的に），

$$Y_k = \begin{cases} 1 & (k \text{枚めのトランプが掛け声と一致する場合}) \\ 0 & (k \text{枚めのトランプが掛け声と一致しない場合}) \end{cases}$$

という確率変数 Y_k $(k = 1, \ldots, 13)$ によって，一致する枚数を表す確率変数 X を

$$X = Y_1 + \cdots + Y_{13}$$

と分解しているのである．そして，そのうえで，

$$E[X] = E[Y_1 + \cdots + Y_{13}] = E[Y_1] + \cdots + E[Y_{13}]$$

という期待値の加法性を使っている．

(練習問題 4) ［劇場の座席］
男性8人，女性7人が横一列に並んだ15個の座席を無作為に割り当てられた．男女が隣り合っている箇所の数の期待値はいくらか．

(解答) 座席と座席の間は 14 箇所あり，それぞれについて，男女が隣り合っている確率は，（他の箇所と独立ではないが）$8/15 \times 7/14 \times 2 = 8/15$ である．したがって，求める期待値は，$8/15 \times 14 = 112/15 (\fallingdotseq 7.47)$ である． □

練習問題 5 ［1 つの壺］

壺のなかに黒玉と白玉が n 個ずつ入っている．その壺のなかから玉を 1 つずつ無作為にとり出していき，壺に残っている玉が 1 色のみになったところで止める．このとき，最後に壺に残る玉の個数の期待値はいくらか．

(解答) 1 つの玉に注目し，それが壺のなかに残る確率を計算する．それが（たとえば）黒玉だとすれば，白玉 n 個全部とその黒玉 1 個の合計 $n+1$ 個のうち，その黒玉が最後にとり出されるとき，そしてそのときに限り，その黒玉は壺のなかに残ることになる．したがって，その確率は $1/(n+1)$ である．よって，1 つひとつの玉について，その玉が壺のなかに残る個数の期待値は $1/(n+1)$ であるから，求める期待値は $1/(n+1) \times 2n = 2n/(n+1)$ となる． □

n がいくつであっても，本問の答えは 2 より小さく，n が大きくなっていくにつれ 2 に近づいていく．これは，一見似ている「バナッハのマッチ箱」の場合の結果（問題 19 (61 頁) の解答）とはまったく異なるので注意されたい．

練習問題 6 問題 7 (13 頁) において，自分の席に座れない人数の期待値はいくらか．

(解答) 最後の乗客が自分の席に座れない確率は問題 7 の解答で見たとおり 1/2．最後から 2 番めの乗客が自分の席に座れないのは，最初の乗客の席，最後の乗客の席，自分の席のうち，自分の席が最初に埋まっている場合だからその確率は 1/3．一般に最後から $k(<100)$ 番めの乗客が自分の席に座れないのは，最初の乗客の席，自分以降の $k-1$ 人の席，自分の席の合計 $k+1$ 個の席のうち自分の席が最初に埋まっている場合だから，その確率は $1/(k+1)$．また，最初の乗客が自分の席に座れない確率は，$99/100 = 1 - 1/100$．求める期待値は，これらの確率（= 各確率変数の期待値）の和になるから，

$$1/2 + 1/3 + \cdots + 1/99 + 1/100 + (1 - 1/100) = 1 + 1/2 + 1/3 + \cdots + 1/99$$

となる． □

本問の答えの近似値を求めれば，$\log 99 + \gamma \fallingdotseq 4.5951 + 0.5772 \fallingdotseq 5.17$ となる[8]．

1.3.3 ●●● ベイズの定理

問題10 [ベルトランの箱]

外見からは区別のつかない3つの箱があり，どれも2つの引き出しがある．1つの箱の引き出しには金貨が1枚ずつ，別の箱の引き出しには，一方に金貨が1枚，他方に銀貨が1枚，もう1つの箱の引き出しには銀貨が1枚ずつ入っているという．いま，1つの箱を無作為に選び，さらにその箱の一方の引き出しを無作為に選んで開けたら金貨が入っていた．この箱の他方の引き出しに金貨が入っている確率を求めよ．

問題の答えが人々の直感に反する，ということで「ベルトラン[9]のパラドックス」ともよばれる有名問題である．よくある間違った考え方は，「金貨が入っていたのだから，この箱は，金貨が両方の引き出しに入っている箱か，金貨と銀貨が1枚ずつ入っている箱かのどちらか，2つに1つである．よって求める確率は1/2である」というものである．

この手の問題に正しく答えるためには，最初に箱を無作為に選ぶ時点から，あらゆる可能性をきちんと考慮しておく必要がある．

(解答) 問題文に出ている順に箱の名前をA，B，Cとすると，起こりうる事象は，

(1) Aを選んで金貨が出る（確率は1/3）
(2) Bを選んで金貨が出る（確率は1/6）

---

[8] γ はオイラーの定数であり，

$$\gamma := \lim_{n \to \infty} \left(\sum_{k=1}^{n} \frac{1}{k} - \log n \right) \fallingdotseq 0.5772$$

と定義される．

[9] ジョゼフ・ベルトラン (1822-1900)．フランスの数学者．1889年出版の確率論の本のなかで，実質的にこれと同じ問題を問うている．

(3) Bを選んで銀貨が出る（確率は1/6）
(4) Cを選んで銀貨が出る（確率は1/3）

である．このうち実現したのは(1)または(2)であり，その条件のもとで真実が(1)である確率（条件付確率）を求めるのだから，

$$\text{求める確率} = 1/3 \div (1/3 + 1/6) = 2/3$$

となる． □

この手の問題がいかに直感に反するかは，20世紀も終わり近くになった頃（1990年頃）に，これとよく似たモンティ・ホール問題（練習問題8）がもとで，米国内で（数学の専門家も交えた）大論争が生じたという史実からもうかがい知れる．

ここで，条件付確率に関する基本事項を整理しておこう．

A, B を事象とするとき，B が成立しているという条件のもとに A が成立している**条件付確率**を $P(A|B)$ と書く．$P(B) > 0$ のときには，

$$P(A|B) = \frac{P(A \text{ かつ } B)}{P(B)}$$

という公式[10]が成り立つ．この公式を2回使えば，

$$P(B|A) = \frac{P(A|B)P(B)}{P(A)}$$

という等式が導かれるが，この公式を**ベイズの定理**[11]という．

全事象を，$B_1, B_2, \ldots$ という高々可算個[12]の事象に分割することができるとき，

$$P(A) = \sum_i P(A|B_i)P(B_i)$$

---

[10] これを「定義」と考える場合も多い．しかし，実用上は，連続型の確率分布を扱う場合など，$P(A \text{ かつ } B) = P(B) = 0$ であることが多く，また，モデル上は，$P(A \text{ かつ } B)$ や $P(B)$ よりも先に $P(A|B)$ が端的に与えられる場合も少なくないので，「公式」と思っていたほうがよい．

[11] トマス・ベイズ (1701-61) の名前に由来する．

[12] 集合は，その濃度（平たくいえば，元の個数）によって，有限集合と無限集合に分類される．無限集合はさらに可算（集合）と非可算（集合）に分類される．「可算」とは，文字どおりには「かぞえることができる」という意味である．元を自然数全体と1対1対応させることができる無限集合は**可算**であるという．有限または可算である集合は**高々可算**であるという．元を自然数と1対1対応させることができない無限集合は**非可算**であるという．また，誤解の余地はないと思われるので，「可算個」や「非可算個」という表現も用いる．可算集合の元は可算個あり，非可算集合の元は非可算個ある，という具合である．

という公式が成り立つ．これを**全確率の公式**という．

ベイズの定理に全確率の公式を代入すれば，

$$P(B_k|A) = \frac{P(A|B_k)P(B_k)}{\sum_i P(A|B_i)P(B_i)}$$

という公式が導かれる．この形にしたものを**ベイズの定理**とよぶ場合も多い．確率分布を想定した場合のベイズの定理は，ベイズ推定（5.3.2）を扱う際に示す．ベイズの定理は，ベイズ推定の基本となる公式である．

以上の公式はどれも，通常のどんな確率論においても認められる（いわば何の問題もない）定理である．問題は，これらをどう使うかである．とくに4つめの公式は，確率を知りたい（たいていは時間的に先行する）事象（上の式ではB_k）と，（たいていは結果として）与えられたデータ（上の式ではA）とがあり，その両者の関係を示すものとして使われることが多い．すなわち，この公式は，

$$= \frac{\text{データ}A\text{が得られたときに（その前に）}B_k\text{が生じている（た）確率}}{\text{（あらゆる先行事象を想定した上での）}A\text{が生じる確率}}$$

（分子：B_kが生じ，（その結果）Aも生じる確率）

という形で利用されることが多いのである．そのため，この公式で求められる確率は，**原因確率**ないし**逆確率**とよばれる．

先の解答と同じことにはなるが，問題10を，以上の公式を意識しながら解き直してみよう．この問題の場合，

確率モデル： 箱1（金2），箱2（金1銀1），箱3（銀2）から1つを無作為に選び，選んだ箱から硬貨を1枚無作為に選ぶ．

得られたデータ： 箱からとり出した硬貨が金貨であった．

知りたい確率： （このデータのもとで）箱1を選んだ確率．

となっている．したがって，

$$\text{求める確率} = \frac{P(1\text{枚め}=\text{金貨}|\text{箱}=1)P(\text{箱}=1)}{\sum_{i=1}^{3} P(1\text{枚め}=\text{金貨}|\text{箱}=i)P(\text{箱}=i)}$$

$$= \frac{1 \times \frac{1}{3}}{1 \times \frac{1}{3} + \frac{1}{2} \times \frac{1}{3} + 0 \times \frac{1}{3}} = \frac{2}{3}$$

となる. □

練習問題 7 ［3囚人問題］

A, B, Cの3人の死刑囚が独房に入れられている．ときの為政者のはからいにより，3人のうち1人は（無作為に選ばれて）釈放されることになり，残り2人は処刑されることになった．囚人たちもこのことを知らされているが，誰が釈放されるかまでは知らされていない．しかし処刑の前日，Aは看守から「Cは処刑される」という情報を得た．このとき，次のそれぞれの場合について，Aの釈放される確率を求めよ．

(1) （典型的な問題設定）Aが看守に対して「3人のうち2人が処刑されるのは確実なので，BとCのうち少なくとも1人が処刑されるのは確実である．よって，BとCのうち処刑される者の名前を1人だけ教えてくれても，自分が処刑されるか否かについての情報は得られないはずだから，その名前を教えてくれ」といったところ看守は納得し，「Cは処刑される」と答えたために得られた情報であった場合．

(2) 当初から，処刑の前日には処刑者のうちの1名の名前が（無作為に選ばれて）公表されることになっていたために得られた情報であった場合．

解答

(1) （発言の思惑はともかくとして）Aの発言内容自体は真であり，Aが釈放されるかどうかについては何の情報も得られない．したがって，求める確率は，看守の言葉を聞く前の状況と変わらず1/3である．

しかし，こうした直感的な議論は措いておき，練習も兼ねてベイズの定理を適用してみると，以下のとおりである．

この問題の場合，

確率モデル： A,B,Cから1人を等確率1/3で無作為に選んで釈放者とする．釈放者がAである（この事象をAと書く）場合には，B,Cのうちの1人を等確率1/2で無作為に選んで処刑者の名前として明かす；釈放者がBである（この事象をBと書く）場合には，Cを処刑者の名前として明かす；釈放者がCである（この事象をCと書く）場合には，Bを処刑者の名前として明かす．

得られたデータ： 処刑者の名前として明かされたのはCであった（この事象をZと書く）．

知りたい確率: Z が成立しているという条件のもとで A が成立している確率 $P(A|Z)$.

となっている．したがって，

$$\text{求める確率 } P(A|Z) = \frac{P(Z|A)P(A)}{P(Z|A)P(A) + P(Z|B)P(B) + P(Z|C)P(C)}$$

$$= \frac{\frac{1}{2} \times \frac{1}{3}}{\frac{1}{2} \times \frac{1}{3} + 1 \times \frac{1}{3} + 0 \times \frac{1}{3}} = \frac{1}{3}$$

となる．

(2) Cが処刑されるという情報が端的に得られたわけであるから，釈放されるのはAかBの2つに1つであり，求める確率は1/2である．

ベイズの定理を用いれば，以下のとおりである．

この問題の場合，

確率モデル： A,B,Cから1人を等確率1/3で無作為に選んで釈放者とする．釈放者がAである（この事象を A と書く）場合には，B,Cのうちの1人を等確率1/2で無作為に選んで処刑者の名前として明かす；釈放者がBである（この事象を B と書く）場合には，A,Cのうちの1人を等確率1/2で無作為に選んで処刑者の名前として明かす；釈放者がCである（この事象を C と書く）場合には，A,Bのうちの1人を等確率1/2で無作為に選んで処刑者の名前として明かす．

得られたデータ： 処刑者の名前として明かされたのはCであった（この事象を Z と書く）．

知りたい確率： Z が成立しているという条件のもとで A が成立している確率 $P(A|Z)$.

となっている．したがって，

$$\text{求める確率 } P(A|Z) = \frac{P(Z|A)P(A)}{P(Z|A)P(A) + P(Z|B)P(B) + P(Z|C)P(C)}$$

$$= \frac{\frac{1}{2} \times \frac{1}{3}}{\frac{1}{2} \times \frac{1}{3} + \frac{1}{2} \times \frac{1}{3} + 0 \times \frac{1}{3}} = \frac{1}{2}$$

となる． □

練習問題 8 ［モンティ・ホール問題］

テレビ番組の司会者M氏（モンティ・ホール(1921-)氏）が1人の出場者に3つの扉を提示する．3つのうち1つの扉の裏にだけ豪華賞品がある．出場者がいったん1つ

の扉を選んだ後で，司会者は残り2つのうちの扉を1つ開ける．そこには賞品はない．そして，その時点で，出場者は選んだ扉を変えてもよい．このとき，次のそれぞれの場合について，確率的に見て出場者は扉の選択を変えたほうがよいか否かを答えよ．

(1) （典型的な問題設定）Mはどの扉の裏に賞品があるか知っており，しかも，最初から，上記のような選択変更の機会を予定していた場合．
(2) どの箱に賞品が入っているかはMも把握しておらず，出場者が選ばなかった残りの2つの扉から無作為に選んだところ，たまたま「はずれ」の扉であった場合．

解答 前問と確率計算は基本的に同じであるが，ある程度の重複も厭わず解答を書いておこう．便宜のため，出場者の選んだ扉をAとし，Mが開いた扉をCとし，残りの扉をBとする．

(1) 途中で選択を変えられることは最初からわかっていることであり，Aが当たりであるかどうかについては，途中で何の追加情報も得られない．したがって，Aが当たりである確率は，最初から最後まで1/3である．そのため，A以外が当たりである確率は，最初から最後まで2/3であるが，途中でCが「はずれ」であることがわかったから，Bが当たりである確率はいまや2/3である．よって，「選択を変えたほうがよい」とわかる．

あるいは，ほとんど同じことではあるが，必ず途中で選択を変える戦略（変更戦略とよぼう）と途中で決して選択を変えない戦略（維持戦略とよぼう）のそれぞれの成功確率を考えたほうがわかりやすいかもしれない．変更戦略が成功するのは，最初に選んだのがはずれの扉の場合であり，その確率は2/3である．維持戦略が成功するのは，最初に選んだのが当たりの扉の場合であり，その確率は1/3である．よって，変更戦略が有利，つまり，「選択を変えたほうがよい」とわかる．

しかし，ここでもやはり，ベイズの定理による計算によって答えを求めておこう．さて，司会者を看守，扉を囚人たち，当たりを釈放，はずれを処刑にそれぞれ置き換えれば，前問とまったく同じ確率モデルとなる．したがって，ベイズの定理を用いれば，

選択を変えない場合に当たる確率 $P(A|Z) = \dfrac{P(Z|A)P(A)}{P(Z|A)P(A) + P(Z|B)P(B) + P(Z|C)P(C)}$

$$= \frac{\frac{1}{2} \times \frac{1}{3}}{\frac{1}{2} \times \frac{1}{3} + 1 \times \frac{1}{3} + 0 \times \frac{1}{3}} = \frac{1}{3}$$

選択を変える場合に当たる確率 $P(B|Z) = 1 - P(A|Z) = \frac{2}{3}$

となる．よって，$P(A|Z) < P(B|Z)$ となるので，A から B に「選択を変えたほうがよい」．

(2) C が「はずれ」であるという情報が端的に得られたわけであるから，当たりは A か B の 2 つに 1 つであって両者に差はないので，「選択を変えても確率的には良くも悪くもならない」とわかる．

ベイズの定理を用いれば，以下のとおりである．

この問題の場合，

確率モデル： A,B,C から 1 つを等確率 1/3 で無作為に選んで当たりとする．B,C のうちの 1 つを等確率 1/2 で無作為に選んで開く．

得られたデータ： 開かれたのは C であり，C ははずれであった（この事象を Z と書く）．

知りたい確率： Z が成立しているという条件のもとで A が成立している確率 $P(A|Z)$ と Z が成立しているという条件のもとで B が成立している確率 $P(B|Z)$．

となっている．したがって，

$$P(A|Z) = \frac{P(Z|A)P(A)}{P(Z|A)P(A) + P(Z|B)P(B) + P(Z|C)P(C)}$$
$$= \frac{\left(\frac{1}{2} \times 1\right) \times \frac{1}{3}}{\left(\frac{1}{2} \times 1\right) \times \frac{1}{3} + \left(\frac{1}{2} \times 1\right) \times \frac{1}{3} + \left(\frac{1}{2} \times 0\right) \times \frac{1}{3}} = \frac{1}{2}$$
$$P(B|Z) = 1 - P(A|Z) = \frac{1}{2}$$

となる．よって，$P(A|Z) = P(B|Z)$ となるので，「選択を変えても確率的には良くも悪くもならない」．　□

1.3.4 ●●● 独立性に関する注意

事象の独立性に着目して確率の計算をする手法（要するに，独立の場合に単純

に掛け算をするという手法．問題1の解答も参照）については，本書の読者は十分にわかっているであろう．しかし，独立性というもの自体は，かなり直感に反する性質ももっているので，慣れているつもりの人でも注意を要する場合がある．

2つの事象 A, B が**互いに独立**（単に「独立」という場合も多い）であるためには，
$$P(A \text{ かつ } B) = P(A)P(B)$$
つまり，2つの事象の積の確率は各事象の確率の積である，ということが必要十分条件であるが，たとえば，4つの事象が互いに独立であるためには，そのうちの任意の2つの事象について「積の確率は各事象の確率の積である」だけでは不十分であり，しかも，さらに4つ全部の事象の積の確率が各事象の確率の積であったとしてもまだ不十分である．一般に，n 個の事象が**互いに独立**（同上）であるためには，

$k = 2, 3, \ldots, n$ について，n 個の事象のうちからとってきた任意の k 個の事象 $A_1, \ldots, A_k$ に関して，
$$P(A_1 \text{ かつ } A_2 \text{ かつ } \cdots \text{ かつ } A_k) = P(A_1)P(A_2)\cdots P(A_k)$$
が成り立つ

ことが必要十分条件である．

問題11 3個の事象のうち任意の2つの事象は互いに独立であるが，3個の事象全体で見ると互いに独立でない例を示せ．

例であるから，いろいろな例を思い浮かべてもらえればよい．簡単な一例を示せば次のとおりである．

(解答) 歪みのないコインを2回投げるとき，次の3つの事象は題意を満たす．

A: 1回めが表である．
B: 2回めが表である．
C: 表が出る回数はちょうど1回である．

A と B の独立性は明らかなので，A と C の独立性を確かめよう（対称性から，A と C が独立なら，B と C も独立である）．

コインの出方は，表表，表裏，裏表，裏裏の4通り（等確率）であり，$A, C, (A$ かつ $C)$ という3つの事象はそれぞれ {表表, 表裏}, {表表, 裏表}, {表裏} と表すことができるので，それぞれの確率は 1/2, 1/2, 1/4 である．したがって，A と C の独立性（$P(A$ かつ $C) = P(A)P(C)$）が帰結する．

一方，$P(A$ かつ B かつ $C) = 0$, $P(A)P(B)P(C) = 1/8$ であるから，
$$P(A \text{ かつ } B \text{ かつ } C) \neq P(A)P(B)P(C)$$
であるため，A, B, C は互いに独立ではない． □

いまの解答の例において A と C が互いに独立であることからもわかるように，事象どうしが独立であることは，事象どうしが無関係であることを意味するわけではない．事象どうしの相関（2.3.1 参照）にもあわせて言及しておけば，

無関係であれば独立であり，

独立であれば（無関係かどうかはともかく）無相関である

ということはいえるのだが，どちらも逆は必ずしも真ではない．

> **問題 12** [ゴルトンのパラドックス]
> 以下の議論は結論が正しくないが，議論のどこが間違っているか．
> 歪みのないコインを3枚投げる．
> 1. 3枚のうち少なくとも2枚は同じ面が出るが，それが表である確率も裏である確率もともに 1/2 である．
> 2. 残りの1枚が表である確率も裏である確率もともに 1/2 である．
> 3. よって，3枚とも同じ面が出る確率は 1/2 である．

これは，近代統計学の父ともよばれるフランシス・ゴルトン (1822-1911) に由来するパラドックスである．

(**解答**) 3枚のコインを区別して考えれば，3枚とも同じ面が出るのは，等確率の8通りのコインの出方のうちの2通りであるから，その確率は $2/8 = 1/4 \neq 1/2$ であり，「結論」は間違っている．

議論のどこが間違っているかについては，上記のままでは議論自体がやや曖昧なので，いろいろな解答がありうる．ここでは曖昧さを排除するため，議論を次のように解釈する．

1. 3枚のうち少なくとも2枚は同じ面が出るが，それが表である確率も裏である確率もともに1/2である．同じ面が出たコインが2枚であれば，残りの1枚を「3枚めのコイン」とよび，同じ面が出たコインが3枚であれば，そのなかから無作為に1枚を選んで「3枚めのコイン」とよぶ．
2. 3枚めのコインが表である確率も裏である確率もともに1/2である．
3. よって，3枚とも同じ面が出る確率は1/2である．

議論のうち，1と2に問題点はない．1において，そろった面が表裏のどちらであるのかと，3枚めのコインが表裏のどちらであるのかが独立であれば，3の結論を導くのは正しいが，両者が独立であるかは明らかでない（じつのところ，独立でない）ので3において「よって」と述べている部分がおかしい． □

練習問題 9 コインをn回投げることとし，次の3つの事象を考える．

A: n枚とも同じ面が出る．

B: 表が出るのは1回以下である．

C: 表も裏も1回以上出る．

このとき，次の各場合について，3つの事象のうち互いに独立な事象の組を挙げよ．

(1) コインに歪みがなく，$n = 3$の場合．

(2) コインに歪みがなく，$n = 4$の場合．

(3) コインに歪みがあり，$n = 3$の場合．

解答 (1)と(2)の各計算は簡単なので，答えだけ記すと，

(1) (A, B) と (B, C)．

(2) 独立な組はない．

(3) 表が出る確率を$p \neq 1/2$とすると，

$$P(A) = p^3 + (1-p)^3 = 1 - 3p + 3p^2$$
$$P(B) = (1-p)^3 + 3p(1-p)^2 = (1+2p)(1-p)^2$$
$$P(C) = 1 - P(A) = 3p - 3p^2 = 3p(1-p)$$
$$P(A かつ B) = (1-p)^3$$

$$P(A\text{ かつ }C) = 0$$
$$P(B\text{ かつ }C) = 3p(1-p)^2$$

である．したがって，AとCは独立ではない．また，

$$A\text{ と }B\text{ が独立} \Leftrightarrow (1-3p+3p^2)(1+2p)(1-p)^2 = (1-p)^3$$
$$\Leftrightarrow 3p^2(1-p)^2(2p-1) = 0$$
$$B\text{ と }C\text{ が独立} \Leftrightarrow (1+2p)(1-p)^2 \cdot 3p(1-p) = 3p(1-p)^2$$
$$\Leftrightarrow 3p^2(1-p)^2(1-2p) = 0$$

であるから，AとBについても，BとCについても，表しか出ないコインまたは裏しか出ないコインの場合のみ，独立である． □

練習問題 10 ［貸し倒れリスク］

10人の人にお金を貸す．貸し倒れとなる確率はどの人も0.1であり，どの2人についても，貸し倒れとなるかどうかは独立であるとする．これだけの情報で考えたとき，全員が同時に貸し倒れになる確率の最小値と最大値を求めよ．もちろん，もし10人の貸し倒れの有無が互いに独立だとすると，全員が同時に貸し倒れになる確率は$0.1^{10} = 0.0000000001$であるが，2人ずつで見たときに独立でも10人全員について互いに独立とは限らないことに注意せよ．

解答 確率が0の場合があれば，それが最小値である．

そこで，（たとえば）0.45の確率で貸し倒れなし，0.1の確率で貸し倒れ1名，0.45の確率で貸し倒れ2名となり，貸し倒れ1名の場合は10人のなかから無作為に選ばれた1人が貸し倒れとなり，2名の場合は無作為に選ばれた2人が貸し倒れとなる場合を考えてみる．

すると，各人が貸し倒れとなる確率は

$$0.1 \times 1/10 + 0.45 \times 2/10 = 0.1$$

となり，特定の2人が同時に貸し倒れとなる確率は

$$0.45 \times 2/10 \times 1/9 = 0.01 = 0.1 \times 0.1$$

となって問題の条件を満たす．また，この場合，貸し倒れの人数は多くても2人なので，全員が同時に貸し倒れになる確率は0である．

よって，確率の最小値は0である．

確率が最大となるのは，貸し倒れ者が複数いるときはつねに全員が貸し倒れになっているという形で貸し倒れが集中する場合である．

具体的には，0.09 の確率で貸し倒れなし，0.9 の確率で貸し倒れ 1 名，0.01 の確率で全員貸し倒れとなり，貸し倒れ 1 名の場合は 10 人のなかから無作為に選ばれた 1 人が貸し倒れとなる場合である．

この場合，各人が貸し倒れとなる確率は

$$0.9 \times 1/10 + 0.01 \times 1 = 0.1$$

となり，特定の 2 人が同時に貸し倒れとなる確率は

$$0.01 \times 1 = 0.01 = 0.1 \times 0.1$$

となって，たしかに問題の条件を満たす．そして，この場合に全員が同時に貸し倒れになる確率は 0.01 であり，これが求める最大値である． □

最大値の場合の確率は，10 人全員が互いに独立だと仮定した場合のじつに $10^8 = 100000000$ 倍の確率であり，十分な情報がないときに独立性の仮定を置くことがリスクの過小評価につながりかねないことを示す端的な例となっている．複数のリスクの従属性をどう捉えるかは，本書の最終章で扱うテーマの 1 つである．

第2章

確率分布を扱うための基本テクニック

本章では，確率分布というもののとり扱いに習熟するために必要な事項をまとめて紹介する．その際，1次元の確率分布だけ扱い，多次元の確率分布については，次章の後半で扱う．

本題（2.2節以降）に入る前に，確率分布と確率変数についていくつか前置きと注意点を述べておこう．

2.1 確率分布と確率変数

確率に関する数学モデルを扱う場合，**確率分布**（単に「分布」という場合も多い）というものが非常に有用である．確率分布を考えるためには，その前に**確率変数**というものを考える必要がある．確率変数は，本書では大文字で $X, Y, Z, \ldots$ などと書き表す．確率変数が数学的に見てどういう存在物であるかは少しややこしいが，実用上使いこなす限りにおいては，さほど多くのことを知っておく必要はない．

ある確率モデルにおける**確率変数**（たとえば）X（以下，一般的なことを述べる場合は X を代表として使う）とは，それがどんな値をとる確率がどれだけであるかについてそのモデルにおいて関心がもたれる何かのことである．たとえば，いまサイコロを振るとして，出る目の値を X とすれば，それは確率変数であるし，ある特定の上場株式の明日の終値を X 円とすれば，それも確率変数で

ある．慣習上，確率変数のとりうる値は必ず実数（の一部）であるとされ，X がある確率モデルにおいてまっとうな確率変数であるために要請されるのは，任意の実数 a について，$P(X \leq a)$ がそのモデルにおける確率として意味をなすことだけである．この要請さえ満たせば，X がどんな値をとる確率がどれだけであるかについて（実用上関心がもたれる範囲では）すべてその確率モデル上で問うことができる[1]．

確率モデルを用いる際は，モデルに与えられている条件をもとに各確率変数が従う分布を決定したり，逆に，各確率変数が従う確率分布をあらかじめ与えておいて，そこから帰結する各確率変数の性質を導き出したりする．また，統計的推測（第4章参照）は，つねに何らかの確率モデルに基づいて行われ，標本の従う分布に関して知られている諸性質を利用して，典型的には，母集団の従う分布のパラメータを推測する．こうしたことが自由にできるようになるためには，確率分布のとり扱いに十分習熟しておく必要がある．

そのために何を学ぶべきかについては，先人たちの蓄積がある．すなわち，確率分布というものをどう定式化したらよいか，確率分布の性質を知るためにはどうしたらよいか，確率分布を計算機上で発生させるためにはどうしたらよいか，有用な確率分布にはどういうものがあるか，有用な確率分布どうしの関係としてはどのようなことを押さえておいたらよいか等々は，これまでに十分に研究されてきたものである．したがって，学習者はそれらを自分で発見（ないし発明）する必要はなく，先人たちの成果の一部を要領よく学べばよい．

以下では，確率分布にまつわる種々の話題をとりあげ，そのなかにはかなり基本的な（初歩的といってもよい）話も含めるつもりである．しかし，じつのところをいえば，たとえば，確率分布とはいったいどういうものであるかについては，そのいくつかの実例も含め，ある程度のことは読者はすでに知っていると期待している．もちろん，テクニカル・タームはきちんと説明をしてから使

---

[1] もちろん，数学的に厳密な話をするためには，確率モデルがまっとうなものであるための条件についていろいろというべきことがある．しかし，モデルがまっとうであると信じられるかぎり（確率を数学的に扱うまっとうな本に出てくる確率モデルはすべてまっとうなものと信じてよいであろう）は，X がその確率モデルにおいてまっとうな確率変数であるために要請されるのは，任意の実数 a について，$P(X \leq a)$ がそのモデルにおける確率として意味をなすことだけである．

うが，動機づけも与えないまま，「まず基本的な定義から始めて……」というような（大学の）数学の教科書スタイルはとらない．その代わりに，ある程度の学習経験を想定しながら，そういう学習者が確率分布を使いこなせるようになるためにはどういう情報が有効であるかを考え，記述の内容と順序を決めている．

とはいえ，この方法だと，どこで用語が定義されているかわかりにくい可能性があるので，少し先取りして，分布関数などに関する基本事項と本書での表記上の注意事項を次に列挙しておく．むろん，「先取り」であるから，一読して理解ができない部分がいくつかあるかもしれないが，その場合には，ある程度読み進んだ後に本箇所を適宜改めて参照してほしい．また，表記上の注意事項については，必ずしもすべてを本文でくり返して述べるわけではないので，留意されたい．

- 実用上の確率分布には，連続型と離散型と混合型がある．分布関数が連続で，高々可算個の点を除いて微分可能である分布を連続型という．とりうる値が高々可算個である分布を離散型という．分布関数が，1個以上，高々可算個の点を除いて連続で，高々可算個の点を除いて微分可能である分布を混合型という．
- 本書では，確率変数 X が従う確率分布の分布関数を $F_X(x)$ と書き，密度関数と確率関数はいずれも $f_X(x)$ と書く．確率変数に直接言及していない場合にも，とくに断りなく便宜上の確率変数を X で代表させる場合が多い．
- 一般に，確率分布を特定すれば，その分布関数も唯一に定まる．逆に，分布関数を特定すれば，確率分布が唯一に定まる．
- 分布関数 $F_X(x)$ は，$F_X(x) := P(X \leq x)$ と定義される．
- 実数上の実数値関数 $F(x)$ が何らかの確率分布の分布関数となりうるための必要十分条件は，単調非減少，右連続で，$\lim_{a \to -\infty} F(a) = 0$ かつ $\lim_{a \to \infty} F(a) = 1$ であることである．
- 連続型の場合には，分布関数 $F_X(x)$ の代わりに密度関数 $f_X(x)$ を与えることによって分布を特定することができる．$F_X(x)$ と $f_X(x)$ との間には，$f_X(x) = \frac{d}{dx}F_X(x)$，$F_X(a) = \int_{-\infty}^{a} f_X(x)dx$ という関係がある．

- 離散型の場合には，分布関数の代わりに確率関数を与えることによって分布を特定することができる．確率関数 $f_X(x)$ は，$f_X(x) := P(X = x)$ と定義される．また，$F_X(a) = \sum_{x \leq a} f_X(x)$ という関係がある．
- 分布関数や密度関数や確率関数によって分布を表現するとき，（主に，煩雑になるのを避けるため）とりうる値の範囲についてのみ関数を与える場合が多い．
- とりうる値の範囲を表示するとき，確率密度が 0 である端点は，含めたり含めなかったりし，とくに統一しない（前後の記述とつながりがよいほうを選び，どちらでもよいときは，できるだけ含めることにする，という緩い方針をとっている）．

2.2 とくに基本的な確率分布の例

まったく実例を知らずに確率分布のとり扱い方法を聞かされてもピンとこないであろう．そこで，本節では，ごく基本的ないくつかの分布を導入し，分布とは具体的にどういうものであるかについての基本的なイメージをつかんでもらうことにする．あわせて，確率分布に関するいくつかの基本事項も導入しておく．

2.2.1 ●●● ベルヌーイ試行

まずは，離散型分布とよばれる分布の代表例として，ベルヌーイ試行によって作り出すことができるいくつかの分布をとりあげよう．

本項でとりあげる分布はみなそうであるが，確率変数のとりうる値が 0 以上の整数（の全部または一部）に限られる分布は多い．その場合，とりうる値は高々可算個[2]である．一般に，確率変数のとりうる値が高々可算個である場合，その確率変数や，その確率変数が従う分布は**離散型**とよばれる．離散型の確率変数 X の従う分布を完全に特定するための基本情報は確率関数とよばれる

---
[2] 第 1 章の脚注 12（20 頁）参照．

1変数実数値関数 $f_X(x)$ によって与えるのが便利である．**確率関数**の個々の値は，$f_X(x) := P(X = x)$ によって定義されるものである．

さて，**ベルヌーイ試行**とは，コインを1回投げて表か裏を調べるというように，それを行う前には結果が確率的にしか予測できない「2つに1つ」のことを生じさせることである．この名前は，比較的初期の確率論の発展に大いに貢献したヤーコプ・ベルヌーイ (1654-1705) に由来する．

ベルヌーイ試行では，便宜的に，2つのありうる結果のうちの一方を成功とよび，他方を失敗とよぶ．ここではコイン投げを例として考え，コインの表が出た場合を成功とし，裏が出たときを失敗としよう．もしコインが歪んでいないなら，これは成功確率が 1/2 のベルヌーイ試行である．このとき，成功の場合に1をとり，失敗の場合に0をとる確率変数の従う分布のことをパラメータが 1/2 の**ベルヌーイ分布**という．もう少し一般化して，コインの表が出る確率 p が $0 < p < 1$ である場合のベルヌーイ試行を，**成功確率 p のベルヌーイ試行**といい，このときに成功の場合に1をとり，失敗の場合に0をとる確率変数の従う分布のことをパラメータが p の**ベルヌーイ分布**という．特定のベルヌーイ分布の特性は，このパラメータ p によって完全に決定される．つまり，ベルヌーイ分布は，1つのパラメータによって決定される確率分布である．

ベルヌーイ分布がどういう分布であるかをすっかり示すには，

- パラメータは p 1つであり，$0 < p < 1$ である
- 確率変数（X とする）のとりうる値は 0 または 1 である
- $P(X = 1) = p$，$P(X = 0) = 1 - p$ である

という情報が必要であり，また，これで十分である．

ベルヌーイ分布は，（確率変数の）とりうる値が2個（有限個）であるので離散型である．すでに述べたように，離散型の場合には，任意のとりうる値 x に対して，

$$\text{確率関数 } f_X(x) = P(X = x)$$

の値を与える（典型的には，パラメータと x を用いた算式により与える）ならば，（パラメータを固定したときの）確率分布に関するすべての情報を与えたことになる．もちろん，つねに全確率 = 1 であるから，

$$\sum_{X \text{ のとりうる値}} f_X(x) = 1$$

である．自分で確率関数を求めたときは，これを確認しておくとよい．

パラメータが p のベルヌーイ分布の確率関数は，

$$f_X(x) = p^x(1-p)^{1-x} = \begin{cases} p & (x=1 \text{ のとき}) \\ 1-p & (x=0 \text{ のとき}) \end{cases}$$

と書くことができる．全確率は，

$$\sum_{x=0,1} f_X(x) = (1-p) + p = 1$$

と確かめられる．

さて，ベルヌーイ試行をもとにすると，いろいろな基本的な分布を導くことができる．種々の有名な分布も，確率関数などをいきなり与えられるのでなく，自分で作り出してみる（確率関数を導き出してみる）と大いに理解が深まるであろう．次の問題は，大方の読者にとってはおさらいにすぎないかもしれないが，大事なおさらいなのでしっかりと確認しておいてほしい．

問題 13 次のそれぞれの分布の確率関数を求めよ．

(1) 成功確率 p のベルヌーイ試行を n 回くり返したときに，成功した回数（を値としてとる確率変数）が従う分布（2項分布 $Bin(n,p)$）．

(2) (1)において $n=1$ の場合の分布（ベルヌーイ分布 $Bin(1,p)$）．

(3) 成功確率 p のベルヌーイ試行をくり返し行い，はじめて成功するまでの試行回数が従う分布（ファーストサクセス分布 $Fs(p)$）．

(4) 成功確率 p のベルヌーイ試行をくり返し行い，はじめて成功するまでの失敗回数が従う分布（幾何分布 $NB(1,p)$）．

(5) 成功確率 p のベルヌーイ試行をくり返し行い，n 回成功するまでの失敗回数が従う分布（負の2項分布 $NB(n,p)$）．

解答

(1) $x = 0, 1, \ldots, n$ について，ある特定の順序で x 回成功して，残りの $n-x$ 回失敗する確率は，$p^x(1-p)^{n-x}$ であり，順序に関する場合の数は $\binom{n}{x}$ であるから，求める

確率関数 $f_X(x)$ は,

$$f_X(x) = \binom{n}{x} p^x (1-p)^{n-x}, \quad x = 0, 1, \ldots, n$$

である.

全確率は，2 項展開から

$$\sum_{x=0}^{n} \binom{n}{x} p^x (1-p)^{n-x} = \{p + (1-p)\}^n = 1$$

と確かめられる．

(2) (1) の答えに $n = 1$ を代入すれば,

$$f_X(x) = p^x (1-p)^{1-x}, \quad x = 0, 1$$

である.

これはもちろん，すでに見たベルヌーイ分布の確率関数と一致している．ベルヌーイ分布は 2 項分布の特殊例である．

(3) $x = 1, 2, \ldots$ について，求める確率関数 $f_X(x)$ は，最初に $x-1$ 回失敗して次に成功する確率であるから,

$$f_X(x) = p(1-p)^{x-1}, \quad x = 1, 2, \ldots$$

である.

等比級数を考えれば，全確率=1 は簡単に確かめられる．

(4) $x = 0, 1, \ldots$ について，求める確率関数 $f_X(x)$ は，最初に x 回失敗して次に成功する確率であるから,

$$f_X(x) = p(1-p)^x, \quad x = 0, 1, \ldots$$

である.

等比級数を考えれば，全確率=1 は簡単に確かめられる．また，この分布は次の (5) の特殊例である．つまり，幾何分布は負の 2 項分布の特殊例である．

(5) $x = 0, 1, \ldots$ について，求める確率関数 $f_X(x)$ は，最初の $n+x-1$ 回中に $n-1$ 回の成功と x 回の失敗をして，その次に成功する確率であるから,

$$f_X(x) = \binom{n+x-1}{x} p^{n-1}(1-p)^x p = \binom{n+x-1}{x} p^n (1-p)^x, \quad x = 0, 1, \ldots$$

である.

$\{1-(1-p)\}^{-n}$ を展開する（負の2項展開という）と，

$$\{1-(1-p)\}^{-n} = \sum_{x=0}^{\infty} \binom{n+x-1}{x}(1-p)^x$$

となるので，全確率は，

$$\sum_{x=0}^{\infty} \binom{n+x-1}{x} p^n (1-p)^x = p^n \{1-(1-p)\}^{-n} = 1$$

と確かめられる. □

　上の解答は，基本的な離散型分布であるベルヌーイ分布，2項分布，ファーストサクセス分布，幾何分布，負の2項分布の基本的な意味を示すものである．このうち，負の2項分布だけは少し注意が必要である．負の2項分布は一般に $NB(\alpha, p)$ という記号で表され，2つのパラメータをもつが，このうちの α は，本問のように正の整数に限定されるわけではなく，任意の正の実数値をとりうる．

練習問題 11 ［バナッハのマッチ箱］

　愛煙家の数学者ステファン・バナッハ(1892-1945)は，あるとき，左右のポケットに n 本入りのマッチ箱を1個ずつ入れ，その後マッチを利用するときは無作為に左右のポケットのどちらかを選び，そのなかのマッチを1本使うことにした．この場合に，一方の箱が空になったのにバナッハが気づいたときに他方の箱に残っているマッチの本数が従う分布を考え，その確率関数 $f_X(x)$, $x=0,1,\ldots,n$ を求めよ．

解答　「左のポケットのマッチがなくなったのに気づいたとき，右のポケットにちょうど x 本のマッチが残っている」という事象が生じる確率 $p_r(x)$ を求め，最後に2倍すればよい．$p_r(x)$ は，（左のポケットを選ぶのを「成功」として）成功確率1/2のベルヌーイ試行をくり返していったとき，$n+1$ 回成功した時点で，ちょうど $n-x$ 回失敗している確率であるから，負の2項分布の場合と同様に考えれば，

$$p_r(x) = \binom{n+1+n-x-1}{n-x} \left(\frac{1}{2}\right)^{n+1} \left(\frac{1}{2}\right)^{n-x} = \binom{2n-x}{n} \left(\frac{1}{2}\right)^{2n-x+1}, \quad x=0,1,\ldots,n$$

となる．したがって，

$$f_X(x) = \binom{2n-x}{n} \left(\frac{1}{2}\right)^{2n-x}, \quad x=0,1,\ldots,n$$

である． □

この確率関数に関して全確率 = 1 を確かめるにはいくつか方法があるが，いずれも楽ではない．このような事例では，むしろ，全確率=1 が成り立つはずであることから級数公式が導けたと考えるほうが実践的である[3]．実際，問題 19（61 頁）の解答では，この考え方を利用している．

ところで，とりうる値の範囲がある程度広いときには，離散型の各分布を視覚化するために確率関数をグラフ化しておくとよい．ただし，定義域が離散的なために本来の関数のグラフだと見にくいので，折れ線グラフで表しておくのがよい．

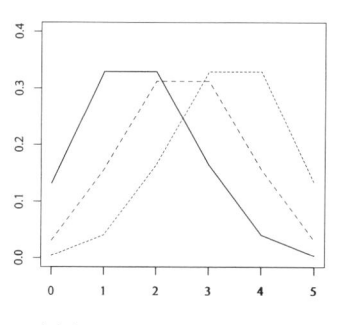

2 項分布のグラフ $n = 5, p = 1/3, 1/2, 2/3$

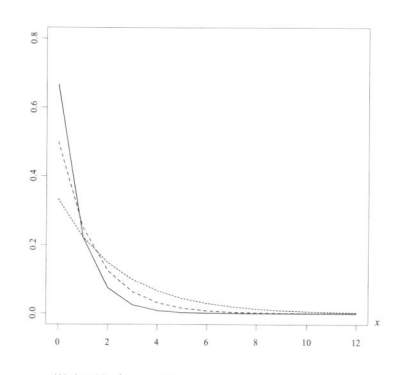

幾何分布のグラフ $p = 1/3, 1/2, 2/3$

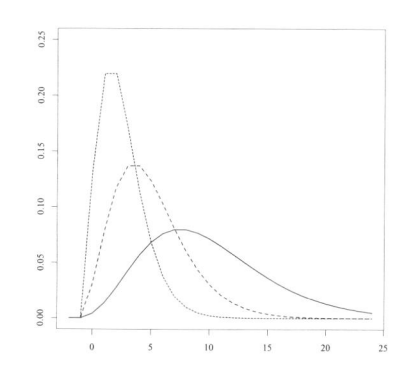

負の 2 項分布のグラフ $n = 5, p = 1/3, 1/2, 2/3$

---

[3] 全確率=1 を確かめないとしたら，ほかの方法で検算すべきである．たとえば，n にいくつかの小さい値（たとえば 0 と 1）を代入して正しい値になっているかを確かめておくとよい．

こうした各分布のグラフの形状を指して、それぞれの**分布の形状**ともいう。

2.2.2 ●●● 正規分布

離散型ももちろん重要だが、一般に確率モデルで使われる分布は、むしろ離散型でないものが多い。離散型でない分布は、典型的には、とりうる値の範囲が実数全体に及ぶものや、0以上の実数全体に及ぶものである。なかでも**連続型**とよばれるものが重要である。

よく知られているとおり、統計学においても、さまざまな応用確率論においても、**正規分布**とよばれる分布が最も重要な基本分布である。そして、その正規分布は連続型である。

歴史的にいうと、正規分布は、2項分布のある種の極限分布として導入された。たとえば、n を正の整数として、Y_n を2項分布 $Bin(n, 1/2)$ に従う確率変数とし、Y_n に（後述する）正規化を施した

$$X_n := \frac{Y_n - n/2}{\sqrt{n}/2}$$

という確率変数 X_n を考える。この X_n について、n を大きくしていったときの（ある種の）極限（便宜上 X_∞ と書く）の従う分布のことを**標準正規分布**という。

標準正規分布においては、とりうる値は離散的ではなく、実数全体に及んでいると考える。そして、その場合、確率関数はもはや無意味となる。というのは、任意の実数 x について、$P(X_\infty = x) = 0$ だからである。そこで、確率的な情報を与えるためには、別の方法（関数）を使う必要がある。

つねに使い勝手がよいかどうかはともかく、あらゆる分布に対して定義されるという意味で汎用的な関数として、分布関数というものがある。確率変数 X が従う分布の**分布関数** $F_X(x)$ は、

$$F_X(x) := P(X \leq x)$$

と定義される。しかし、（さっそくなのだが）正規分布の場合には分布関数は簡単な形で書けないので、代わりに密度関数というものを使う。

連続型（まだちゃんと規定していないが、ともかく連続型）の確率変数 X が従う分布の**確率密度関数**ないし**密度関数** $f_X(x)$ は、分布関数 $F_X(x)$ をもとに、

と定義される．ただし，（連続型の場合でも）分布関数に微分不可能な点が存在しうるので，その点においては密度関数の値は**不定**であるという．

$$f_X(x) := \frac{d}{dx} F_X(x)$$

> **問題 14** [標準正規分布の密度関数]
> n を正の整数として，Y_n を 2 項分布 $Bin(n, 1/2)$ に従う確率変数とし，
> $$X_n := \frac{Y_n - n/2}{\sqrt{n}/2}$$
> という確率変数 X_n を考える．このとき，
> $$F_X(x) := \lim_{n \to \infty} P(X_n \leqq x), \quad -\infty < x < \infty$$
> で定義される関数 $F_X(x)$ を分布関数とする分布を**標準正規分布**とよぶ．標準正規分布の密度関数 $f_X(x)$ を求めよ．その際，任意の実数 x について，
> $$P\left(x - \frac{2}{\sqrt{n}} < X_n \leqq x\right)$$
> を考え，
> $$f_X(x) = \frac{d}{dx} F_X(x) = \lim_{h \to 0+} \frac{P(x - h < X \leqq x)}{h}$$
> $$= \lim_{n \to \infty} \frac{P\left(x - 2/\sqrt{n} < X_n \leqq x\right)}{2/\sqrt{n}}$$
> としてよい．また，必要ならば，正の整数 m についての**スターリングの公式** $\sqrt{2\pi m} m^m e^{-m} < m! < \sqrt{2\pi m} m^m e^{-m + \frac{1}{12m}}$ に基づき，m が大きいときには，$m!$ を $\sqrt{2\pi m} m^m e^{-m}$ で近似できることを用いよ．

(解答) n が十分大きければ，

$$P\left(x - \frac{2}{\sqrt{n}} < X_n \leqq x\right)$$
$$= P\left(x - \frac{2}{\sqrt{n}} < \frac{Y_n - n/2}{\sqrt{n}/2} \leqq x\right) = P\left(\frac{\sqrt{n}}{2}x + \frac{n}{2} - 1 < Y_n \leqq \frac{\sqrt{n}}{2}x + \frac{n}{2}\right)$$
$$= P\left(Y_n = \lfloor \frac{\sqrt{n}}{2}x + \frac{n}{2} \rfloor\right) = \frac{n!}{\lfloor \frac{n}{2} + \frac{\sqrt{n}}{2}x \rfloor! \lceil \frac{n}{2} - \frac{\sqrt{n}}{2}x \rceil!} \left(\frac{1}{2}\right)^n$$

$$\approx \frac{\sqrt{2\pi n}n^n e^{-n}}{\sqrt{2\pi\left(\frac{n}{2}+\frac{\sqrt{n}}{2}x\right)}\left(\frac{n}{2}+\frac{\sqrt{n}}{2}x\right)^{\frac{n}{2}+\frac{\sqrt{n}}{2}x}e^{-\left(\frac{n}{2}+\frac{\sqrt{n}}{2}x\right)}\sqrt{2\pi\left(\frac{n}{2}-\frac{\sqrt{n}}{2}x\right)}\left(\frac{n}{2}-\frac{\sqrt{n}}{2}x\right)^{\frac{n}{2}-\frac{\sqrt{n}}{2}x}e^{-\left(\frac{n}{2}-\frac{\sqrt{n}}{2}x\right)}}\left(\frac{1}{2}\right)^n$$

$$= \frac{1}{\sqrt{2\pi\left(\frac{n}{4}-\frac{x^2}{4}\right)}\left(1-\frac{x^2}{n}\right)^{\frac{n}{2}}\left(1+\frac{x}{\sqrt{n}}\right)^{\frac{\sqrt{n}}{2}x}\left(1-\frac{x}{\sqrt{n}}\right)^{-\frac{\sqrt{n}}{2}x}}$$

と見なせるから,

$$f_X(x) = \lim_{n\to\infty}\frac{P\left(x-\frac{2}{\sqrt{n}}<X_n\leq x\right)}{\frac{2}{\sqrt{n}}}$$

$$= \lim_{n\to\infty}\frac{\frac{\sqrt{n}}{2}}{\sqrt{2\pi\left(\frac{n}{4}-\frac{x^2}{4}\right)}\left(1-\frac{x^2}{n}\right)^{\frac{n}{2}}\left(1+\frac{x}{\sqrt{n}}\right)^{\frac{\sqrt{n}}{2}x}\left(1-\frac{x}{\sqrt{n}}\right)^{-\frac{\sqrt{n}}{2}x}}$$

$$= \frac{1}{\sqrt{2\pi}e^{-\frac{x^2}{2}}e^{\frac{x^2}{2}}e^{\frac{x^2}{2}}} = \frac{1}{\sqrt{2\pi}}e^{-\frac{x^2}{2}}$$

となる. □

なお，解答中に登場する⌊ ⌋は**床関数**とよばれる関数であり，⌊x⌋はxを超えない最大の整数を表す．これと対となり，やはり本解答中に登場する**天井関数**⌈x⌉は，xを超える最小の整数を表す．床関数のほうは，日本の高校で習うガウス記号（[ ]）と同じ関数であるが，[ ]という記号はほかでも用いるため紛らわしいのでガウス記号は本書では用いない．ガウス記号は国際的な通用度が低いこと，床関数は天井関数と対で使うと便利なことなどの理由から，床関数になじむことをおすすめする．

標準正規分布を定数倍したり平行移動したりして作られる分布の密度関数は，2つのパラメータ μ, σ^2 （$\sigma > 0$）によって，

$$f_X(x) = \frac{1}{\sqrt{2\pi}\sigma}e^{-\frac{(x-\mu)^2}{2\sigma^2}}, \quad -\infty < x < \infty$$

と表されることになる（こうした計算をうまく実行する方法は，次章で詳しく扱う）．この密度関数をもつ分布のことを**正規分布** $N(\mu, \sigma^2)$ という．$\mu = 0, \sigma^2 = 1$ の場合の正規分布を（すでに導入ずみのとおり）**標準正規分布** $N(0,1)$ という．

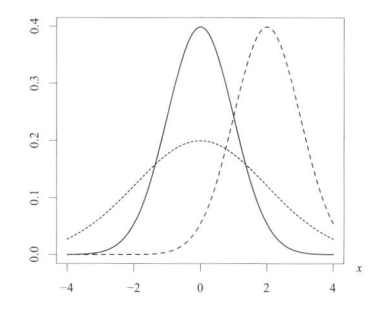

正規分布のグラフ ($\mu=0, \sigma=1$), ($\mu=2, \sigma=1$), ($\mu=0, \sigma=2$)

後に特性値を扱うときに見るように，正規分布のパラメータは，μ は平均，σ^2 は分散を表している．正規分布の分布関数は，初等関数では書けないが，確率・統計のきわめて広範な分野において頻繁に言及されるので，**標準正規分布の分布関数**を $\Phi(x)$ と書き表す[4]習慣がある．このとき，$N(\mu, \sigma^2)$ の分布関数は $\Phi((x-\mu)/\sigma)$ と書ける．

正規分布は**ガウス分布**ともよばれる．これは，誤差の理論との関係で正規分布について詳しく論じたカール・フリードリヒ・ガウス(1777-1855)の名を冠したものである．ただし，正規分布を最初に導入したのは，アブラーム・ド・モアブル(1667-1754)であるといわれる．ド・モアブルは，ここで紹介したように，2項分布の極限分布ないし近似分布として正規分布を導入した．また，統計学の分野でこの分布を「正規分布」とよびはじめたのはフランシス・ゴルトンであるといわれる．その場合の「正規（normal）」の意味は，（日本語の通常の「正規」の意味合いとは違って）「ありふれた」「通常の」というような意味だそうである[5]．

正規分布は連続型分布の代表的なものである．**連続型**の分布とは，分布関数が連続で，高々可算個の点を除いて微分可能である分布のことである．一般に連続型の分布を導入するときは，分布関数よりも先に密度関数を与える場合が多い．（本書における）定義上では密度関数は分布関数をもとに導入されるものであったが，実用上は，密度関数をもとに

---

[4] "Φ"（ファイ）は "F" に対応するギリシャ文字である．
[5] 東京大学教養学部統計学教室編『統計学入門』東京大学出版会，1991年，120頁参照．

$$F_X(x) = \int_{-\infty}^{x} f_X(t)dt$$

という（密度関数の定義から帰結する）公式を使って分布関数を表現することのほうが多い．

> **問題 15** 標準正規分布 $N(0,1)$ の密度関数 $f_X(x)$ が，全確率=1 を満たしていることを示せ．すなわち，
> $$\int_{-\infty}^{\infty} f_X(x)dx = \int_{-\infty}^{\infty} \frac{1}{\sqrt{2\pi}} e^{-\frac{x^2}{2}} dx = 1$$
> を示せ．

解答　（ガウス分布と同様，ガウスに因んで名づけられた）ガウス積分の公式：

$$\int_{-\infty}^{\infty} e^{-x^2} dx = \sqrt{\pi}$$

を知っていれば，

$$\begin{aligned}
\int_{-\infty}^{\infty} f_X(x)dx &= \int_{-\infty}^{\infty} \frac{1}{\sqrt{2\pi}} e^{-\frac{x^2}{2}} dx \\
&= \frac{1}{\sqrt{2\pi}} \int_{-\infty}^{\infty} e^{-y^2} \sqrt{2} dy && (y := x/\sqrt{2}) \\
&= \frac{1}{\sqrt{2\pi}} \cdot \sqrt{2\pi} && (\because \text{ガウス積分}) \\
&= 1
\end{aligned}$$

となる．　□

この解答からさらにさかのぼって，ガウス積分の求め方を自分で見つけ出すのは大変である（次のコラム参照）．

Column 1 ●ガウス積分

ガウス積分：

$$I := \int_{-\infty}^{\infty} e^{-x^2} dx = \sqrt{\pi}$$

は，置換積分（1変数の変数変換）や部分積分をくり返しても求めることができず，複素積分によって求めようとしても，適切な積分経路を見つけるのは容易ではない．つまり，この積分は，ある程度高度な公式や，ガウス積分の計算のためにとくに工夫した計算テクニックを知らなければ求めることはできない．したがって，実用の場面では，ガウス積分の結果を公式として知っていることが重要であり，また，徒労を防ぐためには，ガウス積分を行うには何か特別なテクニックが必要だということまでを知っておくことが大事である．

しかし，さらに進んで，ガウス積分の具体的な求め方を知っておくこともなかなか有益である．1つには，ガウス積分はあまりに重要なので，「教養」として，その計算方法まで問われる機会があるかもしれないからであるが，それだけでなく，ガウス積分を求めるための種々の方法を知ることは，積分に関する計算テクニックの幅を広げるためにも有効と思われるからである．

ガウス積分の求め方のうち，おそらく最も有名なのは，

$$I^2 = \int_{-\infty}^{\infty} \int_{-\infty}^{\infty} e^{-(x^2+y^2)} dxdy$$

という2重積分を考え，これを極座標に変換して計算して

$$I^2 = \pi$$

を得て，（I は明らかに正なので）そこから $I = \sqrt{\pi}$ とする方法である（問題48（136頁）参照）．したがって，「教養」として問われるならば，第一候補はこれである．しかし，ガウス積分の求め方は，ほかにもたくさんある．

1つの方法は，簡単な変数変換により

$$I = \int_0^{\infty} x^{-\frac{1}{2}} e^{-x} dx = \Gamma\left(\frac{1}{2}\right)$$

であることがわかるので，$\Gamma(1/2)$ を求める問題に帰着させるものである（ガンマ関数 $\Gamma(\alpha)$ については，58頁のコラム参照．逆に，$\Gamma(1/2)$ の計算をガウス積分に帰着させることもある）．ガンマ関数に帰着させた後の計算方法がまたいくつもある．たとえば，ベータ関数（74頁のコラム参照）とガンマ関数の間の $B(s,t) = \Gamma(s)\Gamma(t)/\Gamma(s+t)$ という関係に注目して，

$$I^2 = \Gamma\left(\frac{1}{2}\right)\Gamma\left(\frac{1}{2}\right) = \Gamma(1) B\left(\frac{1}{2}, \frac{1}{2}\right) = B\left(\frac{1}{2}, \frac{1}{2}\right)$$

$$= \int_0^1 x^{-\frac{1}{2}}(1-x)^{-\frac{1}{2}}dx$$
$$= \int_0^{\frac{\pi}{2}} \frac{1}{\sin\theta\cos\theta} \cdot 2\sin\theta\cos\theta d\theta \quad (x = \sin^2\theta, \quad dx = 2\sin\theta\cos\theta d\theta)$$
$$= \int_0^{\frac{\pi}{2}} 2d\theta = \pi$$

を得て，そこから $I = \sqrt{\pi}$ とすることができる．あるいは，ガンマ関数に関する

$$\Gamma(s)\Gamma(1-s) = \frac{\pi}{\sin \pi s}$$

という公式を知っているなら，

$$I^2 = \Gamma\left(\frac{1}{2}\right)\Gamma\left(\frac{1}{2}\right) = \frac{\pi}{\sin(\pi/2)} = \pi \quad \therefore I = \sqrt{\pi}$$

というように，一瞬のうちに求めることもできる．

もっとずっと初等的な方法もある．たとえば，

$$D := \int_0^\infty \int_0^\infty xe^{-x^2(y^2+1)}dxdy$$

という2重積分を積分順序を変えて2通りに計算すればよい．2重積分であるという点を除けば，各段階の計算は（置換積分などは必要なので簡単とはいわないが）高校数学の範囲で行えるものである．結果は，

$$D = \frac{I^2}{4} = \frac{\pi}{4}$$

となるので，そこから $I = \sqrt{\pi}$ とすればよい．

ほかにももっと方法はあるが，この辺にしておこう[6]．

2.2.3 ●●● 一様分布

確率分布とはどういうものであるかを理解するには，分布を実際に生み出すシミュレーションを考えることが大いに助けになる．**シミュレーション**とは，何らかの方法により乱数ないし乱数列を発生させることをいう．**乱数**とは，人為的に発生させる数であり，観測する前は（あたかも）確率的にしか値が推測

---

[6] Hirokazu Iwasawa, "Gaussian Integral Puzzle", *Mathematical Intelligencer*, Vol. 31, No. 3, 2009 参照．

できないように発生させるものである．

　ある分布について，その分布に従う乱数を発生させる方法がわかっているとすれば，その分布の定義がわかっているということであるし，実用上は，その乱数列を発生させれば分布の特性もいろいろと見えてくる．現代のコンピュータ環境からすれば，シミュレーションの実行は手軽であるし，現代の応用確率論に携わる者にとっては，シミュレーションに関する基本知識をもっていることは，むしろ不可欠の事柄である．

　ここでは，シミュレーションにおいて最も基本となる一様乱数，とくに標準一様乱数について述べる．いろいろな計算が行えるように設計されているソフトやプログラム言語では，標準一様乱数を発生させるためのコマンド（命令）や関数などが標準装備されているのがふつうである．たとえば，表計算ソフトのExcelでは，RANDという関数が用意されていて，セルに"=RAND()"と入力しておけば，再計算するたびに，そのセルに標準一様乱数が表示される．一般に，0以上1未満の数 X が確率 $P(X \leq x) = x, 0 \leq x < 1$ で与えられるとき，X を**標準一様乱数**という．また，このとき確率変数 X は**標準一様分布** $U(0,1)$ に従うという．

　一般の**一様分布** $U(a,b)$ は，

- パラメータは a,b の2つであり，$-\infty < a < b < \infty$ である
- 確率変数（X とする）のとりうる値の範囲は，区間 $[a,b]$ である
- 分布関数は，$F_X(x) = \dfrac{x-a}{b-a}, \quad a \leq x \leq b$ である

というものである．

　一様分布 $U(a,b)$ は，分布関数 $F_X(x)$ が連続で，$x = a, b$ の2点を除いて微分可能であるので連続型である．連続型の場合には，任意のとりうる値 x に対して，

$$\text{密度関数 } f_X(x) := \frac{d}{dx} F_X(x) \quad \text{（不定の場合を含む）}$$

の値を与える（典型的には，パラメータと x を用いた算式により与える）ならば，（パラメータを固定したときの）確率分布に関するすべての情報を与えたことになるのであった．もちろん，つねに全確率 = 1 であるから，

$$\int_{X \text{のとりうる値}} f_X(x) dx = 1$$

である．自分で密度関数を求めたときは，これを確認しておくとよい．

一様分布 $U(a,b)$ の密度関数は，

$$f_X(x) = \frac{1}{b-a}, \quad a \leqq x \leqq b$$

である．全確率は，

$$\int_a^b f_X(x)dx = \int_a^b \frac{1}{b-a}dx = \frac{1}{b-a} \cdot (b-a) = 1$$

と確かめられる．

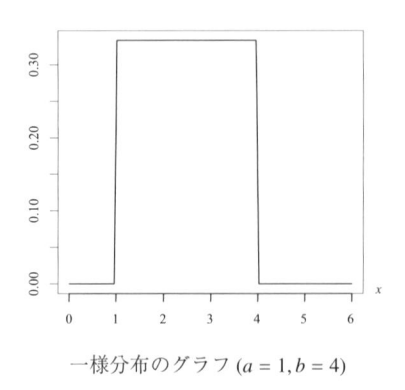

一様分布のグラフ $(a=1, b=4)$

さて，一様乱数をもとにすると，さまざまな確率分布に従う確率変数をコンピュータ上で発生させることができる．たとえば，通常のサイコロを振ったときに出る目の数を値とする確率変数 X を発生させるには，標準一様乱数 U を用いて，

$$X := \begin{cases} 1 & (0 \leqq U \leqq 1/6 \text{ のとき}) \\ 2 & (1/6 < U \leqq 2/6 \text{ のとき}) \\ 3 & (2/6 < U \leqq 3/6 \text{ のとき}) \\ 4 & (3/6 < U \leqq 4/6 \text{ のとき}) \\ 5 & (4/6 < U \leqq 5/6 \text{ のとき}) \\ 6 & (5/6 < U < 6/6 \text{ のとき}) \end{cases}$$

とすればよい．もちろん，このやり方で X をくり返し発生させていけば，サイコロをくり返し振る実験がコンピュータ上でできるということである．

一般に，離散型の確率分布は，次の方法によりシミュレーションが可能である．

手法1　[離散型の確率分布のシミュレーション]

離散型の確率分布のとりうる値が小さいほうから $x_1, x_2, \ldots$ であるとき，標準一様乱数 U を用いて，

$$X := x_k \quad \text{s.t.} \quad F_X(x_{k-1}) < U \leqq F_X(x_k)$$

として[7]，その確率分布に従う確率変数 X を発生させる．ただし，便宜上，$F_X(x_0) := 0$ とする．

問題 16 n を定数とし，確率変数 X を次のように定める．
1. 標準一様乱数を 1 つ発生させ，その値を p とする．
2. 成功確率 p のベルヌーイ試行を n 回くり返し，その際の成功回数を確率変数 X の値とする．

このとき，X の従う分布の確率関数 $f_X(x) = P(X = x)$, $x = 0, 1, \ldots, n$ を求めよ．

X の従う分布は，混合分布とよばれるものの一種であり，その点に着目した手法を用いても本問を解くことはできるが，計算に追われてしまって分布の特性は見えにくい．ここではシミュレーションの考え方を上手に利用した見通しのよい（じつにエレガントな）解答を示す．

(解答) X を 1 つ発生させるためには，標準一様乱数を $n+1$ 回発生させればよい．具体的には，標準一様乱数 U_0 により p を決定し，$i = 1, \ldots, n$ について，i 回めのベルヌーイ試行の結果を表す確率変数 Y_i を，標準一様乱数 U_i を用いて，

$$Y_i = \begin{cases} 1 & (U_i \leqq p) \\ 0 & (U_i > p) \end{cases}$$

とし，最後に $X = Y_1 + \cdots + Y_n$ とすればよい．このとき，$X = x$ となるのは，$n+1$ 個の標準一様乱数のうち，U_0 よりも小さいものがちょうど x 個ある場合，つまり，U_0 が小さいほうから $x+1$ 番めになるときであるが，U_0 が 1 番めから $n+1$ 番めのうちのど

---

[7] この式の右辺は「$F_X(x_{k-1}) < U \leqq F_X(x_k)$ となるような x_k」と読む．「s.t.」とは，英語の such that のことである．

れになる確率も等しいから，その確率は x によらず $1/(n+1)$ である．すなわち，

$$f_X(x) = \frac{1}{n+1}, \quad x = 0, 1, \ldots, n$$

である． □

2.3 確率分布の特性値

　確率分布を利用するたいていの場合には，複数の特定の確率変数が，何らかの確率分布に（典型的には互いに独立に）「従う」とモデル化されている．その場合の確率分布は，完全に特定されているとはかぎらない．もちろん，分布の種類およびパラメータまで完全に特定されている場合もあるが，とくに統計的な手法を実行する場面では，パラメータの一部または全部を未知としている場合や分布の種類さえ特定していない（ノンパラメトリックな）場合もある．ただ，いずれの場合も，特定の確率変数が当の確率分布に「従う」とされている点は共通している．

　こうしたモデル上の確率分布を実用上うまくとり扱えるようになるためには，確率分布の諸特性についてよくわかっている必要がある．確率分布の特性のなかには，1つの値として表すことができるものがある．そのような値のうち，伝統的に価値を見出されてきたもののことを，その確率分布の**特性値**という．本節の主題は，この特性値である．

　特性値に関しては，次の3つのことを知っている必要がある．

(1) 特定の確率分布が与えられたときに，その基本的な特性値を求めるための種々の手法．
(2) よく用いられるいくつかの重要な確率分布がもつ基本的な特性値．
(3) 基本的な特性値それぞれの意味や特徴．

　手法に習熟すること，つまり上記(1)はもちろん重要であるが，実用上は，諸結果を知っていること（ないし，すぐに調べられること），つまり上記(2)も大事である．このうち本節では(1)を主に扱う．(2)については，以下で扱う諸事例のほか，特性値などに関する巻末の一覧表を参照されたい．(3)については，最初（2.3.1）に簡単に説明するとともに，最後（2.3.4）にいくつかの補足を行う．

2.3.1 ●●● 特性値の定義

主な特性値には，以下のものがある．

平均，分散，標準偏差，歪度，尖度，変動係数，（原点まわりの）モーメント，平均まわりのモーメント；共分散，相関係数；キュムラント（次章で定義する）；パーセンタイル．

このうち，「平均」から「相関係数」までは，期待値を用いて定義される．一般に，確率変数 X の期待値を $E[X]$ と表記する．この期待値の記号を用いれば，確率分布（便宜上，ここでは，それに従う確率変数を代表して X と書く）に関するこれらの特性値は，以下のとおり定義することができる．

（原点まわりの） k 次のモーメント $:= E[X^k]$

とくに，平均 $\mu_X := 1$ 次のモーメント $= E[X]$

平均まわりの k 次のモーメント $:= E[(X - \mu_X)^k]$

とくに，分散 $\sigma_X^2 := V[X] :=$ 平均まわりの 2 次のモーメント $= E[(X - \mu_X)^2]$
$= E[X^2] - \mu_X^2 (\geq 0)$

標準偏差 $\sigma_X := \sqrt{\text{分散}} (\geq 0)$

変動係数 $:= \dfrac{\text{標準偏差}}{\text{平均}}$

歪度(かいど) $:= \dfrac{\text{平均まわりの 3 次のモーメント}}{\text{標準偏差の 3 乗}}$

尖度(せんど) $:= \dfrac{\text{平均まわりの 4 次のモーメント}}{\text{標準偏差の 4 乗}} - 3 (\geq -2)$

「モーメント」の代わりに「積率」という場合があるが，両者はまったく同一のものである．本書では，「積率母関数」というときだけ「積率」という用語を採用する．

これらの特性値を計算する際のテクニックは，連続型については 2.3.2 で，離散型については 2.3.3 で詳しく紹介する．

上記の特性値のうち，変動係数は，平均が正の場合のみ定義される．実際，

ふつうは，とりうる値が0以上のみである場合（0のみである場合を除く）に有用な特性値である．また，本書とは違って，尖度の定義を $\frac{\text{平均まわりの4次のモーメント}}{\text{標準偏差の4乗}}$ とする（つまり最後に3を引かない）流儀もある．とくにその場合，上記の定義によるものを**超過率**とよぶことがある．

　平均と分散は，読者にはおなじみでとくに説明は不要であろう．歪度と尖度についてごく簡単に説明しておけば，歪度も尖度も分布の形状を表す指標であり，歪度は左右対称を基準とした場合の形の左右への歪み具合（右裾が厚いと値が大きい）を表し，尖度は正規分布の裾の厚さを基準とした場合の分布形状の尖り具合（裾が厚く中央が尖っていると値が大きい）を表すものである．歪度や尖度の性質は2.3.4で詳しく扱う．

　2つの確率変数 X と Y の間の関係に関する基本的な特性値である共分散と相関係数は，

$$\text{共分散 } Cov[X,Y] := E[(X-\mu_X)(Y-\mu_Y)] = E[XY] - \mu_X\mu_Y$$

$$\text{相関係数 } \rho[X,Y] := \frac{Cov[X,Y]}{\sigma_X\sigma_Y}$$

と定義される．相関係数は，必ず-1以上1以下の値をとる．相関係数 $\rho[X,Y]$ が0のとき，X と Y は**無相関**であるという．共分散と相関係数の具体的計算方法は，次章（とくに3.1.7）でとり扱う．

　100α パーセンタイル $q_\alpha[X]$（α 分位点ともいう．$0<\alpha<1$）は，リスク尺度としてよく知られている**バリュー・アット・リスク** $\mathrm{VaR}[X;\alpha]$ と同一のものであり，

$$q_\alpha[X] := \min\{x | F_X(x) \geq \alpha\}$$

と定義される．とくに，X の分布関数に逆関数 $F^{-1}(\alpha)$ が存在するとき，

$$q_\alpha[X] = F_X^{-1}(\alpha)$$

である．

　少しややこしいが，統計的推測において標準正規分布表などの各種数表から数値を読みとる場合，主に上側 ε 点を使う．**上側 ε 点**とは，$100(1-\varepsilon)$ パーセンタイル点のことであり，大きいほうから見るか小さいほうから見るかの違いがあるので注意を要する．

2.3.2 ●●● 連続型確率分布の特性値の求め方

確率変数 X が連続型の確率分布に従うとき，適当な 1 変数関数 g について，確率変数 $g(X)$ の期待値 $E[g(X)]$ は，

$$E[g(X)] = \int_{-\infty}^{\infty} g(x) f_X(x) dx$$

と計算される[8]．この $E[g(X)]$ は，右辺の積分が 1 つの有限値に定まるときのみ定義されると考えるのがふつうである．つまり，それ以外の場合には，$E[g(X)]$ は定義されないと考える．ただし，文脈上便利であれば，積分が $-\infty$ や ∞ に発散するときも $E[g(X)]$ は定義されているかのように（たとえば）「その期待値は無限大である」といった表現をする場合がある．

たとえば，標準コーシー分布 $C(0, 1)$（密度関数：$f_X(x) = 1/\pi(x^2 + 1)$, $-\infty < x < \infty$）という分布（111 頁参照）がある．その期待値 $E[X]$ を形式的に表現すれば，

$$E[X] = \int_{-\infty}^{\infty} \frac{x}{\pi(x^2 + 1)} dx$$
$$= \frac{1}{2\pi} \left[\log(x^2 + 1) \right]_{-\infty}^{\infty} = \infty - \infty$$

となることからわかるように，積分値は定まらないので，期待値は定義されない．これに対し，密度関数が $f_X(x) = \frac{1}{2} x^{-\frac{3}{2}}$, $1 \leqq x < \infty$ である分布（パレート分布 $Pa(1/2, 1)$, 86 頁参照）の期待値 $E[X]$ は，形式的に表現すれば，

$$E[X] = \int_{1}^{\infty} x \cdot \frac{1}{2} x^{-\frac{3}{2}} dx = \int_{1}^{\infty} \frac{1}{2} x^{-\frac{1}{2}} dx$$
$$= \left[x^{\frac{1}{2}} \right]_{1}^{\infty} = \infty$$

となるので，文脈によって，期待値は「定義されない」と表現したり，期待値は「無限大である」と表現したりする．

問題 17 標準正規分布 $N(0, 1)$ の平均，分散，歪度，尖度を定義に基づいて求めよ．

---

[8] この計算方法がわかっていれば，連続型確率分布については，本節でとりあげた，期待値をもとに定義される特性値は，共分散と相関係数を除いてすべて計算できる．共分散と相関係数の具体的計算は，多次元分布を扱う際に（3.1.7 で）とり扱う．

(解答) 平均を求めるだけなら，

$$E[X] = \int_{-\infty}^{\infty} x \frac{1}{\sqrt{2\pi}} e^{-\frac{x^2}{2}} dx$$
$$= \left[-\frac{1}{\sqrt{2\pi}} e^{-\frac{x^2}{2}} \right]_{-\infty}^{\infty} = 0 - 0 = 0$$

と直接計算すればよい．しかし，ほかにもいろいろ求めなければならないので，もっと一般的な計算をしよう．

k が正の奇数のとき，

$$E[X^k] = \int_{-\infty}^{\infty} x^k \frac{1}{\sqrt{2\pi}} e^{-\frac{x^2}{2}} dx$$

の積分計算における被積分関数は奇関数[9]であるので，$E[X^k] = 0$，したがって，平均 $E[X] = 0$ であり，歪度 $E[(X - E[X])^3]/V[X]^{\frac{3}{2}} = E[X^3]/V[X]^{\frac{3}{2}} = 0$ である．ただし，厳密には，

$$\int_0^{\infty} x^k \frac{1}{\sqrt{2\pi}} e^{-\frac{x^2}{2}} dx < \infty$$

を確かめる必要がある．

このことを確かめるためと，分散と尖度の計算に用いるために，k を（奇数とはかぎらない）正の整数として，

$$I_k := \int_0^{\infty} x^k \frac{1}{\sqrt{2\pi}} e^{-\frac{x^2}{2}} dx$$

を計算すると，

$$I_k = \frac{1}{\sqrt{2\pi}} \int_0^{\infty} (2y)^{\frac{k}{2}} e^{-y} (2y)^{-\frac{1}{2}} dy \quad \left(y := \frac{x^2}{2} \right)$$
$$= \frac{2^{\frac{k}{2}-1}}{\sqrt{\pi}} \int_0^{\infty} y^{\frac{k+1}{2}-1} e^{-y} dy = \frac{2^{\frac{k}{2}-1}}{\sqrt{\pi}} \Gamma\left(\frac{k+1}{2}\right)$$

となる．ここで，$\Gamma(\cdot)$ はガンマ関数（コラム 2（58 頁）参照）である．

$k = 1, 2, 3, 4$ について，具体的に値を求めれば（それができるためにはガンマ関数の計算に習熟している必要があるが），

$$I_1 = \frac{2^{-\frac{1}{2}}}{\sqrt{\pi}} \Gamma(1) = \frac{1}{\sqrt{2\pi}}$$
$$I_2 = \frac{2^0}{\sqrt{\pi}} \Gamma\left(\frac{3}{2}\right) = \frac{1}{\sqrt{\pi}} \left(\frac{3}{2} - 1\right) \sqrt{\pi} = \frac{1}{2}$$

---

[9] 任意の x について $g(-x) = -g(x)$ となる関数 g を**奇関数**という．

$$I_3 = \frac{2^{\frac{1}{2}}}{\sqrt{\pi}}\Gamma(2) = \sqrt{\frac{2}{\pi}}$$

$$I_4 = \frac{2^1}{\sqrt{\pi}}\Gamma\left(\frac{5}{2}\right) = \frac{2}{\sqrt{\pi}}\left(\frac{5}{2}-1\right)\left(\frac{3}{2}-1\right)\sqrt{\pi} = \frac{3}{2}$$

となる．したがって，たしかに

$$\text{平均} = 0, \quad \text{歪度} = 0$$

であり，また，

$$\text{分散 } V[X] = E[(X-E[X])^2] = E[X^2] = 2I_2 = 1$$
$$\text{尖度 } E[(X-E[X])^4]/V[X]^2 - 3 = E[X^4] - 3 = 2I_4 - 3 = 0$$

となる． □

連続型の確率分布の特性値の計算は積分計算に帰着されるので，そのかぎりでは，積分計算に長けていれば十分に見える．しかしながら，実際の場面での特性値の計算においては，確率分布ならではの性質を踏まえると計算がずっと簡単になる場合が少なくなく，また，もっといえば，簡単な公式だけでは処理できない積分計算が必要であるために確率分布ならではの性質を踏まえないと現実にはうまく計算できない，という場合さえある．そのため，確率分布の性質を踏まえた積分計算の具体的テクニックをいろいろと知っていることが実用上は大事である．

問題18 2つのパラメータ $\alpha > 0, \beta > 0$ をもつ，**逆ガンマ分布**とよばれる種類の確率分布は，とりうる値は0以上の実数値であり，密度関数 $f_X(x)$ は，

$$f_X(x) = \frac{1}{\beta\Gamma(\alpha)}\left(\frac{\beta}{x}\right)^{\alpha+1} e^{-\frac{\beta}{x}}, \quad x > 0$$

で表される．この分布の（原点まわりの）k 次のモーメント $E[X^k]$ の値を求めよ．

(解法) ① (既知の情報を用いる)

まじめな話だが，実際の場面で，基本的な分布やよく知られた分布の特性値を知りたいとき，必ずしも，自分で計算しなければならないいわれはない．ごく基本的な分布に関しては，覚えてしまっているべきものもあるだろうし，計算するより時間がか

からなさそうであれば，信頼できる情報源からさっさと答えを調べてくればよい．そういった知識や調査能力を備えておくことが，答えを最も早く正確に出す方法であるということは，現実にはきわめて多い．

たとえば本問であれば，逆ガンマ分布という名前がつくほどよく知られた分布なのであるから，うまく調べれば答えはすぐに見つかる．とはいえ，そうした調べ方のノウハウは，各自の環境にも大きく依存するのでここでは一般的な助言は示さないが，たとえば筆者の場合は，文献 [3] が手元にあるので，それを引けば，逆ガンマ分布は $k < \alpha$ のときのみ k 次のモーメント $E[X^k]$ が存在し，

$$E[X^k] = \frac{\beta^k \Gamma(\alpha - k)}{\Gamma(\alpha)}$$

であるとすぐにわかる． □

解法 ② （素直に積分する）

いろいろな工夫をすべきなのは，そうしないと簡単にほしいものが求まらない場合のことである．だから，もともと簡単に計算できるものは，さっさと素直に計算してしまえばよい．たとえば，とりうる値の範囲が区間 $[a, b]$ である一様分布 $U(a, b)$（密度関数は，$1/(b-a)$）の k 次のモーメントを求めるのであれば，何か工夫したり調べたりする間にさっさと

$$\int_a^b \frac{x^k}{b-a} dx = \frac{b^{k+1} - a^{k+1}}{(k+1)(b-a)}$$

と計算してしまったほうがずっと早いであろう．

本問の場合は，この解法は他の解法よりも面倒であるが，それでも大して複雑な計算でもないので，もちろんこの解法でもよい．積分計算を式変形で示せば，

$$\begin{aligned}
E[X^k] &= \int_0^\infty \frac{x^k}{\beta \Gamma(\alpha)} \left(\frac{\beta}{x}\right)^{\alpha+1} e^{-\frac{\beta}{x}} dx = \int_0^\infty \frac{\beta^k}{\beta \Gamma(\alpha)} \left(\frac{\beta}{x}\right)^{\alpha-k+1} e^{-\frac{\beta}{x}} dx \\
&= \int_0^\infty \frac{\beta^k}{\beta \Gamma(\alpha)} y^{\alpha-k+1} e^{-y} \left| -\frac{\beta}{y^2} \right| dy \qquad\qquad (y := \frac{\beta}{x}) \\
&= \frac{\beta^k}{\Gamma(\alpha)} \int_0^\infty y^{\alpha-k-1} e^{-y} dy \\
&= \begin{cases} \frac{\beta^k \Gamma(\alpha-k)}{\Gamma(\alpha)} & (k < \alpha \text{ のとき}) \\ \infty & (k \geq \alpha \text{ のとき}) \end{cases} \qquad (\because \text{ガンマ関数の定義})
\end{aligned}$$

となる． □

解法③（母関数を利用する）

 種々の特性値は，積率母関数やキュムラント母関数を利用することにより簡単に求めることができる場合がある．その具体的な手法についてはここでは扱わず，後で（3.2節で）まとめてとり扱うが，少し先取りしていえば，とくに歪度や尖度（場合によっては分散でさえ）を求める際には，ほかの方法に比べてずっと簡単になる場合が少なくないので，きわめて有用な手法である．ただし，母関数自体を求めるのが複雑な場合にはかえって計算に手間がかかることもあるし，そもそも積率母関数や（本書の意味での）キュムラント母関数が存在しないために利用できない場合もあって万能ではないので，注意を要する．実際，本問の場合の逆ガンマ分布も，それらの母関数が存在しないので，この手法は使えない． □

解法④（全確率 = 1 を利用する）

 確率分布のとりうる値のすべての可能性を集めた場合の確率（全確率）はもちろん1である．このことを，連続型の場合に密度関数 $f_X(x)$ を利用して表現すれば，
$$\int_{-\infty}^{\infty} f_X(x)dx = 1$$
がつねに成り立つということである．この事実を利用すると，積分計算が簡単になる場合がある．

 本問の場合には，（問題文に与えられている逆ガンマ分布の密度関数が正確であることを信じれば）任意の $\alpha > 0, \beta > 0$ について，
$$\int_0^{\infty} \left(\frac{\beta}{x}\right)^{\alpha+1} e^{-\frac{\beta}{x}} dx = \beta\Gamma(\alpha)$$
という積分公式（!）が得られる．これを利用して式変形すれば，$k < \alpha$ について，
$$\begin{aligned}
E[X^k] &= \int_0^{\infty} \frac{x^k}{\beta\Gamma(\alpha)} \left(\frac{\beta}{x}\right)^{\alpha+1} e^{-\frac{\beta}{x}} dx \\
&= \frac{\beta^k}{\beta\Gamma(\alpha)} \int_0^{\infty} \left(\frac{\beta}{x}\right)^{\alpha-k+1} e^{-\frac{\beta}{x}} dx \\
&= \frac{\beta^k}{\beta\Gamma(\alpha)} \cdot \beta\Gamma(\alpha - k) \qquad (\because 積分公式) \\
&= \frac{\beta^k \Gamma(\alpha - k)}{\Gamma(\alpha)}
\end{aligned}$$
と簡単に計算できる． □

解法 ⑤（その他）

その他，もっている知識や簡単に調べられる情報を適宜利用して，種々の工夫ができるであろうことは容易に想像がつくであろう．

たとえば，対数正規分布 $LN(\mu, \sigma^2)$ とよばれる分布（105頁参照）の平均を知りたい（がすぐに調べられない）ときに，しかし，当の分布は，X が正規分布 $N(\mu, \sigma^2)$ に従うときの e^X が従う分布であることは知っており，また，$N(\mu, \sigma^2)$ の積率母関数 $M_X(t) := E[e^{tX}]$ は $\exp\left(\mu t + \frac{\sigma^2}{2}t^2\right)$ であることも知っているとしよう（これは，もちろん人にもよるが，大いにありそうな状況ではなかろうか）．すると，この場合，手持ちの知識を使って，

$$LN(\mu, \sigma^2) \text{ の平均} = M_X(1) = \exp\left(\mu + \frac{\sigma^2}{2}\right)$$

というように，簡単に必要な値を求めることができる（練習問題26（147頁）参照）．

一般にも，分布どうしの関係（基本的な関係は次章の随所で紹介する）の知識を利用すると有効な場合がしばしばある．本問の場合は，たとえば，先の例ほどはありそうな状況ではないが，

> 問題としている逆ガンマ分布がガンマ分布 $\Gamma(\alpha, \beta)$ の逆数の分布であることは知っており（これは十分ありそうなことである），
> かつ，
> X がガンマ分布に従うときの $E[X^{-k}]$ の値も知っていた[10]

という場合には，手持ちの知識から必要な値はただちに得られることになる． □

Column 2 ●ガンマ関数

確率分布を扱うとき，しばしば**ガンマ関数 $\Gamma(\alpha)$**（α が変数）なるものが登場する．しばしば登場するのは，大変有用だからである．だが，慣れていない人からすれば，ガンマ関数は厳めしく見えるかもしれない．実際，ガンマ関数は特殊関数であり，関数としての性質を詳しく知るためにはたとえば複素関数論の知識がいろいろと必要となる．

---

[10] これはあまりありそうでないが，じつをいえば，形式的に $(-k)$ 次のモーメントを考えればよいので，ありえないことではない．ガンマ分布の k 次のモーメントは問題53（150頁）参照．

しかし，確率分布を扱うときの便利な道具としてガンマ関数を利用する際に知っておくべきことはたいして多くない．まず，そのかぎりでは，定義域は $\alpha > 0$ とし，次のように定義されると思っておけばよい．

$$\Gamma(\alpha) := \int_0^\infty x^{\alpha-1} e^{-x} dx$$

積分が好きでない人にはこれがすでに厳めしく見えるのであろうが，そういう人も，もし自分の知っている関数を使って被積分関数をいろいろと作ってみようとしたなら，$x^p \times e^{-x}$ というパターンは，大して複雑な部類に入らないであろう．

知っておくべき基本的性質は次のとおりである．

$$\Gamma(n) = (n-1)! \quad (n \text{ が正の整数のとき}) \tag{2.1}$$

$$\Gamma(\alpha) = \begin{cases} 1 & (\alpha = 1 \text{ のとき}) \\ (\alpha-1)\Gamma(\alpha-1) & (\alpha > 1 \text{ のとき}) \end{cases} \tag{2.2}$$

$$\Gamma\left(\frac{1}{2}\right) = \sqrt{\pi} \tag{2.3}$$

$$B(s,t) = \frac{\Gamma(s)\Gamma(t)}{\Gamma(s+t)} \tag{2.4}$$

式 (2.1) にあるとおり，ガンマ関数は階乗と結びつくが，じつのところ，ガンマ関数は，もともと階乗（0以上の整数に対して定義されるのがふつう）の概念を拡張（上の定義だと，−1 より大きい実数にまで拡張）したものである．しかし，だったらなぜ $\Gamma(n) = n!$ となるように定義しないのかといわれそうであり，そのように定義する関数 $\Pi(x) := \Gamma(x+1), x > -1$ もあることはある．しかし，もろもろのことに配慮すると上記定義のほうが便利だと先人たちは判断し，実際，$\Pi(x)$ のほうは現在ほとんど目にすることはないので，利用者は慣習に従うべきであろう．それに，自分で使ってみれば，確率分布への応用にかぎっても，たとえばガンマ分布の第 1 パラメータ（再生性をもつ）との関係を考えると，この記法が便利であることに気づくであろう．

式 (2.2) は，ガンマ関数がもともとは階乗の拡張であることからすれば，自然な関係式である．じつは，この関係式はガンマ関数にとって本質的であり，この関係式を満たす関数が，ある種のなめらかさをもつことを要請する[11]ならば，それを満たすのはガンマ関数しかないことが知られている．

α が整数以外の $\Gamma(\alpha)$ の値は，一般に求めるのが困難であるが，式 (2.3) はよく知られている[12]．これをもとに，式 (2.2) を利用して計算すれば，小数部分が 0.5 である正の実数 α については $\Gamma(\alpha)$ を具体的に求めることができる．

式 (2.4) は，ベータ関数とガンマ関数との関係を示すものであるが，これについては，ベータ関数に関するコラム（74頁）を参照されたい．

2.3.3 ●●● 連続型以外の確率分布の特性値の求め方

確率変数 X が離散型の確率分布に従うとき,適当な1変数関数 g について,確率変数 $g(X)$ の期待値 $E[g(X)]$ は,

$$E[g(X)] = \sum_x g(x) f_X(x)$$

と計算される[13]. とくに, 典型的な離散型の確率分布のように, とりうる値が 0 以上の整数値に限られる場合は,

$$E[g(X)] = \sum_{x=0}^{\infty} g(x) f(x)$$

と計算される.この $E[g(X)]$ は,(連続型の場合に積分値について考えたのと同様に)右辺の級数が1つの有限値に定まるときのみ定義されると考えるのがふつうである.つまり,それ以外の場合には,$E[g(X)]$ は定義されないと考える.ただし,文脈上便利であれば,級数が $-\infty$ や ∞ に発散するときも $E[g(X)]$ は定義されているかのように述べる場合があるが,この点も連続型の場合と同様である.

離散型の確率分布の特性値の計算は,原理的には,(確率分布の特性値の計算には限定されない)一般の級数計算の知識のみによって可能である.しかしながら,実用のことを考えると,連続型の場合と同様,確率分布の性質を踏まえた具体的テクニックをいろいろと知っていることは大切である.

---

[11] 具体的には,関数の対数が凸であること(対数凸性)を要請する.
[12] これは,たとえばガウス積分(コラム1(45頁)参照)を利用すれば,変数変換 ($y := \sqrt{x}$) により

$$\Gamma\left(\frac{1}{2}\right) = \int_0^{\infty} x^{-\frac{1}{2}} e^{-x} dx = \int_0^{\infty} \frac{1}{y} e^{-y^2} 2y dy = 2 \cdot \frac{1}{2} \int_{-\infty}^{\infty} e^{-y^2} dy = \sqrt{\pi}$$

と求められる.
[13] この計算方法がわかっていれば,離散型確率分布については,本節でとりあげた,期待値をもとに定義される特性値は,共分散と相関係数を除いてすべて計算できる.

> **問題 19** 正の整数 n をパラメータとしてもち，とりうる値は 0 以上 n 以下の整数値であり，確率関数 $f_X(x)$ は
>
> $$f_X(x) = \binom{2n-x}{n}\left(\frac{1}{2}\right)^{2n-x}, \quad x = 0, 1, \ldots, n$$
>
> と表される確率分布を考える．この確率分布の平均 $E[X]$ の値を求めよ．

(解答) 級数計算に関する複雑な手法を知らなくとも，**全確率 = 1** に着目すれば，比較的簡単に求めることができる．

たとえば，以下のように式変形していけばよい．

$$E[X] = \sum_{x=0}^{n} x\binom{2n-x}{n}\left(\frac{1}{2}\right)^{2n-x}$$

$$= \sum_{x=0}^{n} \{(2n+1) - (2n+1-x)\}\frac{(2n-x)!}{n!(n-x)!}\left(\frac{1}{2}\right)^{2n-x}$$

$$= (2n+1) - \sum_{x=0}^{n} 2(n+1)\frac{(2n+1-x)!}{(n+1)!(n-x)!}\left(\frac{1}{2}\right)^{2n+1-x} \quad (\because \text{第1項は「全確率 = 1」})$$

$$= (2n+1) - 2(n+1)\sum_{x=0}^{n} \binom{2(n+1)-(x+1)}{n+1}\left(\frac{1}{2}\right)^{2(n+1)-(x+1)}$$

$$= (2n+1) - 2(n+1)\left(\sum_{y=0}^{n+1} \binom{2(n+1)-y}{n+1}\left(\frac{1}{2}\right)^{2(n+1)-y} - \binom{2(n+1)-0}{n+1}\left(\frac{1}{2}\right)^{2(n+1)-0}\right)$$

$$(y := x+1)$$

$$= (2n+1) - 2(n+1)\left(1 - \binom{2(n+1)}{n+1}\left(\frac{1}{2}\right)^{2(n+1)}\right)$$

$$(\because (\text{パラメータが } n+1 \text{ の確率分布の}) \text{ 全確率 = 1})$$

$$= -1 + 2(n+1)\frac{(2n+2)!}{(n+1)!(n+1)!}\left(\frac{1}{2}\right)^{2(n+1)} = -1 + \frac{(2n+1)!}{n!n!}\left(\frac{1}{2}\right)^{2n} \qquad \square$$

本問で提示した $f_X(x)$ が本当に確率関数となっている点については，バナッハのマッチ箱の問題（問題 11（38 頁））を見よ．

一般に，離散型の確率分布の特性値を求める場合も，前問で示した連続型の場合の解法に対応する次の解法がある．

1. 既知の情報を用いる

2. 素直に級数計算をする
3. 母関数を利用する
4. 全確率=1 を利用する
5. その他

　上の解答で示した解法は，もちろん解法4である．他の解法を用いた場合の解答例はここでは示さないが，解法3で用いる手法は3.2節で詳しくとり扱う．
　ここまでは，連続型と離散型にかぎって，$E[g(X)]$ の計算式を示したが，一般に，

$$E[g(X)] = \int_{-\infty}^{\infty} g(x) dF_X(x)$$

と表記すると便利である．実際これは，**ルベーグ＝スティルチェス積分**とよばれ，厳密に定義することができることが知られている．なお，この「積分」の積分区間は，x に関するものであり，実質的には，X のとりうる値の範囲となる．

問題20 ［テール確率］

0以上の値のみをとる確率変数 X について，$S_X(x) := 1 - F_X(x) = P(X > x)$ とするとき，

$$E[X] = \int_0^{\infty} S_X(x) dx$$

であることを示せ．

　実用上，0以上の値のみをとる確率変数を考えることがよくあり，本問で示す公式は非常に有用である．
　公式を利用するために理解しようとする限りでは，連続型の場合を考えて，

$$\begin{aligned}
\int_0^{\infty} S_X(x) dx &= \left[x S_X(x) \right]_0^{\infty} - \int_0^{\infty} x S_X'(x) dx \\
&= 0 + \int_0^{\infty} x f_X(x) dx \quad (\lim_{x \to \infty} x S_X(x) = 0 \text{ のとき}) \\
&= E[X]
\end{aligned}$$

という式変形を考えればよいであろう．しかし，$\lim_{x \to \infty} S_X(x) = 0$ ではあるが，

$\lim_{x\to\infty} xS_X(x) = 0$ とは限らない（たとえば，$f_X(x) = x^{-2}$, $x \geq 1$ の場合[14]）ので，（連続型の場合に限っても）これでは一般的な証明とはいえない．

下記に示す解答は，与えられた事象 A について

$$1_A := \begin{cases} 1 & (A \text{が成立する}) \\ 0 & (A \text{が成立しない}) \end{cases}$$

と定義される関数（**指示関数** ないし **定義関数** とよばれる）を用いたものである．指示関数を用いると，任意の事象 A について，

$$P(A) = E[1_A]$$

というように，確率を期待値に還元することができて，式変形をする上で有用な場合がある．

前置きが長くなったが，次が問題 20 の解答である．

(解答)

$$\int_0^\infty S_X(x)dx = \int_0^\infty P(X > x)dx$$

$$= \int_0^\infty E[1_{X>x}]dx$$

$$= E\left[\int_0^\infty 1_{X>x}dx\right]$$

（トネリの定理に基づく積分と期待値の順序変更）

$$= E\left[\int_0^X 1dx\right] = E[X] \qquad \blacksquare$$

本問に登場した $S_X(x)$ は **テール確率**（しっぽ確率，裾確率）とよばれるものである[15]．この概念は広く通用するものであるが，分布関数ほどは広く使われておらず，また，$S_X(x)$ や $S(x)$ という表記方法も分布関数に対する $F_X(x)$ や $F(x)$ ほどは標準的でない．

---

[14] このような場合には，公式の両辺とも無限大となるので，もちろん，公式が間違っているわけではない．
[15] 生存（survival）関数，（工学では）信頼度関数などともよばれる．英語文献では「反対累積（decumulative）分布関数」という呼び名もよく目にする．統計学では，（$P(X > x)$ ではなく）$P(X \geq x)$ を上側確率とよぶが，これは，X が連続型の場合にはテール確率と一致する．

2.3.4 ●●● 特性値の基本的性質

ここまでのところで特性値の計算方法をともかくも見てきたが，ここで特性値の基本的性質のうちのいくつかを見ておこう．とりあげるのは，歪度と尖度をはじめとするいくつかの特性値が，ある種の変換に対して不変であるという性質と，歪度と尖度の値が分布の形状のどういう特徴を表現するのかについてである．

まず，正規化という概念を導入しておこう．種々の計算をする際，$Y := (X - \mu_X)/\sigma_X$ という変換（正規化という）が有用である．このとき，$\mu_Y = 0, \sigma_Y = 1$ である．

たとえば歪度と尖度は，正の定数を乗じたり定数を加減したりする変換に対して不変（したがって，正規化に対しても不変）である．このことは次のように確かめられる．

$Y = a + bX$ $(b > 0)$ とすると，$E[Y] = E[a + bX] = a + bE[X] = a + b\mu_X$ であるから，

Y の平均まわりの k 次のモーメント
$= E[(a + bX - a - b\mu_X)^k] = E[b^k(X - \mu_X)^k]$
$= b^k \times (X \text{の平均まわりの} k \text{次のモーメント})$

となる．また，標準偏差は平均まわりの2次のモーメントの（正の）平方根であるから，いまの結果から，

Y の標準偏差 $= b \times (X$ の標準偏差$)$

である．したがって，

$$Y \text{の歪度} = \frac{Y \text{の平均まわりの3次のモーメント}}{Y \text{の標準偏差の3乗}}$$
$$= \frac{b^3 \times (X \text{の平均まわりの3次のモーメント})}{b^3 \times (X \text{の標準偏差の3乗})}$$
$$= X \text{の歪度}$$
$$Y \text{の尖度} = \frac{Y \text{の平均まわりの4次のモーメント}}{Y \text{の標準偏差の4乗}} - 3$$
$$= \frac{b^4 \times (X \text{の平均まわりの4次のモーメント})}{b^4 \times (X \text{の標準偏差の4乗})} - 3$$

$$= X の尖度$$

となる．

> **問題 21** 尖度は -2 以上であることを示せ．

(解答) 尖度は正規化をしても値が変わらないので，正規化後の尖度について -2 以上であることを示せばよい．正規化後の確率変数を Y とし，正規化後の平均，標準偏差がそれぞれ $0, 1$ であることに注意して式変形をしていけば，

$$\begin{aligned}
正規化後の尖度 &= \frac{E[(Y-0)^4]}{1^4} - 3 = E[Y^4] - 3 \\
&= E[Y^2]^2 + E[(Y^2 - E[Y^2])^2] - 3 \\
&\geqq E[Y^2]^2 - 3 = V[Y]^2 - 3 = 1^2 - 3 = -2
\end{aligned}$$

となって題意が示される． □

(練習問題 12) 任意の 2 つの確率変数 X_1 と X_2 について，相関係数 $\rho[X_1, X_2]$ は，それぞれの確率変数を正規化した後の相関係数 $\rho[Y_1, Y_2]$ と等しいことを示せ．

(解答)
$$\begin{aligned}
\rho[Y_1, Y_2] &= \frac{E[(Y_1 - 0)(Y_2 - 0)]}{1 \cdot 1} = E[Y_1 Y_2] \\
&= E\left[\frac{X_1 - \mu_{X_1}}{\sigma_{X_1}} \frac{X_2 - \mu_{X_2}}{\sigma_{X_2}}\right] \\
&= \frac{E[(X_1 - \mu_{X_1})(X_2 - \mu_{X_2})]}{\sigma_{X_1} \sigma_{X_2}} \\
&= \rho[X_1, X_2]
\end{aligned}$$
□

(練習問題 13) k を 2 以上の整数とする．

$$C_k[X] := E[X^k] + \sum_{i=1}^{k-1} a_{ki} E[X]^i E[X^{k-i}], \quad a_{k1}, \ldots, a_{k\,k-1} : 定数$$

が，互いに独立な任意の 2 つの確率変数 X, Y に対して，

$$C_k[X+Y] = C_k[X] + C_k[Y]$$

を満たすとき，$C_k[X]$ を，X が従う確率分布の **k 次の累積モーメント**という．
a_{21}, a_{31}, a_{32} を求め，累積モーメント $C_2[X], C_3[X]$ を具体的に書き表せ．

(解答) $C_2[X] = E[X^2] + a_{21} E[X] E[X] = E[X^2] + a_{21} E[X]^2$

であるから，

$$\begin{aligned}
0 &= C_2[X+Y] - C_2[X] - C_2[Y] \\
&= E[(X+Y)^2] + a_{21}E[X+Y]^2 - E[X^2] - a_{21}E[X]^2 - E[Y^2] - a_{21}E[Y]^2 \\
&= E[X^2] + 2E[X]E[Y] + E[Y^2] + a_{21}(E[X]^2 + 2E[X]E[Y] + E[Y]^2) \\
&\quad - E[X^2] - a_{21}E[X]^2 - E[Y^2] - a_{21}E[Y]^2 \\
&= 2(1+a_{21})E[X]E[Y]
\end{aligned}$$

より，$a_{21} = -1$ である．したがって，

$$C_2[X] = E[X^2] - E[X]^2$$

である（これは分散にほかならない）．

$$C_3[X] = E[X^3] + a_{31}E[X]E[X^2] + a_{32}E[X]^3$$

であるから，

$$\begin{aligned}
0 &= C_3[X+Y] - C_3[X] - C_3[Y] \\
&= E[(X+Y)^3] + a_{31}E[X+Y]E[(X+Y)^2] + a_{32}E[X+Y]^3 \\
&\quad - E[X^3] - a_{31}E[X]E[X^2] - a_{32}E[X]^3 - E[Y^3] - a_{31}E[Y]E[Y^2] - a_{32}E[Y]^3 \\
&= (3+a_{31})(E[X^2]E[Y] + E[X]E[Y^2]) + (2a_{31}+3a_{32})(E[X]^2E[Y] + E[X]E[Y]^2)
\end{aligned}$$

より，$3+a_{31} = 2a_{31} + 3a_{32} = 0$ $\therefore a_{31} = -3, a_{32} = 2$ である．したがって，

$$C_3[X] = E[X^3] - 3E[X]E[X^2] + 2E[X]^3$$

である（これは平均まわりの 3 次のモーメントと同一のものである）． □

　じつは，k 次の累積モーメントとは，後で (3.2.3 で) 導入する k 次のキュムラントにほかならない．本問で扱った性質（累積性とよばれる）があるために，キュムラントの名付け親であるロナルド・エイルマー・フィッシャー (1890-1962) は，最初これを累積モーメント（cumulative moment）とよび，後に縮めてキュムラントと命名しなおしたのである．

　さて，ここからは話題を変えて，歪度と尖度の値が分布の形状のどういう特徴を表現するのかについて考えてみることにする．よくいわれるのは，「右裾が厚いほど歪度は大きくなる」ということと，「両裾が厚いほど尖度は大きくなる」ということである．これらは本当だろうか．いや，もちろん本当なのだ

が，日常語の意味から理解しようとすると判断を誤ってしまう場合があるので，注意が必要である．

先に「右裾が厚いほど歪度は大きくなる」を見てみよう．

まず，連続型の分布を例にして，平均を中心として左右対称な分布の歪度は0であることを確かめておく．平均を中心として左右対称な分布であるとは，平均を μ としたとき，密度関数 $f_X(x)$ が，任意の x について，

$$f_X(\mu - x) = f_X(\mu + x)$$

を満たすということである．したがって，その場合，

$$\begin{aligned}
E[(X-\mu)^3] &= \int_{-\infty}^{\infty}(x-\mu)^3 f_X(x)dx \\
&= \int_{-\infty}^{\infty} y^3 f_X(\mu+y)dy \quad (y := x-\mu) \\
&= \int_{-\infty}^{0} y^3 f_X(\mu+y)dy + \int_{0}^{\infty} y^3 f_X(\mu+y)dy \\
&= \int_{0}^{\infty}(-z^3)f_X(\mu-z)dz + \int_{0}^{\infty} y^3 f_X(\mu+y)dy \quad (z := -y) \\
&= -\int_{0}^{\infty} z^3 f_X(\mu+z)dz + \int_{0}^{\infty} y^3 f_X(\mu+y)dy = 0
\end{aligned}$$

となり，その結果，歪度も0となることがわかる[16]．

次に，答えが正となるか負となるか予想しながら次の問題を解いてもらおう．

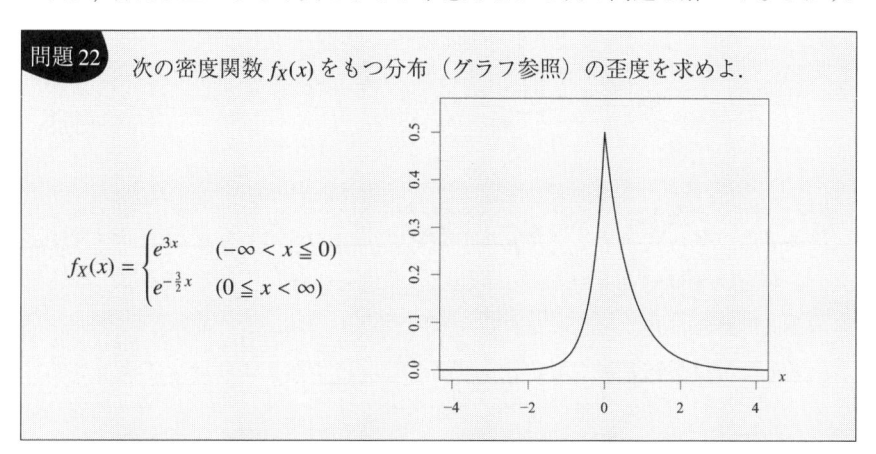

問題 22
次の密度関数 $f_X(x)$ をもつ分布（グラフ参照）の歪度を求めよ．

$$f_X(x) = \begin{cases} e^{3x} & (-\infty < x \leqq 0) \\ e^{-\frac{3}{2}x} & (0 \leqq x < \infty) \end{cases}$$

---

[16] 厳密には，3次のモーメントが存在するという条件も必要である．そうでないと，上記の式変形の最後の部分が $-\infty + \infty$ となって値が定まらないからである．

解答 0以上の整数kについて,

$$\begin{aligned}
E[X^k] &= \int_{-\infty}^0 x^k e^{3x}dx + \int_0^\infty x^k e^{-\frac{3}{2}x}dx \\
&= \int_0^\infty (-x)^k e^{-3x}dx + \int_0^\infty x^k e^{-\frac{3}{2}x}dx \\
&= (-1)^k \int_0^\infty \left(\frac{1}{3}\right)^{k+1} y^k e^{-y}dy + \int_0^\infty \left(\frac{2}{3}\right)^{k+1} z^k e^{-z}dz \quad (y := 3x, z := \tfrac{3}{2}x) \\
&= \left(-\left(-\frac{1}{3}\right)^{k+1} + \left(\frac{2}{3}\right)^{k+1}\right)\Gamma(k+1) = \left(\left(\frac{2}{3}\right)^{k+1} - \left(-\frac{1}{3}\right)^{k+1}\right)k!
\end{aligned}$$

であるから,

$$E[X] = \left(\left(\frac{2}{3}\right)^2 - \left(\frac{1}{3}\right)^2\right)\cdot 1 = \frac{1}{3}$$

$$E[X^2] = \left(\left(\frac{2}{3}\right)^3 + \left(\frac{1}{3}\right)^3\right)\cdot 2 = \frac{2}{3}$$

$$E[X^3] = \left(\left(\frac{2}{3}\right)^4 - \left(\frac{1}{3}\right)^4\right)\cdot 6 = \frac{10}{9}$$

となる.よって,

$$V[X] = E[X^2] - E[X]^2 = \frac{2}{3} - \left(\frac{1}{3}\right)^2 = \frac{5}{9}$$

$$E[(X-E[X])^3] = E[X^3] - 3E[X]E[X^2] + 2E[X]^3 = \frac{10}{9} - 3\cdot\frac{1}{3}\cdot\frac{2}{3} + 2\left(\frac{1}{3}\right)^3 = \frac{14}{27}$$

であるから,

$$\text{求める値} = \frac{E[(X-E[X])^3]}{V[X]^{\frac{3}{2}}} = \frac{14}{27}\cdot\left(\frac{9}{5}\right)^{\frac{3}{2}} = \frac{14\sqrt{5}}{25}$$

となる. □

答えは正となった.グラフを見ればわかるとおり,たしかに右裾のほうが厚かったから歪度は正となったのであろう.だが,「厚い」という表現には注意すべき事例があるので,次にそれを見てみよう.

計算が簡単な事例とするために,ここでベータ分布という分布を導入しておこう.この分布の確率分布としての基本的な意味は後で(とくに問題31(100頁)で)説明するが,この分布は,種々の計算が容易であるとともに,多様な形状を表現できるので便利である.

2つの正の数 p, q をパラメータとするベータ分布 $Beta(p, q)$ の密度関数は，

$$\frac{1}{B(p,q)} x^{p-1}(1-x)^{q-1}, \quad 0 < x < 1$$

と書ける．ここで，$B(p, q)$ はベータ関数（74頁のコラム参照）である．コラムにもあるとおり，

$$B(p,q) = \frac{\Gamma(p)\Gamma(q)}{\Gamma(p+q)}$$

と計算される．

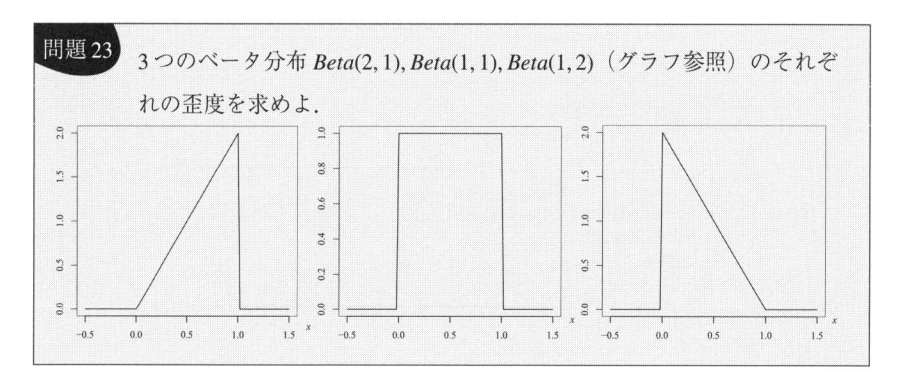

問題 23 3つのベータ分布 $Beta(2,1), Beta(1,1), Beta(1,2)$（グラフ参照）のそれぞれの歪度を求めよ．

解答 この問題の解答を出すだけならば部分積分をくり返せばできるが，手間がかかるし，応用も利かないので，最初にベータ分布 $B(p, q)$ のモーメントの一般公式を求めておくと，

$$\begin{aligned} E[X^k] &= \int_0^1 \frac{1}{B(p,q)} x^k x^{p-1}(1-x)^{q-1} dx = \frac{1}{B(p,q)} \int_0^1 x^{p+k-1}(1-x)^{q-1} dx \\ &= \frac{B(p+k,q)}{B(p,q)} \qquad (\because \text{ベータ関数の定義}) \\ &= \frac{\Gamma(p+q)}{\Gamma(p)\Gamma(q)} \cdot \frac{\Gamma(p+k)\Gamma(q)}{\Gamma(p+q+k)} = \frac{\Gamma(p+q)\Gamma(p+k)}{\Gamma(p)\Gamma(p+q+k)} \end{aligned}$$

となる．とくに，p, q, k とも正の整数のときは，

$$E[X^k] = \frac{(p+q-1)!(p+k-1)!}{(p-1)!(p+q+k-1)!}$$

となる．

この公式を $Beta(2, 1)$ の場合にあてはめれば，

$$E[X^k] = \frac{(2+1-1)!(2+k-1)!}{(2-1)!(2+1+k-1)!} = \frac{2}{2+k}$$

であるから,
$$E[X] = \frac{2}{3}, \quad E[X^2] = \frac{1}{2}, \quad E[X^3] = \frac{2}{5}$$
となる．よって,
$$V[X] = E[X^2] - E[X]^2 = \frac{1}{2} - \left(\frac{2}{3}\right)^2 = \frac{1}{18}$$
$$E[(X - E[X])^3] = E[X^3] - 3E[X]E[X^2] + 2E[X]^3 = \frac{2}{5} - 3 \cdot \frac{2}{3} \cdot \frac{1}{2} + 2\left(\frac{2}{3}\right)^3 = -\frac{1}{135}$$
であるから,
$$求める値 = \frac{E[(X - E[X])^3]}{V[X]^{\frac{3}{2}}} = -\frac{1}{135} \cdot 18^{\frac{3}{2}} = -\frac{2\sqrt{2}}{5}$$
となる．

もちろん，もし $Beta(p,q)$ の歪度が
$$\frac{2(q-p)\sqrt{p+q+1}}{(p+q+2)\sqrt{pq}}$$
で求められるという公式を知っているなら,
$$\frac{2 \cdot (1-2)\sqrt{2+1+1}}{(2+1+2)\sqrt{2 \cdot 1}} = -\frac{2\sqrt{2}}{5}$$
とただちに求めてもよい.

$Beta(1,1)$ は標準一様分布と同一の分布であり，平均を中心に左右対称なので，歪度は 0 である.

$Beta(1,2)$ は，$Beta(2,1)$ を左右反転した形であり，その歪度は，$Beta(2,1)$ の歪度の符号を反転したものとなるので，求める値は $2\sqrt{2}/5$ である． □

この結果は，いかがであろうか．日常語の感覚からすると，$Beta(2,1)$ が最も「右裾が厚い」ともいえそうであるが，実際には歪度は最も小さく，負であった．したがって，「右裾が厚いほど歪度は大きくなる」という表現方法は誤解を招きかねない．じつは，このような場合には，「右裾が長く続くほど歪度は大きくなる」と考えたほうがよい．$Beta(2,1)$ の平均は 2/3 であったから，平均を基準とすれば，左裾は 2/3 の長さであるのに対して右裾は 1/3 の長さしかない，ということになるので，歪度は負だったというわけである.

これに対し，その前の問題 22 の場合には両裾とも長さは無限であり，長さは比べようもない．そして，そのような場合には，文字どおり右裾が厚いほど歪度は大きくなるのである．

次に,「両裾が厚いほど尖度は大きくなる」という表現について考えてみよう.第一の注意として,もちろん,そのままの見た目の厚さを比較しても仕方ない.たとえば,互いに定数倍の関係にある正規分布どうしも,見た目の厚さには違いがあるかもしれないが,もちろん,どの正規分布も尖度は同じ値である.

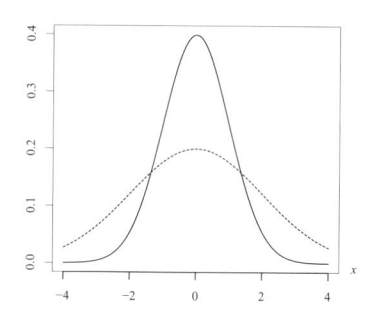

2つの正規分布のグラフを一緒に描いたもの,$\sigma = 1, \sigma = 2 (\mu = 0)$

したがって,何らかのスケール調整をして比較しないといけない.実際には,これは,どちらか(ないしは両方)を適当に定数倍して分散が等しくなるようにして比較すればよい.たとえば,比較するものを両方とも正規化すれば分散は1にそろうので,それが1つの自然な方法であろう.

問題 24 次の密度関数 $f_X(x)$ をもつ分布(ラプラス分布とよばれる分布を正規化したもの)は,標準正規分布 $N(0,1)$ と同じく平均が0,分散が1である(グラフ参照).

$$f_X(x) = \frac{\sqrt{2}}{2} e^{-\sqrt{2}|x|}, \quad -\infty < x < \infty$$

この分布の尖度を求めよ.

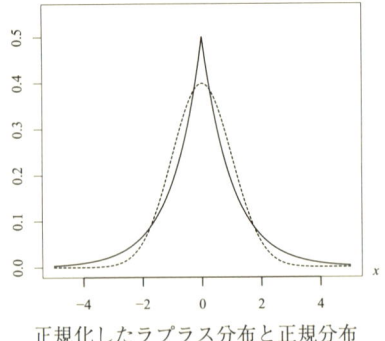

正規化したラプラス分布と正規分布

解答 求める値 $= \dfrac{E[(X-E[X])^4]}{V[X]^2} - 3 = \dfrac{E[(X-0)^4]}{1^2} - 3 = E[X^4] - 3$

$$= \int_{-\infty}^{\infty} x^4 \frac{\sqrt{2}}{2} e^{-\sqrt{2}|x|} dx - 3$$

$$= \sqrt{2} \int_0^{\infty} x^4 e^{-\sqrt{2}x} dx - 3$$

$$= \sqrt{2} \int_0^{\infty} \left(\frac{1}{\sqrt{2}}\right)^5 y^4 e^{-y} dy - 3 \quad (y := \sqrt{2}x)$$

$$= \frac{1}{4}\Gamma(5) - 3 = \frac{4!}{4} - 3 = 3$$

本問の分布（ラプラス分布）は，見た目の裾が正規分布より厚いとともに，尖度も正であり正規分布より大きかった．したがって，この場合は「両裾が厚いほど尖度は大きくなる」というのはあてはまっている．

> **問題25** 密度関数のグラフが2等辺三角形をしている分布（三角分布とよばれる分布のうち，形が対称なもの）と長方形をしている分布（つまり一様分布）の尖度をそれぞれ求めよ．

解答 尖度は平行移動や定数倍に関して不変であるから，適当に計算しやすいものを選んで計算すればよい．対称三角分布については，密度関数が

$$f_X(x) = 1 - |x|, \quad -1 \leqq x \leqq 1$$

のものについて計算すれば，正の偶数 k について，

$$E[X^k] = 2\int_0^1 x^k(1-x)dx = 2B(k+1, 2) = 2 \cdot \frac{k!1!}{(k+2)!} = \frac{2}{(k+2)(k+1)}$$

であり，また，平均は明らかに 0 であるから，

$$尖度 = \frac{E[X^4]}{E[X^2]^2} - 3 = \frac{2}{6 \cdot 5} \cdot \left(\frac{4 \cdot 3}{2}\right)^2 - 3 = \frac{12}{5} - 3 = -\frac{3}{5}$$

となる．

　一様分布については，密度関数が

$$f_X(x) = \frac{1}{2}, \quad -1 \leq x \leq 1$$

のものについて計算すれば，正の偶数 k について，

$$E[X^k] = 2\int_0^1 \frac{x^k}{2}dx = \frac{1}{k+1}$$

であり，また，平均は明らかに 0 であるから，

$$尖度 = \frac{E[X^4]}{E[X^2]^2} - 3 = \frac{3^2}{5} - 3 = \frac{9}{5} - 3 = -\frac{6}{5}$$

となる． □

　日常語の感覚からすると，長方形のほうが三角形よりも「両裾が厚い」ともいえそうであるが，実際には尖度は長方形のほうが小さかった．したがって，「両裾が厚いほど尖度は大きくなる」という表現方法は誤解を招きかねない．じつは，このような場合には，「両裾が長く続くほど尖度は大きくなる」と考えたほうがよい．もちろん，その場合，分散をそろえて比較しなければならない．実際，容易に確かめられるように，分散をそろえれば，三角分布のほうが一様分布よりも両裾が長く続くので，尖度も大きいのであった．

　これに対し，その前の問題 24 で比較したラプラス分布と正規分布は，どちらの両裾も長さは無限であり，長さは比べようもない．そして，そのような場合には，文字どおり両裾が厚いほど尖度は大きくなるのである．

　なお，じつは，歪度も尖度ももともとは正規分布を基準とした指標であり，正規分布との乖離を示すものである．したがって，形状がまったく違うもの，たとえば密度関数に極大点がいくつもあるものに尖度や歪度の指標をあてはめても，ほとんど意味はない．実際，そのようなものにもあてはめるなら，たとえば裾は比較的短くても尖度は大きいという分布もあり，尖度の直感的な意味は，通用しなくなってしまう．

Column 3 ●ベータ関数

ベータ関数 $B(s,t)$ は，ガンマ関数と同様に，確率分布を扱うときによく登場する特殊関数である．特殊関数であるから，深く理解しようとすると，それなりに高度な知識が要求される．しかし，種々の計算を行う上での便利な道具として使うかぎりは，いくつかの有用な公式を覚えておけば事足りる．しかも，ベータ関数（はある種の積分であるが，その積分）の被積分関数は非常に単純な形をしているので，確率論に限らず，いろいろな計算を行う際に頻繁に顔を出すので，それらの公式は大変重宝である．

まず，定義は，

$$B(s,t) := \int_0^1 x^{s-1}(1-x)^{t-1}dx, \quad s,t > 0$$

であると理解しておけばよい．あわせて，もっと変数を増やした**多次元ベータ関数**も覚えておくべきである．たとえば，3変数のものは，

$$B(s,t,u) := \iint_{x>0;y>0;x+y<1} x^{s-1}y^{t-1}(1-x-y)^{u-1}dxdy, \quad s,t,u > 0$$

と定義される．積分範囲がややこしく見えるかもしれないが，これは被積分関数に現れる（それぞれ肩に指数が載っている）$x, y, 1-x-y$ のいずれもが，0と1の間にあるということである．そのことを

$$0 < x, y, 1-x-y < 1$$

と書けば，定義は，

$$B(s,t,u) := \iint_{0<x,y,1-x-y<1} x^{s-1}y^{t-1}(1-x-y)^{u-1}dxdy, \quad s,t,u > 0$$

となって，このほうが定義を忘れにくいかもしれない．一般に n 変数のベータ関数の定義は，変数の定義域を $s_1, \ldots, s_n > 0$ として，

$$\begin{aligned}
&B(s_1, \ldots, s_n) \\
&:= \int \cdots \int_{0<x_1,\ldots,x_{n-1},1-x_1-\cdots-x_{n-1}<1} x_1^{s_1-1} \cdots x_{n-1}^{s_{n-1}-1}(1-x_1-\cdots-x_{n-1})^{s_n-1}dx_1 \cdots dx_{n-1} \\
&= \int \cdots \int_{x_1>0;\ldots;x_{n-1}>0;x_1+\cdots+x_{n-1}<1} x_1^{s_1-1} \cdots x_{n-1}^{s_{n-1}-1}(1-x_1-\cdots-x_{n-1})^{s_n-1}dx_1 \cdots dx_{n-1}
\end{aligned}$$

となる．

ベータ関数が有用なわけを見るために，例として，被積分関数が2変数 x,y の積分を考えてみよう．何かの計算をしていて，a をある正数として積分範囲が

$$x > 0; y > 0; x + y < a$$

となることは，よくありそうなことである．また，被積分関数として，xとyについての整式（係数×xのベキ乗×yのベキ乗の形の項のみからなる式）を考える場合も多いであろう．すると，その場合には，（積分可能ならば）積分値は多次元ベータ関数を使って表すことができる．なぜなら，

$$\iint_{x>0;y>0;x+y<a} x^\alpha y^\beta dx dy$$
$$= \iint_{u>0;v>0;u+v<1} (au)^\alpha (av)^\beta (1-u-v)^0 a^2 du dv \quad (u := x/a; v := y/a)$$
$$= a^{\alpha+\beta+2} B(\alpha+1, \beta+1, 1), \quad \alpha, \beta > -1$$

となるからである．

ベータ関数を用いた計算でよく使われる公式としては，以下のものを挙げることができる．

- 基本公式

$$B(s, t) = B(t, s)$$

$$B(s, t) = \frac{\Gamma(s)\Gamma(t)}{\Gamma(s+t)}$$

$$B(s_1, \ldots, s_n) = \frac{\Gamma(s_1) \cdots \Gamma(s_n)}{\Gamma(s_1 + \cdots + s_n)}$$

- $\alpha, \beta > -1$ のとき，

$$\int_0^{\frac{\pi}{2}} \sin^\alpha \theta \cos^\beta \theta d\theta$$

という形の積分は，（たとえば）$x := \sin^2 \theta$ と変数変換することにより，ベータ関数を使って表すことができる（この場合の結果は，$\frac{1}{2} B\left(\frac{\alpha+1}{2}, \frac{\beta+1}{2}\right)$ となる）．

- $\alpha > -1; \beta - \alpha > 1; a > 0$ のとき，

$$\int_0^\infty \frac{x^\alpha}{(x+a)^\beta} dx$$

という形の積分は，（たとえば）$y := a/(a+x)$ と変数変換することにより，ベータ関数を使って表すことができる（この場合の結果は，$a^{1+\alpha-\beta} B(\beta-\alpha-1, \alpha+1)$ となる）．

2.4 「条件付期待値」と「条件付の期待値」

現代の確率論においては、理論上も応用上も条件付期待値の概念が不可欠となっている。ここでいう**条件付期待値**とは、典型的には、2つの確率変数 X, Y を用いて、$E[X|Y]$ という記号で表されるものであり、（期待値という名前に反して、単なる値ではなく）ある種の確率変数である。これに対し、確率変数 X と事象 A を用いて、$E[X|A]$ という記号で表されるものを（条件付期待値と区別するために）条件付の期待値と（本書では）よぶが、こちらは値を表す。

条件付の期待値も条件付期待値も、きちんとした定義を述べるのはそう簡単ではない。しかし、**条件付の期待値** $E[X|A]$ を求めるには、A が成立していると見なして期待値[17]を計算すればよいので、それを「定義」として本書では満足することにしよう。とくに、$P(A) > 0$ のときは、指示関数を使って、

$$E[X|A] = \frac{E[1_A X]}{P(A)}$$

と明示的に条件付の期待値の算式を書くことができる。

条件付期待値のほうは、本書では、条件付の期待値をもとに「定義」しておく。A が「$Y = y$」という形の事象だとすると、$E[X|A] = E[X|Y = y]$ は、y の関数となるはずなので、それを $g(y)$ とすれば、**条件付期待値** $E[X|Y]$ は、$g(Y)$ として求めることができる。これを、条件付期待値の「定義」とするのである。多次元分布において条件付期待値ほかを考える際の計算手法については後で（3.1.7 で）扱うが、さしあたりは、いま述べた計算方法だけ押さえておけばよい。

では、この条件付期待値の実際的な意味は何であろうか。以下の3つの典型例における意味を押さえておくとよい。

■確率過程の場合

サイコロを振り、出た目の数の距離だけ数直線上を右に（正の方向に）駒を進めていく。出発点は原点とし、n 回振って駒を進め終えた時点で到達してい

---
[17] 細かいことをいえば、この「期待値」は、もとの確率モデル（確率空間）における本来の期待値ではなく、この「見なし」によって作られた新しい確率モデル（確率空間）において定義される期待値のことである。厳密には、この確率空間がまっとうに作れるかどうかがつねに保証されているわけではないため、条件付の期待値の正確な定義を述べようとするとどうしてもややこしい話になってしまうのである。

る地点の原点からの距離を X_n とする．

⚀⚁⚂⚀⚂ と出た場合の例

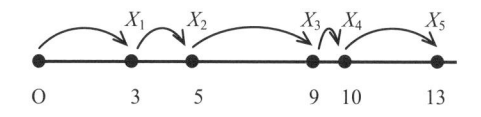

サイコロを振ってランダムに移動する駒の動きと移動距離 X_n

このとき，たとえば，$X_{10} = 30$ だとして X_{11} はいくつになるかを予測するとする．その際，条件付の期待値を答えるとすれば，（サイコロを1回振ると平均で3.5進むから）$30 + 3.5 = 33.5$ が答えとなるであろう．この計算結果を

$$E[X_{11}|X_{10} = 30] = 33.5$$

と書く．そして，この左辺は「$X_{10} = 30$ という条件のもとでの X_{11} の条件付の期待値」と読む．

また，このとき，予測のぶれを示すために**条件付の分散**を答えるとすれば，（サイコロを1回振ったときの出る目の分散は，計算してみると 35/12 であるから）35/12 が答えとなるであろう．この計算結果を

$$V[X_{11}|X_{10} = 30] = 35/12$$

と書く．そして，この左辺は「$X_{10} = 30$ という条件のもとでの X_{11} の条件付の分散」と読む．

ここで，$X_{10} = 30$ としていた代わりに，$X_{10} = x$ というように変数 x を入れた条件にしてみると，条件付の期待値の式は，

$$E[X_{11}|X_{10} = x] = x + 3.5$$

となる．これは x の関数である．ここで，右辺の x のところに，形式的に X_{10} を代入したものを考え，

$$E[X_{11}|X_{10}] := X_{10} + 3.5$$

と定義し，これを X_{10} の条件のもとでの X_{11} の**条件付期待値**とよぶ．同様に，

$$V[X_{11}|X_{10} = x] = 35/12$$

という関数（ただし，この場合は定数関数になってしまう）を考え，右辺の x のところ（この場合にはたまたま 1 か所もないが）に，形式的に X_{10} を代入して，

$$V[X_{11}|X_{10}] := 35/12$$

と定義し，これを X_{10} の条件のもとでの X_{11} の**条件付分散**とよぶ．

■**複合分布の場合**

確率変数 $N, X_1, X_2, \ldots$ が互いに独立であり，N のとりうる値は 0 以上の整数（の一部）であり，$X_1, X_2, \ldots$ はすべて同一の分布に従うとき，

$$S := \begin{cases} 0 & (N = 0) \\ X_1 + \cdots + X_N & (N = 1, 2, \ldots) \end{cases}$$

と定義される S（以下では，このことを簡単に $S := X_1 + \cdots + X_N$ と書く場合がある）は**複合分布**に従うという．N が（たとえば）幾何分布に従うときは，S は複合幾何分布に従うという．複合分布を扱う場合には，条件付期待値や条件付分散などを使うと便利な場面が多い．

サイコロを振って出た目の数を N とする．次に，N 回コインを投げ，表の出た回数を X とする．

このとき，$N = n$ だとして X はいくつになるかを予測して条件付の期待値を答えるとすれば，

$$E[X|N = n] = n/2$$

が答えとなるであろう．同様に，そのときの条件付の分散を答えるとすると，((コインを 1 回投げたときに表が出る枚数（1 か 0 である）の分散は，計算してみると 1/4 であり，各コイン投げは独立であることから)

$$V[X|N = n] = 1/4 \times n = n/4$$

が答えとなるであろう．

こうして求めた条件付の期待値と条件付の分散の n のところに，形式的に N を代入すれば，

$$E[X|N] = N/2$$

$$V[X|N] = N/4$$

となって条件付期待値および条件付分散が求まる．

■混合分布の場合

たとえば，確率変数 X が，ある確率変数 Θ について，$\Theta = \theta$ という条件のもとで正規分布 $N(\theta, \sigma^2)$ に従うとき，X は（正規分布の平均について混合した）**混合正規分布**に従うという．一般に，確率変数 X が，ある確率変数 Θ（シータ）について，$\Theta = \theta$ という条件のもとでパラメータ θ の分布 $D(\theta)$ に従うとき，X は**混合分布**（混合 D 分布）に従うという．また，この場合の混合分布を $D(\Theta)$ と書く．したがって，「X は混合 D 分布 $D(\Theta)$ に従う」（たとえば，「X は混合ポアソン分布 $Po(\Theta)$ に従う」）という書き方をする．混合分布を扱う場合には，条件付期待値ほかを使うと便利な場面が多い．

問題26 コインを投げて，表なら1を値としてとり，裏なら0を値としてとる確率変数を Θ とする．Θ が1のときは1から6までの目がある通常のサイコロを1回振り，Θ が0のときは1と2と3の目だけが等確率で出るサイコロを1回振ることとし，いずれせよ，そのときに出た目の数を値としてとる確率変数を X とする．このとき，条件付期待値 $E[X|\Theta]$ および条件付分散 $V[X|\Theta]$ はどう表せるか．

解答 条件付期待値については，条件付の期待値が

$$E[X|\Theta = 1] = \frac{1+2+3+4+5+6}{6} = 3.5$$

$$E[X|\Theta = 0] = \frac{1+2+3}{3} = 2$$

であるから，$E[X|\Theta]$ は，

$$E[X|\Theta] = \begin{cases} 3.5 & (\Theta = 1 \text{ のとき}) \\ 2 & (\Theta = 0 \text{ のとき}) \end{cases}$$

となる確率変数である．

この確率変数は，Θ を用いた1つの式として表すこともできるが，その方法は一通りではない．簡単な例は，

$$E[X|\Theta] = 2 + 1.5\Theta$$

である[18]．

---

[18] たとえば，$E[X|\Theta] = 2 + 1.5\Theta^2$ でもよいし，いくらでも例はある．

条件付分散については，条件付の分散が

$$V[X|\Theta = 1] = \sum_{i=1}^{6} \frac{(i-3.5)^2}{6} = 35/12$$

$$V[X|\Theta = 0] = \sum_{i=1}^{3} \frac{(i-2)^2}{3} = 2/3$$

であるから，$V[X|\Theta]$ は，

$$V[X|\Theta] = \begin{cases} 35/12 & (\Theta = 1 \text{のとき}) \\ 2/3 & (\Theta = 0 \text{のとき}) \end{cases}$$

となる確率変数である． $\square$

一般に，条件付期待値ほかにおける条件の部分は，1つの確率変数である必要はない．実用上よくあるのは，確率過程を扱う場合などに $Y_1, Y_2, \ldots$ という確率変数の列があるときに，

$$E[X|Y_1, \ldots, Y_n]$$

という条件付期待値を考える例や，複数のパラメータ $\Theta_1, \ldots, \Theta_n$ に依存する確率変数 X について，

$$E[X|\Theta, \ldots, \Theta_n]$$

という条件付期待値を考える例である．

いずれにしても，確率変数のベクトル $(Y_1, \ldots, Y_n)$[19] のとりうる値の範囲を定義域とする n 変数関数 g を，

$$g(y_1, \ldots, y_n) := E[X|Y_1 = y_1 \text{かつ} \cdots \text{かつ} Y_n = y_n]$$

によって定義すれば，**条件付期待値** $E[X|Y_1, \ldots, Y_n]$ は，

$$E[X|Y_1, \ldots, Y_n] = g(Y_1, \ldots, Y_n)$$

と書くことができる．**条件付分散** $V[X|Y_1, \ldots, Y_n]$ についても同様である．

条件付期待値ほかの基本的な性質を列挙すれば，以下のとおりである．ここで，X, Y は任意の確率変数，$\Gamma, \Gamma_1, \Gamma_2$ は任意の確率変数ベクトル（単なる確率変数の場合を含む），$\underset{\text{ファイ}}{\phi}, \underset{\text{プサイ}}{\psi}$ は適当な定義域をもつ任意の関数である．

---

[19] 本書では，ベクトルはすべて縦ベクトル（要素が n 個なら $1 \times n$ 行列）であると考えている．したがって，本来は，ここは転置行列（列を行に，行を列に入れ替えた行列）を示す上付き添え字 T を用いて $(Y_1, \ldots, Y_n)^T$ と書くべきところであるが，誤解の余地がないと思われるので，この記号は省略し，以下でも同様とする．

- 任意の実数 a, b について，$E[aX + bY|\Gamma] = aE[X|\Gamma] + bE[Y|\Gamma]$　　（線形性）
- X と Γ が独立ならば，$E[\phi(X)|\psi(\Gamma)] = E[\phi(X)]$，とくに，$E[X|\Gamma] = E[X]$
- $E[\phi(\Gamma)X|\Gamma] = \phi(\Gamma)E[X|\Gamma]$
- $E[X] = E[E[X|\Gamma]]$
- $V[X] = V[E[X|\Gamma]] + E[V[X|\Gamma]]$
- $Cov[X, Y] = Cov[E[X|\Gamma], E[Y|\Gamma]] + E[Cov[X, Y|\Gamma]]$

練習問題 14　[最小 2 乗誤差推定量]

$E[(X - g(Y_1, \ldots, Y_n))^2|Y_1, \ldots, Y_n]$ を最小とする $g(Y_1, \ldots, Y_n)$ は，$g(Y_1, \ldots, Y_n) = E[X|Y_1, \ldots, Y_n]$ であることを示せ．

解答）煩雑なので，$\boldsymbol{Y} := (Y_1, \ldots, Y_n)$, $\boldsymbol{y} := (y_1, \ldots, y_n)$ とする．すると，$E[(X - g(\boldsymbol{y}))^2|\boldsymbol{Y} = \boldsymbol{y}]$ を最小とする $g(\boldsymbol{y})$ が，$g(\boldsymbol{y}) = E[X|\boldsymbol{Y} = \boldsymbol{y}]$ であることをいえばよい．

$$E[(X - g(\boldsymbol{y}))^2|\boldsymbol{Y} = \boldsymbol{y}] = g(\boldsymbol{y})^2 - 2E[X|\boldsymbol{Y} = \boldsymbol{y}]g(\boldsymbol{y}) + E[X^2|\boldsymbol{Y} = \boldsymbol{y}]$$
$$= (g(\boldsymbol{y}) - E[X|\boldsymbol{Y} = \boldsymbol{y}])^2 + V[X|\boldsymbol{Y} = \boldsymbol{y}]$$

となるので，これを最小とする $g(\boldsymbol{y})$ は，$g(\boldsymbol{y}) = E[X|\boldsymbol{Y} = \boldsymbol{y}]$ である．　　□

第3章

確率分布のエッセンス

　前章では，確率分布を扱うためのテクニックをいろいろと紹介したが，実用の場面ではそれだけでは不十分であり，実際に重要な個々の分布についてかなりの知識をもっていることが大切である．そこで，本章では，基本的で重要な分布のエッセンスを紹介していくことにする．

　以下で扱う分布を選択するにあたっては，国際アクチュアリー会（IAA）のシラバスを参考にした．IAAのシラバスは，（主に保険の）リスク管理の専門家であるアクチュアリーとなるためには何を習得していなければならないかを国際的に定めたものであり，日本も含め，世界のどの国のアクチュアリーにも求められる内容である．そのシラバスで基本的な分布の例として挙げられているのが，2項分布，負の2項分布，幾何分布，超幾何分布，ポアソン分布，一様分布，指数分布，カイ2乗分布，ベータ分布，パレート分布，対数正規分布，ガンマ分布，ワイブル分布，正規分布である．これらの分布を中心に，いくつかの関連する分布を加えて，以下で詳しく紹介することにする．

3.1　確率分布の作り方

　個々の確率分布についての理解を深めるためには，その確率分布がどのようにして生み出されるかを知ることが大いに有効である．ベルヌーイ分布，2項分布，幾何分布，負の2項分布については，すでにベルヌーイ試行のところ

(2.2.1) で，それらがどのようにして生み出されるかに着目して，分布としての基本的な意味を説明した．本節では，同様の趣旨で，種々の分布の解説をまとめて行う．

なお，1つの確率分布の導入方法は1通りとは限らない．しかも，重要な分布ほど，さまざまな形で生み出されるものである．本節を通して，種々の分布のさまざまな側面を見てとってほしい．

3.1.1 ●●● 原初的な確率分布

ここでは，他の分布から派生するというよりは，何らかの発想から直接生み出される分布をとりあげる．

■ **デルタ分布** $\delta(\alpha)$

本書では，ほかの分布を作り出すもととなる非常に単純な形の分布として，ベルヌーイ分布をすでに（2.2.1 で）導入した．ベルヌーイ分布は0か1の2つの値しかとらなかった．しかし，たった1つの値しかとらない分布を考えることもできる．

とりうる値が α の1つだけである離散型分布をパラメータが α の**デルタ分布**とよび，$\delta(\alpha)$ という記号で表す．とくに $\delta(0)$ のことを**単位分布**とよぶ．

確率関数は，

$$f_X(x) = \begin{cases} 1 & (x = \alpha \text{のとき}) \\ 0 & (\text{それ以外}) \end{cases}$$

である．非常に単純な形をしているので，さまざまな分布を作り出すときの基礎となる．また，確率論の種々の議論を行うときに有用な概念となる．

■ **単純な関数から生み出される連続型分布**

0から1まで単調に増加する単純な関数を分布関数として採用したり，0以上の値をとる単純な関数を分布の形，つまり適当に定数倍して密度関数として採用したりすることは多い．

たとえば，$0 \leqq x \leqq 1$ の範囲で，

$$ベキ関数 g(x) := x^\alpha, \quad \alpha > 0$$

を分布関数として採用することが考えられる．その場合の分布を**標準ベキ関数分布**という．もう少しだけ一般化して，$\alpha, \beta > 0$ をパラメータとして，分布関数を

$$F_X(x) = \left(\frac{x}{\beta}\right)^\alpha, \quad 0 \leqq x \leqq \beta$$

とする分布を**ベキ関数分布**とよぶ．密度関数は

$$f_X(x) = \frac{\alpha}{\beta}\left(\frac{x}{\beta}\right)^{\alpha-1}, \quad 0 \leqq x \leqq \beta$$

となる．$\alpha = 1$ のとき，一様分布 $U(0,\beta)$ となる．

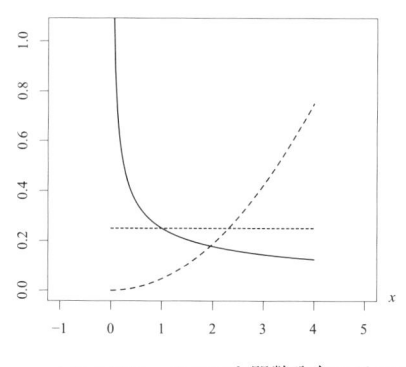

$\alpha = 1/2, 1, 3\,(\beta = 4)$ のベキ関数分布のグラフ

ベキ関数分布と同程度に単純な分布関数をもつ分布の例として，パレート分布がある．経済学者のヴィルフレド・パレート (1848-1923) は，x 以上の所得を有する人の数 N を表す分布として，

$$N = Ax^{-\alpha}$$

という形の分布を考えた．この分布の分布関数を，適当なパラメータ $\alpha, \beta > 0$ を用いて表せば，

$$F_X(x) = 1 - \left(\frac{\beta}{x}\right)^\alpha$$

と書ける．この分布をパラメータが α,β の（第1種）**パレート分布** [1] といい，$Pa(\alpha,\beta)$ という記号で表す．密度関数は

$$f_X(x) = \frac{\alpha}{\beta}\left(\frac{\beta}{x}\right)^{\alpha+1} = \frac{\alpha}{\beta}\left(\frac{x}{\beta}\right)^{-\alpha-1}, \quad \beta \leq x < \infty$$

となる．

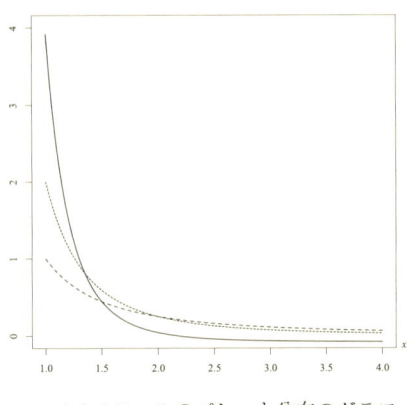

$\alpha = 1, 2, 4\,(\beta = 1)$ のパレート分布のグラフ

　ベキ関数分布とパレート分布は，密度関数が単項式で書けたが，一般に，多項式を分布関数や密度関数として採用する場合も多い．しかし，（たとえば）ベータ分布のように別の由来により作られて，結果的に多項式の密度関数をもつ場合があるという分布を別にすると，一般に通用する名前が付された分布の分布関数や密度関数が多項式で表される例はほとんどない．

　多項式以外の単純な関数としては指数関数が考えられる．そこで，x が大きくなると逓減していく指数関数 $e^{-\beta x}$，$\beta > 0$ を分布の形としてとるとすれば，パラメータが β の**指数分布** $\Gamma(1,\beta)$ ができあがる．全確率=1であることから，密度関数は指数関数を定数倍して調整する必要があり，具体的には，

$$f_X(x) = \beta e^{-\beta x}, \quad 0 \leq x < \infty$$

となる．

---

[1] 第1種のパレート分布を左に β だけ平行移動させて，とりうる値の範囲を0以上の実数とした分布を，第2種のパレート分布という．

$\beta = 1, 2, 3$ の指数分布のグラフ　　$\alpha = 2, \beta = 1, 2, 3$ のガンマ分布のグラフ

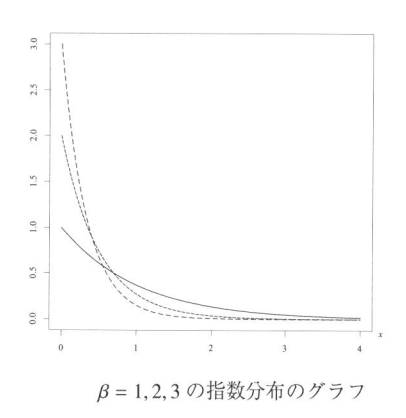

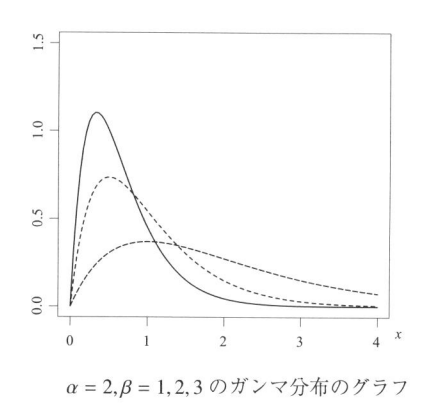

次に，ベキ関数と指数関数の積 $x^a e^{-\beta x}$, $0 \leqq x < \infty$ を密度関数の候補として考えるのも自然である．その際，積分

$$\int_0^\infty x^a e^{-\beta x} dx$$

は $a > -1$ の場合のみ収束して，その値は $\beta^{-a-1}\Gamma(a+1)$ となるので，確率分布として考えるときは，$\alpha, \beta > 0$ をパラメータとして，密度関数を

$$f_X(x) = \frac{\beta^\alpha}{\Gamma(\alpha)} x^{\alpha-1} e^{-\beta x}, \quad 0 \leqq x < \infty$$

とする．この分布は，**ガンマ分布** $\Gamma(\alpha, \beta)$ とよばれる．指数分布は，ガンマ分布 $\Gamma(\alpha, \beta)$ で $\alpha = 1$ としたものである．

問題 27 $c > 0$ を定数として，

$$f_X(x) = \frac{1}{x^2 + c^2}, \quad -\infty < x < \infty$$

を密度関数とする確率分布を考える．c の値を求めよ．

解答 全確率 = 1 であるので，$\int_{-\infty}^\infty f_X(x) dx = 1$ という条件から c の値を求めればよい．

$$\begin{aligned}
1 &= \int_{-\infty}^\infty f_X(x) dx = \int_{-\infty}^\infty \frac{1}{x^2 + c^2} dx \\
&= \int_{-\frac{\pi}{2}}^{\frac{\pi}{2}} \frac{1}{c^2(\tan^2\theta + 1)} \cdot \frac{c}{\cos^2\theta} d\theta \quad (x =: c\tan\theta) \\
&= \frac{1}{c} \int_{-\frac{\pi}{2}}^{\frac{\pi}{2}} d\theta = \frac{\pi}{c}
\end{aligned}$$

より，$c = \pi$ である（この確率分布は，コーシー分布 $C(0, \pi)$（111頁参照））. □

■単純な級数から生み出される離散型分布

典型的な離散型の分布のとりうる値の範囲は，0以上の整数の全部または一部である．そこで，各項が単純な式で表される級数をもとに，離散型の分布を生み出す方法が考えられる．

たとえば，

$$\text{幾何級数}: \sum_{x=0}^{\infty} r^x = \frac{1}{1-r}, \quad 0 < r < 1$$

において，$r = 1 - p$ とし，

$$\sum_{x=0}^{\infty} p(1-p)^x = \frac{p}{1-(1-p)} = 1, \quad 0 < p < 1$$

を考えれば，

$$f_X(x) = p(1-p)^x, \quad x = 0, 1, \ldots$$

を確率関数とする**幾何分布** $NB(1, p)$ を作ることができる．

$$2\text{項定理}: (a+b)^n = \sum_{x=0}^{n} \binom{n}{x} a^x b^{n-x}$$

において，$0 < p < 1$ を用いて $a = p, b = 1 - p$ とし，

$$1 = (p + 1 - p)^n = \sum_{x=0}^{n} \binom{n}{x} p^x (1-p)^{n-x}$$

を考えれば，

$$f_X(x) = \binom{n}{x} p^x (1-p)^{n-x}, \quad x = 0, 1, \ldots, n$$

を確率関数とする**2項分布** $Bin(n, p)$ を作ることができる．

同様に，負の2項展開をもとにすれば，$\alpha > 0, 0 < p < 1$ として，

$$f_X(x) = \binom{\alpha + x - 1}{x} p^\alpha (1-p)^x, \quad x = 0, 1, \ldots$$

を確率関数とする**負の2項分布** $NB(\alpha, p)$ を作ることができる．

以上の3つの分布は，いずれもベルヌーイ試行をもとに導入された分布であった（2.2.1参照）．

指数関数のベキ級数展開

$$e^\lambda = \sum_{x=0}^{\infty} \frac{\lambda^x}{x!}$$

をもとにすれば，$\lambda > 0$ として，

$$f_X(x) = e^{-\lambda}\frac{\lambda^x}{x!}, \quad x = 0, 1, \ldots$$

を確率関数とする**ポアソン分布** $Po(\lambda)$ を作ることができる．

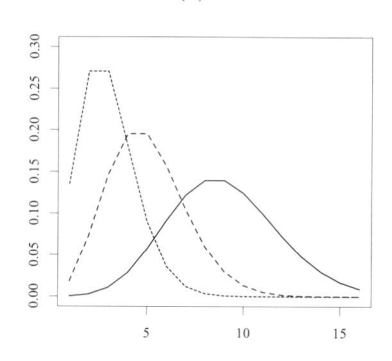

$\lambda = 2, 4, 8$ のポアソン分布のグラフ

問題28 ［対数級数分布］

$0 < q < 1$ を定数として，

$$f_X(x) = \frac{cq^x}{x}, \quad x = 1, 2, \ldots$$

を確率関数とする確率分布を考える．c の値を求めよ．

全確率 $= 1$ であるので，本問を解くには，$\sum_{x=1}^{\infty} f_X(x) = 1$ という条件から c の値を求めればよい．

ところで，

$$\sum_{x=1}^{\infty} \frac{cq^x}{x}$$

という形の級数を知っているであろうか．知らずにこの値を自分で発見的に（あるいは何らかの特殊なテクニック[2]を使って）導くのは難しい．事実上，**対数級数**（対数関数のベキ級数展開）を知っている必要がある．その知識があれば，次の公式に気づくことができる．

$$\log(1-q) = -\sum_{x=1}^{\infty} \frac{q^x}{x}$$

あるいは，これを知らなかったとしても，こうしていったん与えられれば，これが成り立つことを確かめるのは難しくないであろう．本問の解答は次のとおりである．

解答

$$\log(1-q) = -\sum_{x=1}^{\infty} \frac{q^x}{x}$$

であるので，

$$1 = \sum_{x=1}^{\infty} \frac{cq^x}{x} = -c\log(1-q)$$

より，$c = -\dfrac{1}{\log(1-q)}$ である． □

$p := 1-q$ とすれば，こうして得られる分布は**対数級数分布** $LS(p)$ とよばれる．

---

[2] たとえば，以下のようにすれば求めることができる．関数 $g(q) := \sum_{x=1}^{\infty} \frac{cq^x}{x}$，$0 < q < 1$ を微分すると，

$$\frac{d}{dq}g(q) = \frac{d}{dq}\sum_{x=1}^{\infty} \frac{cq^x}{x} = \sum_{x=1}^{\infty} \frac{d}{dq}\frac{cq^x}{x} = \sum_{x=1}^{\infty} cq^{x-1} = \frac{c}{1-q}$$

となる．$g(q)$ は，これの原始関数であるが，$\int \frac{c}{1-q}dq = -c\log(1-q) + C$ であることと，$\lim_{q \to 0+} g(q) = 0$ であることから，$g(q) = -c\log(1-q)$ が得られる．

$p = 0.4$ の対数級数分布のグラフ

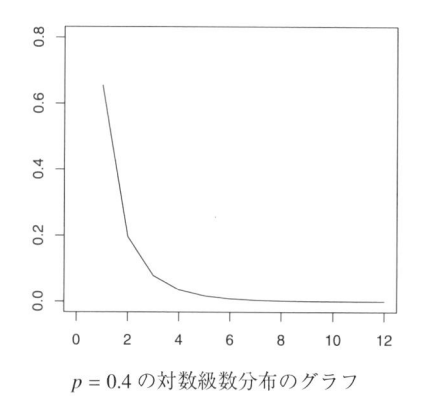

■性質を出発点として生み出される確率分布

確率分布にもたせたい性質が先にあり，その性質をもつ分布を求める場合もよくある．ここでは，ほんの一例として無記憶性をとりあげる．

ある事柄が起こるのを待っている場面を考えよう．その待ち時間はある確率分布に従っているとする．しかも，その分布は，つねに同一であるとする．つまり，前回その事柄が起こってから何分経っていようと（1分であろうと30分であろうと），次にそのことが起こるまでの待ち時間の分布は同一だというのである．

分布自体が同一であるという強いことをいっているので，期待値だけの問題ではないが，期待値に注目してみれば，たとえば，その事柄が平均で10分に1回起こるとすると，その事柄が次に起こるまでの待ち時間の期待値はつねに「あと10分」である．つまり，前回その事柄が起こってから何分経っていようと（1分であろうと30分であろうと），次にそのことが起こるまでの待ち時間の期待値は10分なのである．

かなり奇妙に見えるかもしれないが，このような確率事象はありうる．このような確率事象では，何分経っても過去の待ち時間はまるでなかったかのようであるので，その場合の待ち時間を表す確率分布は無記憶性をもつという．もっときちんとした形で述べれば，ある連続型の確率分布に従う確率変数 X

が，任意の $s, t \geq 0$ について，

$$P(X > s+t \mid X > s) = P(X > t)$$

であるとき，その確率分布は**無記憶性**をもつという．こうした無記憶性をもつ連続型の分布は指数分布にかぎられる．そのことは，以下のとおり示すことができる．

関数 $S(t) :=$ テール確率 $S_X(t) = P(X > t)$, $0 \leq t < \infty$ を考える．すると，$S(t)$ は $S(0) = 1, \lim_{t \to \infty} S(t) = 0$ を満たす単調非増加連続関数である．また，無記憶性の定義から，

$$\frac{S(s+t)}{S(s)} = S(t)$$

であるので，

$$S(s+t) = S(s)S(t)$$

である[3]．この両辺から $S(s)$ を引いて $t > 0$ で割れば，

$$\frac{S(s+t) - S(s)}{t} = S(s)\frac{S(t) - 1}{t}$$
$$= S(s)\frac{S(t) - S(0)}{t}$$

であることがわかる．この両辺を $t \to 0$ とすれば，

$$S'(s) = S(s)S'(0)$$

という微分方程式が導かれる[4]．

ここで，$S'(0) = 0$ という自明な場合（この場合には，待ち時間はつねに無限大となる）は除くと，テール確率の単調非増加性より $S'(0) < 0$ なので，1 つの定数 $\beta > 0$ を使って $S'(0) = -\beta$ と表し，$S(0) = 1$ に注意して微分方程式を解けば，

$$S(s) = e^{-\beta s}$$

が唯一の解である．

---

[3] 関数方程式が得意な人はここからただちに結論を導いてもよいが，以下ではこれを微分方程式に帰着させる．
[4] うるさいことをいうと，$S'(0)$ の値が定まることを示す必要があるが，この等式は任意の $s > 0$ について成り立つものなので，もし $S'(0)$ が定まらないとすると，すべての点で微分不可能ということになって，連続型の分布であることと矛盾するので，$S'(0)$ は定まると考えてよい．

したがって，この分布の分布関数は
$$F_X(x) = P(X \leqq x) = 1 - S(x) = 1 - e^{-\beta x}, \quad 0 \leqq x < \infty$$
であり，この分布は指数分布 $\Gamma(1,\beta)$ にほかならない． □

とりうる値の範囲が正の整数である離散型分布に対しても無記憶性は定義される．ある離散型の確率分布に従う確率変数 X が，任意の正の整数 m,n について，
$$P(X > m+n \mid X > m) = P(X > n)$$
であるときに，その確率分布は**無記憶性**をもつという．これを満たす分布はファーストサクセス分布に限られる．なぜなら，$a_m := P(X > m),\quad m = 0, 1, \ldots$ とし，$q := P(X > 1)$ とすれば，$a_0 = 1, 0 \leqq q \leqq 1$ であり，$q = 0, 1$ という自明な場合を除くと，
$$\frac{a_{m+1}}{a_m} = P(X > m+1 \mid X > m) = P(X > 1) = q$$
であるので，
$$a_m = q^m$$
となり，この分布の分布関数は
$$F_X(x) = P(X \leqq x) = 1 - P(X > x) = 1 - a_x = 1 - q^x, \quad x = 1, 2, \ldots$$
となるが，$p := 1 - q$ とすれば，この分布はファーストサクセス分布 $Fs(p)$ にほかならないからである．

これに対し，とりうる値の範囲が 0 以上の整数である離散型分布の場合に，任意の 0 以上の整数 m,n について，
$$P(X \geqq m+n \mid X \geqq m) = P(X \geqq n)$$
である分布を求めると，その分布関数は，
$$F_X(x) = 1 - q^{x+1}, \quad x = 0, 1, \ldots$$
という形をもつ．$p := 1 - q$ とすれば，この分布は幾何分布 $NB(1,p)$ である．2.2.1 で見たように，幾何分布は，ベルヌーイ試行をくり返していって 1 回成功するまでの失敗の回数であるのに対して，ファーストサクセス分布は，1 回成功するまでの試行の回数である．文献によってはファーストサクセス分布のほうを幾何分布とよぶ場合もある．

> **問題 29** ある待ち時間 X は，0 以上の値をとる連続型の確率分布に従い，任意の正数 t について，
> $$E[X - t | X > t] = \mu, \quad \mu > 0$$
> が成り立つ．つまり，待っている事柄が起こらない限り，何時間待っても，その後の待ち時間の期待値は μ で一定である．このとき，X の従う分布の分布関数を求めよ．

本問の X が満たす条件は，X が無記憶性をもつときには成立するが，その逆がいえるかは自明ではない．指数分布以外で，本問の条件を満たすものはあるだろうか．

(解答) $S_X(x) := P(X > x)$ （テール確率）とすると，

$$\begin{aligned}
\mu &= E[X - t | X > t] = E[X | X > t] - t \\
&= \frac{E[1_{X>t} X]}{P(X > t)} - t \\
&= \frac{1}{S_X(t)} \int_t^\infty x f_X(x) dx - t
\end{aligned}$$

であるから，

$$\mu S_X(t) = \int_t^\infty x f_X(x) dx - t S_X(t)$$

が成り立つ．両辺を t で微分すると，

$$\begin{aligned}
\mu S_X'(t) &= -t f_X(t) - S_X(t) - t S_X'(t) \\
&= -S_X(t) \qquad\qquad (\because S_X'(t) = -f_X(t))
\end{aligned}$$

となる．したがって，

$$\frac{S_X'(t)}{S_X(t)} = -\frac{1}{\mu}$$

であるので，この両辺を積分すれば，ある定数 C を用いて，

$$\log S_X(t) = -\frac{t}{\mu} + C$$

と書き表せる．ここで，$S_X(0) = 1$ に注意すれば，$C = 0$ が得られ，

$$S_X(t) = e^{-\frac{t}{\mu}}, \quad 0 \le t < \infty$$

であることが導かれる．よって，

$$求める分布関数\ F_X(x) = 1 - S_X(x) = 1 - e^{-\frac{x}{\mu}}, \quad 0 \leqq x < \infty$$

である． □

これは，平均 μ の指数分布 $\Gamma(1, 1/\mu)$ の分布関数にほかならない．

練習問題 15　n 個の装置がある．どの装置の寿命（壊れて使えなくなるまでの時間）も，互いに独立に平均が μ である指数分布 $\Gamma(1, 1/\mu)$ に従うものとする．このとき，次の各問いに答えよ．

(1) n 個の装置のどれかが最初に壊れて使えなくなるまでの時間 $X_{(1)}$ の期待値を求めよ．

(2) n 個の装置がすべて壊れて使えなくなるまでの時間 $X_{(n)}$ の期待値を求めよ．

解答

(1) 後で問題30（99頁）で見るように，順序統計量の公式を使って $X_{(1)}$ の分布関数を求めてもよいが，ここでは無記憶性に着目して，計算にほとんど頼らずに答えを求める方法を示す．

個々の装置の寿命が指数分布に従うということは，指数分布の無記憶性から，壊れる前のどの時点についても，個々の**余命**（その時点から，その後壊れて使えなくなるまでの時間）の従う分布は同一であり続ける．したがって，まだ1つも壊れていないどの時点についても，今後の待ち時間に関する状況は何の変化もないので，$X_{(1)}$ も無記憶性をもつ，つまり，指数分布に従う．

個々の装置が壊れたらすぐに新しいものととり換える場合を想像すると，その場合には，全体として単位時間あたり平均で n/μ 個が壊れるから，次にどれかが壊れるまでの平均待ち時間は μ/n である．そして，（これは，$X_{(1)}$ が，平均が μ/n である指数分布 $\Gamma(1, n/\mu)$ に従うということであるから）この μ/n が求める値である．

(2) (1)からわかるのは，一般に i 個の装置が残っているとき，次にどれかが壊れるまでの時間は平均で μ/i であるということである．したがって，

$$求める値 = \frac{\mu}{n} + \frac{\mu}{n-1} + \cdots + \frac{\mu}{1} = \mu \sum_{i=1}^{n} \frac{1}{i}$$

である.

練習問題 16　[ワイブル分布]

0以上の値のみをとる分布に対して,

$$h_X(x) := \frac{f_X(x)}{S_X(x)} = \frac{f_X(x)}{1 - F_X(x)}, \quad 0 \leq x < \infty$$

と定義される関数 $h_X(x)$ を**瞬間故障率**ないし**危険度関数**（hazard function）という． c, p をともに正の定数とするとき,

$$h_X(x) = cx^{p-1}, \quad 0 \leq x < \infty$$

を満たす分布の分布関数を求めよ．

　装置などの故障のしやすさをモデル化する場合，単純には，時間が経つと増大していくとする場合，一定であるとする場合，減少していくとする場合の3通りが考えられる．その変化（一定の場合を含む）がごく簡単に，ベキ関数の定数倍で表されるとしたら，その（故障までの）待ち時間の分布はどうなるかについて問うているのがこの問題である．

　時間が経過しても故障のしやすさがつねに一定だとすれば，それは待ち時間が無記憶性をもつということだから，その場合の答えは指数分布になるはずである．その他の場合はどうなるであろうか．

解答　$S'_X(x) = -f_X(x)$ であることに注意すれば，与えられた条件は，

$$\frac{S'_X(x)}{S_X(x)} = -cx^{p-1}$$

ということになる．この両辺を積分すれば，ある定数 C を用いて,

$$\log S_X(x) = -\frac{cx^p}{p} + C$$

となるが，ここで，$S_X(0) = 1$ に注意すれば，$C = 0$ が得られ,

$$S_X(x) = e^{-\frac{cx^p}{p}}, \quad 0 \leq x < \infty$$

であることが導かれる．よって,

$$\text{求める分布関数 } F_X(x) = 1 - S_X(x) = 1 - e^{-\frac{cx^p}{p}}, \quad 0 \leq x < \infty$$

である．

こうして求められた分布は**ワイブル分布** $W(p, \theta)$ とよばれる．ここで，同分布のパラメータは，本問で用いた c の代わりに $c = p/\theta^p$ を満たす $\theta > 0$ をパラメータ $p > 0$ とともに用い，分布関数は
$$F_X(x) = 1 - e^{-\left(\frac{x}{\theta}\right)^p}, \quad 0 \leq x < \infty$$
と表現するのが標準的である．とくに $p = 1$ のときは，指数分布 $\Gamma(1, 1/\theta)$ に一致する．

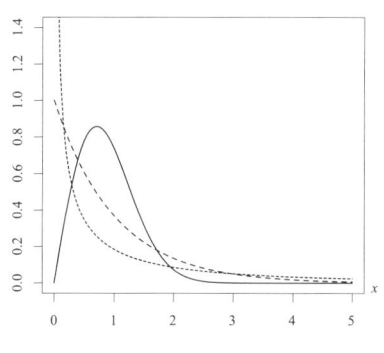

$p = 1/2, 1, 2$ のワイブル分布のグラフ

■ **その他**

次項以降では，ある（1つないし複数の）分布をもとに別の分布を作る方法をたくさん述べる．しかし，ベルヌーイ試行の箇所 (2.2.1) で，ベルヌーイ試行から種々の分布が直接導入されたのと同様に，ある単純な試行を考えることにより直接導かれる分布もある．ここでは，例として，超幾何分布を導入しておく．

N 個の要素（たとえば N 本のくじ）があり，そのうち M 個がある属性（たとえば「当たり」）をもっている母集団から n 個を無作為に抽出するとき，抽出された中に入っている，その属性をもった要素（当たりくじ）の個数の従う分布のことを**超幾何分布** $H(N, M, n)$ といい，基本的な分布としてよく知られている．その確率関数 $f_X(x)$ は，
$$f_X(x) = \frac{\binom{M}{x}\binom{N-M}{n-x}}{\binom{N}{n}}, \quad x\text{ は } \max(0, n - N + M) \text{ 以上 } \min(M, n) \text{ 以下の整数}$$

となる．

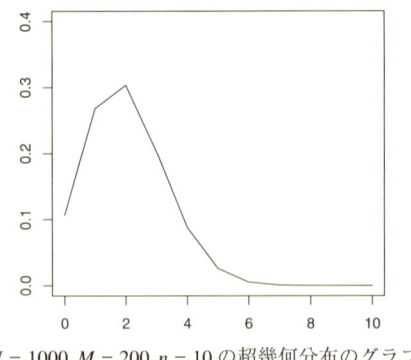

$N=1000, M=200, n=10$ の超幾何分布のグラフ

3.1.2 ●●● 順序統計量

正の整数 n を定数とし，$X_1, \ldots, X_n$ が互いに独立に同一の分布に従うとき，それらの確率変数の実現値のうち小さいほうから r 番めの値をとる確率変数を $X_{(r)}$ と書き，X の**第 r 位順序統計量**という．とくに $X_{(1)}$ と $X_{(n)}$ とはそれぞれ最小値と最大値を表す確率変数であり，それぞれ**最小順序統計量**と**最大順序統計量**という．また，$R := X_{(n)} - X_{(1)}$ を**範囲**という．

あらかじめ，いくつか公式を列挙しておこう．その際，$X_1, \ldots, X_n$ を代表する確率変数を X としておく．最小値と最大値の分布関数は，それぞれ

$$F_{X_{(1)}}(x) = P(X_{(1)} \leqq x) = 1 - (1 - P(X \leqq x))^n = 1 - (1 - F_X(x))^n$$
$$F_{X_{(n)}}(x) = P(X_{(n)} \leqq x) = P(X \leqq x)^n = F_X(x)^n$$

となる．X が連続型の分布に従うときの第 r 位順序統計量の密度関数は，

$f_{X_{(r)}}(x) = (X_1, \ldots, X_n$ の n 個のうちから x 以下のものを $r-1$ 個選び，x であるものを 1 個選び，x より大きいものを $n-r$ 個選ぶ場合の数)
　　　　$\times P$(選ばれた $r-1$ 個が x 以下)$\times P$(選ばれた 1 個が x である確率密度)
　　　　$\times P$(選ばれた $n-r$ 個が x より大きい)

$$= \frac{n!}{(r-1)!(n-r)!} F_X(x)^{r-1} f_X(x)(1 - F_X(x))^{n-r}$$

となる．また，範囲 R の密度関数は，

$$f_R(x) = n(n-1)\int_{-\infty}^{\infty}\left(\int_{x_{(1)}}^{x+x_{(1)}} f_X(x)dx\right)^{n-2} f_X(x_{(1)})f_X(x+x_{(1)})dx_{(1)}$$

であるが，この求め方については，問題49（139頁）を参照されたい．

問題 30 次の各問いに答えよ．
(1) $X_1,\ldots,X_n$ が互いに独立に同一の指数分布 $\Gamma(1,\beta)$ に従うとき，$r=1,\ldots,n$ について，$X_{(r)}$ が従う分布の密度関数を求めよ．
(2) $X_1,\ldots,X_n$ が互いに独立に同一のファーストサクセス分布 $Fs(p)$ に従うとき，$X_{(1)}$ が従う分布と $X_{(n)}$ が従う分布の分布関数をそれぞれ求めよ．

(解答) (1) 指数分布 $\Gamma(1,\beta)$ の分布関数と密度関数はそれぞれ $F_X(x) = 1 - e^{-\beta x}$, $x \geqq 0$ と $f_X(x) = \beta e^{-\beta x}$, $x \geqq 0$ であるから，求める密度関数は，

$$f_{X_{(r)}}(x) = \frac{n!}{(r-1)!(n-r)!}(1-e^{-\beta x})^{r-1}\beta e^{-\beta x}(e^{-\beta x})^{n-r}$$
$$= \frac{n!}{(r-1)!(n-r)!}(1-e^{-\beta x})^{r-1}\beta e^{-(n-r+1)\beta x}, \quad x \geqq 0$$

となる[5]． □

(2) ファーストサクセス分布 $Fs(p)$ の分布関数は，$1-(1-p)^x$, $x = 1,2,\ldots$ であるから，最小値と最大値の分布関数はそれぞれ，

$$F_{X_{(1)}}(x) = 1 - \{(1-p)^x\}^n = 1 - (1-p)^{nx}, \quad x = 1, 2, \ldots$$
$$F_{X_{(n)}}(x) = \{1-(1-p)^x\}^n, \quad x = 1, 2, \ldots$$

となる[6]． □

離散型の場合に（最大値と最小値以外の）順序統計量の分布関数や確率関数を求めるのは，一般に煩雑である．

練習問題 17 1,2,3 の3つの目だけをもち，それらが同確率で出るサイコロがある．このサイコロを3回振って出た目のうちで2番目に小さい目 $X_{(2)}$ の従う分布の確率関数 $f_{X_{(2)}}(x)$, $x = 1,2,3$ を求めよ．

---
[5] とくに，$r = 1$（最小値）のときの分布は，指数分布 $\Gamma(1,n\beta)$ である．練習問題15(1)（95頁）参照．
[6] 最小値が従う分布は，ファーストサクセス分布 $Fs(1-(1-p)^n)$ である．

連続型分布の場合には，実質的に，

$$X_{(1)} < X_{(2)} < X_{(3)}$$

と考えてよいが，離散型分布の場合には，

$$X_{(1)} < X_{(2)} < X_{(3)}, \quad X_{(1)} = X_{(2)} < X_{(3)}, \quad X_{(1)} < X_{(2)} = X_{(3)}, \quad X_{(1)} = X_{(2)} = X_{(3)}$$

の4つの場合に分割して考える必要があり，一般には計算が煩雑となることがわかるであろう．ただし，本問の場合は，全体の場合の数が27と少なく，またその27通りは等確率であるので，実際の計算の手間は大したものではない．

(解答) $X_{(2)} = 1$ となるのは，1が2回以上出る場合であるから，その場合を全部数え上げてもよいし，何らかの簡単な計算によって導いてもよいが，いずれにせよ，それは27通りのうちの7通りであることがわかるので，その確率 $P(X_{(2)} = 1) = 7/27$ である．したがって，対称性より $P(X_{(2)} = 3) = 7/27$，全確率=1 より $P(X_{(2)} = 2) = 1 - 2 \times 7/27 = 13/27$ である．

以上より，

$$f_{X_{(2)}}(1) = \frac{7}{27}, \quad f_{X_{(2)}}(2) = \frac{13}{27}, \quad f_{X_{(2)}}(3) = \frac{7}{27}$$

である． □

> **問題 31** p, q をともに正の整数として，$X_1, \ldots, X_{p+q-1}$ が互いに独立に標準一様分布 $U(0, 1)$ に従うとき，$X_{(p)}$（つまり，小さいほうから p 番め，大きいほうから q 番めのもの）が従う分布のことをパラメータが p, q のベータ分布 $\mathrm{Beta}(p, q)$ という．ベータ分布 $\mathrm{Beta}(p, q)$ の密度関数を求めよ．

(解答) $X \sim U(0, 1)$ のとき，

$$F_X(x) = x, \quad 0 \leq x \leq 1$$
$$f_X(x) = 1, \quad 0 \leq x \leq 1$$

であるから，$n := p + q - 1$ とすれば，

$$\text{求める密度関数 } f_{X_{(p)}}(x) = \frac{n!}{(p-1)!(n-p)!} F_X(x)^{p-1} f_X(x)(1 - F_X(x))^{n-p}$$
$$= \frac{(p+q-1)!}{(p-1)!(q-1)!} x^{p-1}(1-x)^{q-1}, \quad 0 \leq x \leq 1$$

となる． □

ベータ分布の（1つの）基本的な意味は，本問によって理解するとよいが，一般にベータ分布を考える場合には，パラメータ p, q は整数である必要はなく，正の実数であればよい点には注意されたい．なお，ベータ分布 $Beta(p,q)$ の密度関数は，ベータ関数 $B(p,q)$ を使って書けば，

$$\frac{1}{B(p,q)} x^{p-1}(1-x)^{q-1}$$

となる．もちろん，こうしたベータ関数との関係の深さが，ベータ分布の名前の由来である．

練習問題 18 $X_1, \ldots, X_n$ が互いに独立にすべて標準一様分布 $U(0,1)$ に従うとき，整数 $1 \leq i < j \leq n$ について差 $X_{(j)} - X_{(i)}$ が従う分布の密度関数を求めよ．

本問の結果は，重要かつ覚えやすいものであるので，覚えておいたほうがよい．この問題は，後で（手法11（137頁）で）示す公式を用いて機械的に計算して求めることももちろんできる．また，そのような汎用的な方法を習得しておくことは重要である．しかし，ここでは，結果の意味がわかりやすくなる直感的な方法による解答を示しておく．

解答 目的の分布を考えるためには，長さ1の線分上に無作為に点をとるのが1つの自然なモデルであるが，その代わりに長さが1の円周上に無作為に点をとることを考える．

円周上に無作為に点をとるモデルを考えるとき，たとえば2点 P,Q を無作為にとったときの（左回りに見た）弧 PQ の長さの分布を考えるには，（たとえば）P を固定して，円周上に1点 Q を無作為にとるモデルを考えても一般性を失わない．これといわば逆の関係であるが，円周上に n 個の点 $P_1, \ldots, P_n$ を無作為にとったときに円周上の定点 P を基準にして弧 PP_k の長さの分布を考えるには，円周上に $n+1$ 個の点 $P, P_1, \ldots, P_n$ を無作為にとったと考えてもよい．

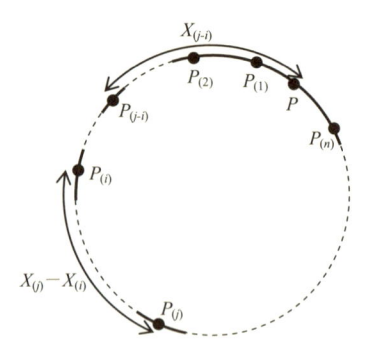

長さが1の円周上に無作為に点をとるモデル

さて，長さが1の円周上に$n+1$個の点$P, P_1, \ldots, P_n$を無作為にとる．そうすれば，$r = 1, \ldots, n$について，弧PP_rの長さをX_rと考えることができる．そして，点Pから（左回りに見て）近いほうから点の名前を$P_{(1)}, \ldots, P_{(n)}$とつけ直せば，弧$PP_{(r)}$の長さを$X_{(r)}$と考えることができる．このとき，（$n+1$個の点が，確率的には偏りなく円周上に無作為に散らばっているという意味での）対称性から，整数$1 \leq i < j \leq n$について，弧$P_{(i)}P_{(j)}$の長さが従う分布は，弧$PP_{(j-i)}$の長さが従う分布に等しい，つまり，

$X_{(j)} - X_{(i)}$と$X_{(j-i)}$とは同一の分布に従う

ということがわかる．また，問題31の結果から，$X_{(j-i)}$はベータ分布$B(j-i, n-j+i+1)$に従うことがわかる．

したがって，求める密度関数は，

$$f_{X_{(j)}-X_{(i)}}(x) = \frac{1}{B(j-i, n-j+i+1)} x^{j-i-1}(1-x)^{n-j+i}, \quad 0 \leq x \leq 1$$

である． □

3.1.3 ●●● 確率分布の関数

確率変数Xの従う分布がわかっているとき，たとえばXを定数倍したものやXを2乗したものの分布を考えることがよくある．もっと一般的にいえば，適当な関数gについて，$g(X)$が従う分布を考えることがよくある．たとえば，

X が指数分布 $\Gamma(1,\beta)$ に従うとき，$Y := e^X$ の従う分布の密度関数を求めよ．

というような課題（後で練習問題 19 として扱う）である．現実の基本的な場面においてこのような課題を考えるのは，ほとんどは X が連続型の場合であるので，本項では確率変数は連続型の場合のみ考える．

さて，本項で扱う計算に限らないことであるが，（たとえば「方程式の実数根を求めよ」というように）定型的な問題を解こうとするとき，与えられている条件によって，次の 3 通りの場合が考えられる．

1. 計算がしやすい特殊な条件が与えられている場合には，その個別の条件に応じた簡単な計算によって解く．
2. 1 以外の場合で，ごく典型的な条件が与えられている場合には，計算はやや手間がかかっても，一般的公式に機械的にあてはめて解く．
3. 何か条件が特殊で，単純に公式があてはめられない場合には，その個別の条件に応じて，（ときに複雑な場合分けなどをしながら）いわば手作りで解いていく．

例として，次の 3 つの 2 次方程式の問題を見てみよう．

(1) $x^2 - 3x + 2 = 0$ の実数根を求めよ．
(2) $x^2 - \sqrt{7}x + 1 = 0$ の実数根を求めよ．
(3) $x^2 - (\sin\theta)x + \cos\theta = 0$，$0 \leqq \theta < 2\pi$ の実数根を θ を用いて表せ．

このうち (1) は，扱いやすい係数なので，簡単に因数を見つけて因数分解によって解くであろう．これは，上の 1 の場合に相当する．

(2) は，きれいに因数分解できそうにないので，根の公式に機械的にあてはめて解くであろう．これは，上の 2 の場合に相当する．

(3) は，θ の値によって実数根がある場合とない場合とがあるから，ただ根の公式にあてはめるだけではだめで，判別式を使うなどして場合分けをしていねいに解くほかない．これは，上の 3 の場合に相当する．

本項の課題については，大方の読者にとっては，関数 g の性質に応じて，上

の 1 から 3 を次のそれぞれに対応させるのがよいと思われる．

1. $g(x) = ax + b$ という形の場合，$y := ax + b$ に変数変換して，その場合に特化した簡単な形の公式を用いる．
2. 1 以外の場合の g が，もととなる確率変数 X のとりうる値の範囲において単調である場合，変数変換の一般的な公式を用いる．
3. 1,2 以外の場合，もととなる確率変数の従う分布の特性に着目して個別に工夫したり，いくつかの場合分けをしたりして，いわば手作りで解いていく．

このうち，1 と 2 に関連する基本的な公式をまとめておけば，次のとおりである．

手法 2　[1 次元の変数変換（1 次式の場合）]

X の従う分布の密度関数 $f_X(x)$ がわかっているとき，$Y := aX + b$，$a > 0$ の従う分布の密度関数 $f_Y(y)$ を，

$$f_Y(y) = \frac{1}{a} f_X\left(\frac{y-b}{a}\right)$$

として求める．

この手法を形式的にあてはめるときには，とりうる値の範囲に注意する必要がある．

手法 3　[1 次元の変数変換（単調な場合）]

X の従う分布の密度関数 $f_X(x)$ がわかっており，関数 g が，X のとりうる値の範囲において単調非減少であるとき．$Y := g(X)$ の従う分布の密度関数 $f_Y(y)$ を，

$$f_Y(y) = f_X\left(g^{-1}(y)\right)(g^{-1})'(y)$$

として求める．

同じく，関数 g が，X のとりうる値の範囲において単調非増加であるとき．$Y := g(X)$ の従う分布の密度関数 $f_Y(y)$ を，

$$f_Y(y) = -f_X\left(g^{-1}(y)\right)(g^{-1})'(y)$$

として求める.

両方の場合を合わせて書けば, 関数 g が, X のとりうる値の範囲において単調であるとき. $Y := g(X)$ の従う分布の密度関数 $f_Y(y)$ を,

$$f_Y(y) = f_X\left(g^{-1}(y)\right)\left|(g^{-1})'(y)\right|$$

として求める.

もちろん, この手法でも, とりうる値の範囲には注意する必要がある. また, この手法では, 単調非減少のときに $y := g(x)$ という変数変換を考えると $(g^{-1})' = \frac{dx}{dy}$ であるので, 形式的には,

$$f_Y dy = f_X \left|\frac{dx}{dy}\right| dy = f_X dx$$

と書ける[7] ので, この形で覚えておけば間違えにくいであろう. なお, 手法2 はこの手法からただちに導き出されるので, この手法さえあれば手法2 は不要であると考える人は, 手法2 じたいは忘れてしまってもかまわない.

問題32 [対数正規分布]

X が正規分布 $N(\mu, \sigma^2)$ に従うとき, $Y := e^X$ の従う分布のことを**対数正規分布** $LN(\mu, \sigma^2)$ という. 対数正規分布の密度関数 $f_Y(y)$ を求めよ.

解答 $Y = e^X$ は X について単調増加であり, X のとりうる値の範囲が $-\infty < x < \infty$ であるから, $Y = e^X$ のとりうる値の範囲は $0 < y < \infty$ である.

ここで

$$y = e^x \text{とすると}, \quad x = \log y, \quad \frac{dx}{dy} = \frac{1}{y}$$

であるから,

$$f_Y(y) = f_X(\log y)\frac{1}{y} = \frac{1}{\sqrt{2\pi}\sigma y}e^{-\frac{(\log y - \mu)^2}{2\sigma^2}}, \quad 0 < y < \infty$$

となる. □

---

[7] じつのところ, この手法の正当性を証明しようとしたときには, ここに示唆される関係式が最も重要である.

対数正規分布 $LN(\mu, \sigma^2)$ の分布関数 ($F_Y(y)$ とする) は, X が標準正規分布 $N(0,1)$ に従うとすると,

$$F_Y(y) = P(Y \leqq y) = P(e^{\sigma X + \mu} \leqq y) = P\left(X \leqq \frac{\log y - \mu}{\sigma}\right)$$

となることから, 標準正規分布の分布関数 $\Phi(x)$ を用いると,

$$F_Y(y) = \Phi\left(\frac{\log y - \mu}{\sigma}\right)$$

と表すことができる.

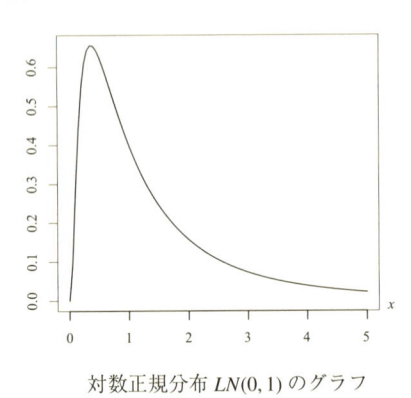

対数正規分布 $LN(0,1)$ のグラフ

練習問題 19 ［指数分布とパレート分布］

X が指数分布 $\Gamma(1, \lambda)$ に従うとき, $Y := e^X$ の従う分布の密度関数 $f_Y(y)$ を求めよ.

解答 X のとりうる値の範囲が $0 \leqq x < \infty$ であるから, $Y = e^X$ のとりうる値の範囲は $1 \leqq y < \infty$ である.

$y = e^x$ とすると, $x = \log y$, $\dfrac{dx}{dy} = \dfrac{1}{y}$ であるから,

$$f_Y(y) = f_X(\log y)\frac{1}{y} = \lambda e^{-\lambda \log y}\frac{1}{y} = \lambda y^{-(\lambda+1)}, \quad 1 \leqq y < \infty$$

となる. □

これは, パレート分布 $Pa(\lambda, 1)$ の密度関数にほかならない.

3.1.4 ●●● 確率分布の和差積商

前項では, 分布の関数によって別の分布を作り出す手法を扱った. 本項で

は，複数の分布の関数によって別の分布を作り出す手法を扱う．

本項のタイトルには「和差積商」とあるが，前項で扱った (1 変数) 関数と和差積商とを組み合わせれば，きわめて多様な多変数関数が対象となることに注意してほしい．実際，複数の基本的な分布の関数によって別の基本的な分布を作り出す際に使用する (多変数) 関数は，1 変数関数と和差積商を組み合わせてできるものがほとんどである．ただし，本項で実際に紹介する手法には，1 変数関数と和差積商の組み合わせで書ける多変数関数には限定されない，一般的なものも含まれているので，応用範囲はさらに広範である．

さて，本項でも，前項と同様に，次の 3 つに分けて考えたほうがよい．

1. 計算がしやすい特殊な条件が与えられている場合には，その個別の条件に応じた簡単な計算によって解く．
2. 1 以外の場合で，ごく典型的な条件が与えられている場合には，計算はやや手間がかかっても，一般的公式に機械的にあてはめて解く．
3. 何か条件が特殊で，単純に公式があてはめられない場合には，その個別の条件に応じて，（ときに複雑な場合分けなどをしながら）いわば手作りで解いていく．

以下の解説において，1 に該当するのは，和の場合全般と，差か積か商の場合で，もととなる分布に関して，とりうる値の範囲に関する場合分けが複雑でない場合である．2 に該当するのは，とりうる値の範囲に関する場合分けは複雑ではないが，考えている関数が和差積商そのままではない場合である．3 に該当するのは，1 にも 2 にも該当しない場合である．

まずは和の場合を見てみよう．

> **問題 33** ［独立な離散型確率変数の和］
> $X_1, \ldots, X_n$ が互いに独立にすべて幾何分布 $NB(1, p)$ に従うとき，$Y := X_1 + \cdots + X_n$ が従う分布の確率関数 $f_Y(y)$ を求めよ．

この問題を解くには，少なくとも次の 3 通りの解法がある．

1. 既知の情報を用いる．求める分布が負の 2 項分布 $NB(n, p)$ となることはよ

く知られていることなので，答えを述べるだけであれば，その確率関数をそのまま書けばよい．実用上で本問の「答え」が必要になったときには，これが「正解」であろう．
2. 母関数を利用する．答えは知っているないし与えられていて，それを証明せよ，というのであれば，母関数を使うのが最も簡単である．具体的な方法については，次節参照．
3. 和の公式（畳み込み）を使う．素直に計算するのであれば，この方法である．ここではこの手法を解説する．

手法 4 ［独立な離散型確率変数の和（畳み込み）］

$X_1, X_2, \ldots$（代表して X と書く）が互いに独立に同一の離散型分布（その確率関数を $f_X(x)$ とする）に従うとき，$X_1 + \cdots + X_n$ が従う分布の確率関数 f_X^{n*} を，$f_X(x)$ の n 個の**畳み込み**とよび，

$$f_X^{n*}(z) = \sum_x f_X(x) f_X^{(n-1)*}(z-x)$$

という漸化式により求める．

この手法を用いると，問題 33 の解答は次のとおりとなる．

(解答) 手法 4 を使って，n が小さいときに実際に計算してみると，$Y = X_1 + \cdots + X_n$ が従う分布は，負の 2 項分布 $NB(n, p)$ と予想できる．そこで，帰納法でこれを確認する．
$n = 1$ では明らかに成立しているので，$k \geq 1$ について，$n = k$ で成立することを仮定したときに $n = k+1$ で成り立つことが帰結すればよい．以下，これを確かめる．
$q := 1-p$ とし，本問の場合には $f_X(x)$ も $f_X^{k*}(x)$ も（0 以外の）値をもつのは x が 0 以上の整数の場合のみであることに注意すれば，$z = 0, 1, \ldots$ について，

$$\begin{aligned}
f_X^{(k+1)*}(z) &= \sum_{x=0}^{z} f_X(x) f_X^{k*}(z-x) = \sum_{x=0}^{z} pq^x \binom{k+z-x-1}{z-x} p^k q^{z-x} \\
&= p^{k+1} q^z \sum_{x=0}^{z} \binom{k+z-x-1}{z-x} \\
&= \binom{k+1+z-1}{z} p^{k+1} q^z \qquad (\because \text{一般に} \sum_{i=0}^{n} \binom{m+i}{i} = \binom{m+n+1}{n})
\end{aligned}$$

となるが，これは負の 2 項分布 $NB(k+1, p)$ の確率関数にほかならないので，これで帰納法が成立した．

よって，求める答えは，
$$f_Y(y) = \binom{n+y-1}{y} p^n (1-p)^y, \quad y = 0, 1, \ldots$$
である． □

問題 34 ［独立な連続型確率変数の和］
$X_1, \ldots, X_n$ が互いに独立にすべて指数分布 $\Gamma(1, \beta)$ に従うとき，
$Y := X_1 + \cdots + X_n$ が従う分布の密度関数 $f_Y(y)$ を求めよ．

離散型の場合と同じように，本問も，既知の情報を使って解いたり（というより，直接答えを記したり），母関数を使って解いたりすることができる．しかし，ここではやはり，畳み込みによる解法を見ておこう．

手法 5 ［独立な連続型確率変数の和（畳み込み）］

$X_1, X_2, \ldots$（代表して X と書く）が互いに独立に同一の連続型分布（その密度関数を $f_X(x)$ とする）に従うとき，$X_1 + \cdots + X_n$ が従う分布の密度関数 f_X^{n*} を，$f_X(x)$ の n 個の**畳み込み**とよび，
$$f_X^{n*}(z) = \int_{-\infty}^{\infty} f_X(x) f_X^{(n-1)*}(z-x) dx$$
という漸化式により求める．

(解答) 手法 5 を使って，n が小さいときに実際に計算してみると，$Y = X_1 + \cdots + X_n$ が従う分布は，ガンマ分布 $\Gamma(n, \beta)$ と予想できる．そこで，帰納法でこれを確認する．

$n = 1$ では明らかに成立しているので，$k \geqq 1$ について，$n = k$ で成立することを仮定したときに $n = k+1$ で成り立つことが帰結すればよい．以下，これを確かめる．

積分範囲に気をつけながら計算すれば，$z > 0$ について，
$$f_X^{(k+1)*}(z) = \int_0^z \beta e^{-\beta x} \frac{\beta^k}{\Gamma(k)} (z-x)^{k-1} e^{-\beta(z-x)} dx$$
$$\propto e^{-\beta z} \int_0^z (z-x)^{k-1} dx$$

(最終的に密度関数が出てくるのは明らかなので，係数の計算は省略してよい)
$$\propto z^k e^{-\beta z}$$

となるが，この形はガンマ分布 $\Gamma(k+1,\beta)$ の密度関数にほかならないので，これで帰納法が成立した．

よって，求める答えは，
$$f_Y(y) = \frac{\beta^n}{(n-1)!} x^{n-1} e^{-\beta y}, \quad 0 \leq y < \infty$$

である． □

複数の分布の関数によって別の分布を作り出すという課題は，単純な和の場合を除いては，連続型分布のみについて考える場合が圧倒的に多いので，本項の以下の部分では，分布はすべて連続型とする．

まずは，和差積商の公式を見ておこう．

手法6 ［独立な連続型確率変数の和差積商］

連続型の確率変数 X, Y が互いに独立[8]であるとき，和 $X+Y$，差 $X-Y$，積 XY，商 X/Y のそれぞれが従う分布の密度関数は，

$$f_{X+Y}(u) = \int_{-\infty}^{\infty} f_X(u-y) f_Y(y) dy = \int_{-\infty}^{\infty} f_X(x) f_Y(u-x) dx$$

$$f_{X-Y}(u) = \int_{-\infty}^{\infty} f_X(u+y) f_Y(y) dy = \int_{-\infty}^{\infty} f_X(x) f_Y(x-u) dx$$

$$f_{XY}(u) = \int_{-\infty}^{\infty} f_X\left(\frac{u}{y}\right) f_Y(y) \frac{1}{|y|} dy = \int_{-\infty}^{\infty} f_X(x) f_Y\left(\frac{u}{x}\right) \frac{1}{|x|} dx$$

$$f_{X/Y}(u) = \int_{-\infty}^{\infty} f_X(uy) f_Y(y) |y| dy = \int_{-\infty}^{\infty} f_X(x) f_Y\left(\frac{x}{u}\right) \frac{1}{u^2} dx$$

として求める．いずれの場合も，実質的な積分範囲（被積分関数が0でない範囲）によく注意する必要がある．

これらの公式は，この後に見る手法7の適用例として得られるので，根拠の説明はそこで見ることになる．

---

[8] 独立でなくても類似の公式が成り立つ．手法11（137頁）参照．

問題35 [標準正規分布どうしの商]

X, Y が互いに独立にどちらも標準正規分布 $N(0,1)$ に従うとき，$U := X/Y$ が従う分布の密度関数を求めよ．

解答

$$\begin{aligned}
f_U(u) = f_{X/Y}(u) &= \int_{-\infty}^{\infty} f_X(uy) f_Y(y) |y| dy \\
&= \int_{-\infty}^{\infty} \frac{1}{\sqrt{2\pi}} e^{-\frac{(uy)^2}{2}} \frac{1}{\sqrt{2\pi}} e^{-\frac{y^2}{2}} |y| dy \\
&= \frac{2}{2\pi} \int_0^{\infty} y e^{-\frac{(u^2+1)y^2}{2}} dy \\
&= \frac{1}{\pi} \left[-\frac{1}{u^2+1} e^{-\frac{(u^2+1)y^2}{2}} \right]_0^{\infty} \\
&= \frac{1}{\pi(u^2+1)}
\end{aligned}$$

□

本問で求めた分布，すなわち，X, Y が互いに独立にどちらも標準正規分布 $N(0,1)$ に従うときに $U := X/Y$ が従う分布のことを**標準コーシー分布** $C(0,1)$ という．また，このとき，$-\infty < \mu < \infty; 0 < \phi < \infty$ として，$W := \phi U + \mu$ が従う分布（つまり，標準コーシー分布を少し一般化した分布）を**コーシー分布** $C(\mu, \phi)$ という．

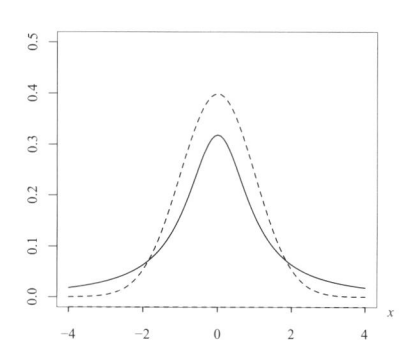

標準コーシー分布と標準正規分布のグラフ

ここまでのところでは，確率変数のとりうる値の範囲をあまり気にせずに機械的に積分計算をすることができたが，一般的には，積分範囲によく注意する必要がある．

問題36 [指数分布の差]

X, Y が互いに独立にどちらも指数分布 $\Gamma(1,1)$ に従うとき，$Z := X - Y$ が従う分布の密度関数を求めよ．

解答
$$f_Z(z) = \int_{-\infty}^{\infty} f_X(z+y) f_Y(y) dy = \int_{\min\{z+y, y\} > 0} e^{-z-y} e^{-y} dy$$
$$= \begin{cases} e^{-z} \int_{-z}^{\infty} e^{-2y} dy = \frac{e^z}{2} & (z \leq 0) \\ e^{-z} \int_{0}^{\infty} e^{-2y} dy = \frac{e^{-z}}{2} & (z \geq 0) \end{cases}$$
$$= \frac{1}{2} e^{-|z|}, \quad -\infty < z < \infty \qquad \square$$

本問で求めた分布，すなわち，X, Y が互いに独立にどちらも指数分布 $\Gamma(1,1)$ に従うときに $Z := X - Y$ が従う分布のことを**標準ラプラス分布**という．また，このとき，$-\infty < \mu < \infty; 0 < \phi < \infty$ として，$U := \phi Z + \mu$ が従う分布（つまり，標準ラプラス分布を少し一般化した分布）を，パラメータが μ, ϕ の**ラプラス分布**という．

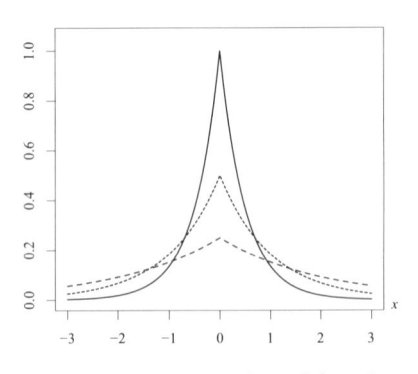

$\mu = 0, \phi = 1/2, 1, 2$ のラプラス分布のグラフ

以上では，和差積商そのままの場合を扱った．次にとりあげるのは，より一般的な場合の手法である．

手法7 [複数の独立な確率変数の関数の分布]

2つの連続型確率変数 X, Y は互いに独立[9]であり，それぞれの従う分布の密度

関数 $f_X(x), f_Y(y)$ もわかっているとする．また，2つの2変数関数 g, h は，ともに微分可能な連続関数であり，(X, Y) のとりうる値の範囲に属する (x, y) について，

$$g(x, y) = u \quad \Leftrightarrow \quad x = h(u, y)$$

を満たすとする．このとき，$U := g(X, Y)$ が従う分布の密度関数 $f_U(u)$ を，

$$f_U(u) = \int_{-\infty}^{\infty} f_X(h(u, y)) f_Y(y) \left| \frac{\partial h(u, y)}{\partial u} \right| dy$$

として求める（実質的な積分範囲は，$f_X(h(u, y)) f_Y(y) > 0$ となる y の範囲であるが，とくに $f_X(h(u, y)) > 0$ である範囲である点は見落とされやすいので注意されたい）．

もとの確率変数の個数が3以上の場合も同様であり，次のとおりである．

連続型確率変数 $X_1, \ldots, X_n$ は互いに独立であり，それぞれの従う分布の密度関数 $f_{X_1}(x_1), \ldots, f_{X_n}(x_n)$ もわかっているとする．また，2つの n 変数関数 g, h は，ともに微分可能な連続関数であり，$(X_1, \ldots, X_n)$ のとりうる値の範囲に属する $(x_1, \ldots, x_n)$ について，

$$g(x_1, \ldots, x_n) = u \quad \Leftrightarrow \quad x_1 = h(u, x_2, \ldots, x_n)$$

を満たすとする．このとき，$U := g(X_1, \ldots, X_n)$ が従う分布の密度関数 $f_U(u)$ を，

$$f_U(u) = \int_{-\infty}^{\infty} \cdots \int_{-\infty}^{\infty} f_{X_1}(h(u, x_2, \ldots, x_n)) f_{X_2}(x_2) \cdots f_{X_n}(x_n) \left| \frac{\partial h(u, x_2, \ldots, x_n)}{\partial u} \right| dx_2 \cdots dx_n$$

として求める．

この手法は非常に有用であるが，他書ではほとんど紹介されていない．たしかに，後に見る多次元の場合の変数変換があれば，この手法はなくてもすむかもしれない．しかし，この手法を使わないと，いちいち面倒なヤコビアン（後述）を計算しなければならないので，無駄な手間を省きたいならば，この手法（または，使い勝手はほとんど変わらず，適用範囲だけ拡張した，後述の手法11（137頁））を活用すべきである．

この手法の根拠を理解するのは簡単である．2変数の場合で説明しよう．

$$g(x, y) = u \quad \Leftrightarrow \quad x = h(u, y)$$

---

9) 独立でなくても類似の公式が成り立つ．手法11（137頁）参照．

であり，h が微分可能であることから，$\partial h(u,y)/\partial u$ はつねに 0 以上またはつねに 0 以下であり，それぞれに対応して，つねに

$$g(x,y) \leqq u \quad \Leftrightarrow \quad x \leqq h(u,y)$$

であるか，つねに

$$g(x,y) \leqq u \quad \Leftrightarrow \quad x \geqq h(u,y)$$

であるかのいずれかである．前者の場合，

$$F_U(u) = P(U \leqq u) = P(g(X,Y) \leqq u)$$
$$= \iint_{g(x,y) \leqq u} f_X(x) f_Y(y) dx dy$$
$$= \int_{-\infty}^{\infty} \left(\int_{-\infty}^{h(u,y)} f_X(x) dx \right) f_Y(y) dy$$

であるので，

$$f_U(u) = \frac{d}{du} F_U(u) = \int_{-\infty}^{\infty} f_X(h(u,y)) \frac{\partial h(u,y)}{\partial u} f_Y(y) dy$$
$$= \int_{-\infty}^{\infty} f_X(h(u,y)) f_Y(y) \left| \frac{\partial h(u,y)}{\partial u} \right| dy \qquad (\because \frac{\partial h(u,y)}{\partial u} \geqq 0)$$

となり，公式が導かれる．後者の場合も，同様に，

$$F_U(u) = P(U \leqq u) = P(g(X,Y) \leqq u) = \int_{-\infty}^{\infty} \left(\int_{h(u,y)}^{\infty} f_X(x) dx \right) f_Y(y) dy$$

であるので，

$$f_U(u) = \frac{d}{du} F_U(u) = -\int_{-\infty}^{\infty} f_X(h(u,y)) \frac{\partial h(u,y)}{\partial u} f_Y(y) dy$$
$$= \int_{-\infty}^{\infty} f_X(h(u,y)) f_Y(y) \left| \frac{\partial h(u,y)}{\partial u} \right| dy \qquad (\because \frac{\partial h(u,y)}{\partial u} \leqq 0)$$

となり，公式が導かれる．

まず，この手法を使って，和差積商の公式を導出してみよう．

問題 37 [和差積商の公式]

手法 7 をもとにして，以下の公式を導出せよ．

$$f_{X+Y}(u) = \int_{-\infty}^{\infty} f_X(u-y) f_Y(y) dy$$

$$f_{X-Y}(u) = \int_{-\infty}^{\infty} f_X(u+y)f_Y(y)dy = \int_{-\infty}^{\infty} f_X(x)f_Y(x-u)dx$$

$$f_{XY}(u) = \int_{-\infty}^{\infty} f_X\left(\frac{u}{y}\right)f_Y(y)\frac{1}{|y|}dy$$

$$f_{X/Y}(u) = \int_{-\infty}^{\infty} f_X(uy)f_Y(y)|y|dy$$

(解答) $f_{X+Y}(u)$ については，$h(u,y) := u-y$ とすれば，$|\partial h(u,y)/\partial u| = 1$ なので公式が得られる．

$f_{X-Y}(u)$ については，$h(u,y) := u+y$ とすれば，$|\partial h(u,y)/\partial u| = 1$ なので公式の前半が得られる．また，$f_{Y-X}(u)$ に対して $h(u,y) := y-u$ とすれば，$|\partial h(u,y)/\partial u| = 1$ なので，

$$f_{Y-X}(u) = \int_{-\infty}^{\infty} f_X(y-u)f_Y(y)dy$$

という公式が得られるが，この公式における X と Y を入れ替えれば，$f_{X-Y}(u)$ の公式の後半となる．

$f_{XY}(u)$ については，$h(u,y) := u/y$ とすれば，$|\partial h(u,y)/\partial u| = 1/|y|$ なので公式が得られる．

$f_{X/Y}(u)$ については，$h(u,y) := uy$ とすれば，$|\partial h(u,y)/\partial u| = |y|$ なので公式が得られる． □

このように和差積商の公式（手法 6）は手法 7 からただちに導き出されるので，手法 7 があれば手法 6 は不要であると考える人は，手法 6 じたいは忘れてしまってもかまわない．

問題 38 ［ガンマ分布とベータ分布］

X_1, X_2 が互いに独立にそれぞれガンマ分布 $\Gamma(\alpha_1, \beta)$ とガンマ分布 $\Gamma(\alpha_2, \beta)$ に従うとき，$Y := X_1/(X_1 + X_2)$ の従う分布の密度関数 $f_Y(y)$ を求めよ．

本問の答えの分布がベータ分布 $Beta(\alpha_1, \alpha_2)$ であることはよく知られている．そのことを，すぐ上で見た手法によって導いてみよう．

(解答) $x_1, x_2 > 0$ について，

$$y = \frac{x_1}{x_1 + x_2} \quad \Leftrightarrow \quad x_1 = \frac{yx_2}{1-y} =: h(y, x_2)$$

であり，このとき，$0 < y < 1$ であるから，この範囲で，

$$\begin{aligned}
f_Y(y) &= \int_{-\infty}^{\infty} f_{X_1}(h(y, x_2)) f_{X_2}(x_2) \left| \frac{\partial h(y, x_2)}{\partial y} \right| dx_2 \\
&\propto \int_0^{\infty} \left(\frac{y x_2}{1-y} \right)^{\alpha_1 - 1} e^{-\beta \frac{y x_2}{1-y}} x_2^{\alpha_2 - 1} e^{-\beta x_2} \left| \frac{x_2}{(1-y)^2} \right| dx_2 \\
&\propto y^{\alpha_1 - 1} (1-y)^{-\alpha_1 - 1} \left\{ (1-y)^{\alpha_1 + \alpha_2} \int_0^{\infty} \left(\frac{\beta}{1-y} \right)^{\alpha_1 + \alpha_2} x_2^{\alpha_1 + \alpha_2 - 1} e^{-\frac{\beta}{1-y} x_2} dx_2 \right\} \\
&\propto y^{\alpha_1 - 1} (1-y)^{\alpha_2 - 1}
\end{aligned}$$

となる．

この密度関数の形から，Y の従う分布はベータ分布 $Beta(\alpha_1, \alpha_2)$ であることがわかるので，

$$f_Y(y) = \frac{1}{B(\alpha_1, \alpha_2)} y^{\alpha_1 - 1} (1-y)^{\alpha_2 - 1}, \quad 0 < y < 1$$

となる． □

この結果については，次のコラムも参照されたい．

④ Column ●分布どうしの関係とポアソン過程

ポアソン過程は，ガウス過程と並んで最も基本的かつ重要な確率過程（5.2節参照）である．そのポアソン過程は，さまざまな重要な基本的分布と深い関係がある．そのため，ポアソン過程を介して考えると，基本的な分布どうしのいくつかの関係を直感的に理解するのに大いなる助けになる．

具体的には，

- ポアソン分布とガンマ分布やカイ2乗分布
- ガンマ分布とベータ分布
- 2項分布とガンマ分布の比や F 分布

のそれぞれの間にある（一見）不思議な関係を理解するのに役立つ．

さて，ポアソン過程は，くり返し生じる事柄がどういう時間間隔で生じるかについての，あるきわめて単純なモデルを与えるものである．**ポアソン過程**は，事柄の発生件数に関する確率過程であり，パラメータを1つだけもち，その値を λ とすれば，どの観測時点でも，次に事柄が1件生じるまで（2件以上は同時には発生しない）の待ち時間がつねに指数分布 $\Gamma(1, \lambda)$ に従う（つまり，無記憶性を

もつ）というものである．

したがって，ポアソン過程では，観測し始めてから事柄がn回生じるまでの時間は，（指数分布の和の分布がガンマ分布であることから）ガンマ分布$\Gamma(n,\lambda)$に従うことになる．一方，ポアソン過程の名前に表されているとおり，パラメータλのポアソン過程では，特定の1単位時間に事柄が発生する回数の分布はポアソン分布$Po(\lambda)$に従う．

この2つのことから，ポアソン分布とガンマ分布の間にある特殊な関係がわかる．すなわち，ポアソン分布$Po(\lambda)$に従う確率変数をNとし，ガンマ分布$\Gamma(n,\lambda)$に従う確率変数をTとするとき，

$$P(N \geq n) = P(時刻1までに事柄がn回以上生じる)$$
$$= P(事柄がn回生じるまでの時間が1以下である)$$
$$= P(T \leq 1)$$

が成り立つのである．

このことが意味するのは，ポアソン分布に関する確率を求めるために，ガンマ分布に関する確率を利用することができるということである．実用上は，次章で登場するカイ2乗分布（ガンマ分布の一種）に対しては数表が用意されているので，ポアソン分布の確率を求める際にはその数表を利用することができる．そして，それは，ポアソン分布のパラメータの区間推定や仮説検定において実際に行われている方法である．

次に，ガンマ分布とベータ分布の関係を導き出してみよう．

ポアソン過程において事柄が生じる時刻は，他の事柄が生じる時刻とは独立であり（独立増分性），また，どの時刻でも事柄の生じやすさに差はない（斉時性）．そのため，特定の時刻tまでに事柄が生じた回数がnだとすれば，tまでに生じたn個の事柄の発生時刻（を無作為に並べた1つひとつ）は，（tまでに事柄が生じた回数がnだという条件のもとで）互いに独立にすべて一様分布$U(0,t)$に従う．

したがって，$r=1,\ldots,n$について，r番めの事柄の発生時刻をT_rとすると，T_r/tは，n個の確率変数が互いに独立に標準一様分布$U(0,1)$に従うときの第r位順序統計量となる．つまり，それは，ベータ分布$Beta(r,n-r+1)$に従う．

ここで，tとしてT_{n+1}を考えれば，T_rと$T_{n+1}-T_r$は互いに独立にそれぞれガンマ分布$\Gamma(r,\lambda)$とガンマ分布$\Gamma(n-r+1,\lambda)$に従うが，上で見たことから，このときの$T_r/\{T_r+(T_{n+1}-T_r)\}=T_r/T_{n+1}$はベータ分布$Beta(r,n-r+1)$に従う．

このことから，一般に，X_1,X_2が互いに独立にそれぞれガンマ分布$\Gamma(\alpha_1,\beta)$とガンマ分布$\Gamma(\alpha_2,\beta)$に従うとき，$X_1/(X_1+X_2)$はベータ分布$Beta(\alpha_1,\alpha_2)$に従うことがいえる．そして，これは，問題38で得た結果と同じである．

さらに，同様の考察からは，2項分布とガンマ分布との特殊な関係も見てとれる．それを見てとるには，事柄AとBがそれぞれパラメータがpと$1-p$のポア

ソン過程に従って発生するものとし，AとBが合わせてn回発生した時点までのAの発生がk回以下である確率を2通りの仕方で表せばよい．すると，一方では，Nが2項分布 $Bin(n, p)$ に従うとしたときの $P(N \leq k)$ として表すことができ，他方で，T_A, T_B が互いに独立にそれぞれガンマ分布 $\Gamma(k+1, p)$ と $\Gamma(n-k, 1-p)$ としたときの $P(T_A > T_B)$ つまり $P(T_A/T_B > 1)$ として表すことができる．こうして，2項分布に関する確率とガンマ分布の比に関する確率との間の特殊な関係が出てくる．

次章で登場する F 分布は，ガンマ分布の比を定数倍することによって得ることのできる統計上の重要分布であり，その数表が用意されている．したがって，2項分布に関する確率を求める際にはその数表を利用することができ，それは，2項母集団の母比率に関する区間推定や仮説検定において実際に行われている方法である．

3.1.5 ●●● 一様分布に関する演習問題

本節のここまでの部分の理解を確かめるためには，一様分布を使った演習問題にとり組むとよい．一様分布は密度関数がきわめて単純な形をしているので，いわば，手法のエッセンスのみを問うことができるからである．

問題39 [一様分布の関数]
X が一様分布 $U(-1, 2)$ に従うとき，X^2 が従う分布の密度関数を求めよ．

X の値と X^2 の値とは1対1の関係にないので，単純な公式にあてはめることができない．このような場合には，分布関数に立ち戻って計算するのが正攻法である．

(解答) $0 \leq u \leq 4$ (X^2 のとりうる値の範囲) について，

$$F_{X^2}(u) = P(X^2 \leq u) = P(-\sqrt{u} \leq X \leq \sqrt{u}) = P(\max\{-\sqrt{u}, -1\} \leq X \leq \min\{\sqrt{u}, 2\})$$

$$= \begin{cases} P(-\sqrt{u} \leq X \leq \sqrt{u}) = \dfrac{2\sqrt{u}}{3} & (0 \leq u \leq 1) \\ P(-1 \leq X \leq \sqrt{u}) = \dfrac{\sqrt{u}+1}{3} & (1 < u \leq 4) \end{cases}$$

であるから，求める密度関数は，

$$f_{X^2}(u) = \begin{cases} \dfrac{1}{3\sqrt{u}} & (0 < u \leqq 1) \\ \dfrac{1}{6\sqrt{u}} & (1 < u \leqq 4) \end{cases}$$

となる. □

練習問題 20 X が標準一様分布 $U(0,1)$ に従うとき,$X^n, e^X, -\log X, \cot \pi X, \sin \pi X$ のそれぞれが従う分布の密度関数を求めよ.

解答

$$f_{X^n}(u) = 1_{0 \leqq u^{\frac{1}{n}} \leqq 1} \left| \frac{du^{\frac{1}{n}}}{du} \right| = \frac{1}{n} u^{\frac{1}{n}-1}, \quad 0 < u \leqq 1 \text{ (ベータ分布 } B(1/n, 1))$$

$$f_{e^X}(u) = 1_{0 \leqq \log u \leqq 1} \left| \frac{d \log u}{du} \right| = \frac{1}{u}, \quad 1 \leqq u \leqq e$$

$$f_{-\log X}(u) = 1_{0 \leqq e^{-u} \leqq 1} \left| \frac{de^{-u}}{du} \right| = e^{-u}, \quad 0 \leqq u < \infty \text{ (指数分布 } \Gamma(1,1))$$

$$f_{\cot \pi X}(u) = 1_{0 \leqq \frac{1}{\pi} \cot^{-1} u \leqq 1} \left| \frac{d \frac{1}{\pi} \cot^{-1} u}{du} \right| = \frac{1}{\pi(1+u^2)}, \quad -\infty < u < \infty \text{ (標準コーシー分布)}$$

$\sin \pi X$ は X と 1 対 1 の関係にないので,単純に公式をあてはめることはできないが,任意の $0 \leqq x \leqq 1$ について,$\sin \pi x = \sin \pi (1-x)$ であるので,$\sin \pi X$ の従う分布は,Y が一様分布 $U(0, 1/2)$ に従うときに $\sin \pi Y$ が従う分布に等しい.したがって,

$$f_{\sin \pi X}(u) = f_{\sin \pi Y}(u) = 2 \cdot 1_{0 \leqq \frac{1}{\pi} \sin^{-1} u \leqq \frac{1}{2}} \left| \frac{d \frac{1}{\pi} \sin^{-1} u}{du} \right| = \frac{2}{\pi \sqrt{1-u^2}}, \quad 0 \leqq u \leqq 1 \quad □$$

念のために述べておくが,解答中の 1_A という形の記号は,指示関数(63 頁参照)である.自分で計算をするときに,この指示関数を使って表記するかどうかはともかく,密度関数が正となる範囲を正確に捉える工夫は必要である.以下で見る,複数の確率変数をもとにして作られる確率分布の場合には,実質的な積分範囲に直結するので,この点はより重要である.

問題 40 [一様分布どうしの積]

X, Y が互いに独立にともに標準一様分布 $U(0,1)$ に従うとき,XY が従う分布の密度関数を求めよ.

解答

$$f_{XY}(u) = \int_{-\infty}^{\infty} 1_{0\leq \frac{u}{y}\leq 1} 1_{0\leq y\leq 1} \frac{1}{|y|} dy$$
$$= \int_u^1 \frac{1}{y} dy$$
$$= -\log u \quad 0 < u \leq 1$$

この解答において，

$$\int_{-\infty}^{\infty} 1_{0\leq \frac{u}{y}\leq 1} 1_{0\leq y\leq 1} \quad \text{の部分は，} \quad \int_{\substack{0\leq \frac{u}{y}\leq 1 \\ 0\leq y\leq 1}}$$

としても同じことである．

この問題は，分布関数の値を面積として求めてから，それを微分して密度関数を求めてもよい．

一様分布の確率密度は一定なので，独立に一様分布に従う2つの確率変数を考える場合，（たとえば本問でいえば）$F_{XY}(u) = P(XY \leq u)$ の値は，とりうる値のすべての可能性を示す正方形（面積 = 1）のうち，$xy \leq u$ を満たす領域の面積となる．

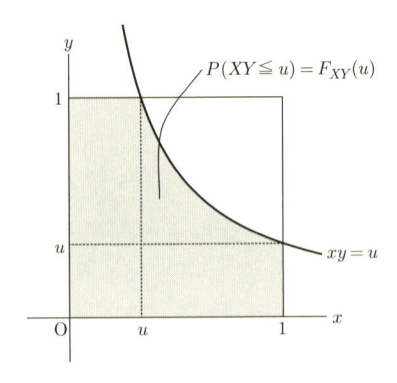

図から

$$F_{XY}(u) = P(XY \leq u) = u + \int_u^1 \frac{u}{x} dx = u - u\log u, \quad 0 < u \leq 1$$

となるので，

$$f_{XY}(u) = F'_{XY}(u) = -\log u \quad 0 < u \leq 1$$

となって，同じ答えを得る．

練習問題 21 X, Y, Z が互いに独立にどれも標準一様分布 $U(0,1)$ に従うとき, $P(X^2 + Y^2 < 1), P(X + Y + Z < 2)$ をそれぞれ求めよ.

これらの確率を, 密度関数を求めてから算出するのは面倒である. 面積ないし体積を求めることにすれば, 瞬時にできる.

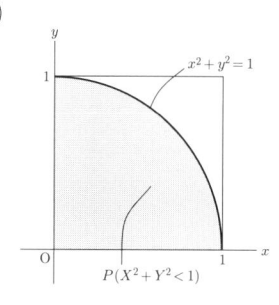

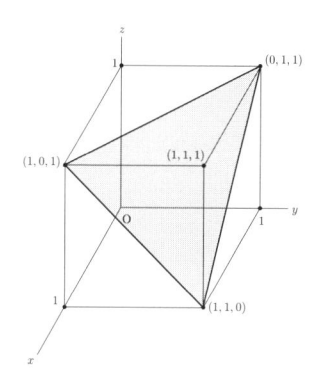

解答

$P(X^2 + Y^2 < 1) = $ 半径 1 の円の $1/4 = \dfrac{\pi}{4}$

$P(X + Y + Z < 2) = 1 - P(X + Y + Z \geqq 2) = 1 - ($図の三角錐の体積$) = 1 - \dfrac{1}{6} = \dfrac{5}{6}$ □

練習問題 22 ［一様分布どうしの商］

X, Y が互いに独立にともに標準一様分布 $U(0,1)$ に従うとき, X/Y が従う分布の密度関数を求めよ.

解答

$$f_{X/Y}(u) = \int_{-\infty}^{\infty} 1_{0 \leqq uy \leqq 1} 1_{0 \leqq y \leqq 1} |y| dy = \int_0^{\min\{1/u, 1\}} y \, dy$$

$$= \begin{cases} \displaystyle\int_0^1 y \, dy = \dfrac{1}{2} & (0 < u \leqq 1) \\ \displaystyle\int_0^{1/u} y \, dy = \dfrac{1}{2u^2} & (1 < u < \infty) \end{cases}$$
□

面積を使って解くなら, $u > 0$ について,

$$F_{X/Y}(u) = P(X/Y \leqq u) = P(Y \geqq X/u) \qquad (\because Y, u > 0)$$

$$= \begin{cases} \dfrac{u}{2} & (0 < u \leqq 1) \\ 1 - \dfrac{1}{2u} & (1 < u < \infty) \end{cases}$$

となるので, これを微分すればよい.

練習問題 23　X, Y が互いに独立にともに標準一様分布 $U(0,1)$ に従うとき, $0 < a < b$ として, $U := aX + bY$ が従う分布の密度関数を求めよ.

解答

$$f_U(u) = \int_{-\infty}^{\infty} 1_{0 \leq (u-by)/a \leq 1} 1_{0 \leq y \leq 1} \frac{1}{a} dy$$

$$= \frac{1}{a} \int_{\max\{(u-a)/b, 0\}}^{\min\{u/b, 1\}} dy$$

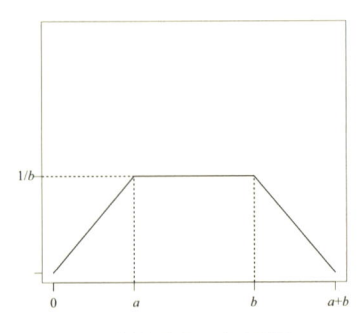

$$= \begin{cases} \dfrac{1}{a} \displaystyle\int_0^{u/b} dy = \dfrac{u}{ab} & (0 \leq u \leq a) \\[2mm] \dfrac{1}{a} \displaystyle\int_{(u-a)/b}^{u/b} dy = \dfrac{1}{b} & (a \leq u \leq b) \\[2mm] \dfrac{1}{a} \displaystyle\int_{(u-a)/b}^{1} dy = \dfrac{a+b-u}{ab} & (b \leq u \leq a+b) \end{cases}$$ ∎

U が従う分布の密度関数

　一般に, 2 つの独立な一様分布の和の分布は, 等脚台形 (左右対称な台形) の形をしている. 本問の場合, 台形の頂点の x 座標が小さいほうから順に $0, a, b, a+b$ であることは明らかなので, 台形の面積が 1 であることに注意すれば, 台形の高さを h とすると,

$$\frac{1}{2}\{(b-a) + (a+b)\}h = 1$$

より, $h = 1/b$ であることがわかり, これをもとに簡単に密度関数を知ることもできる.

練習問題 24　[多数の一様分布どうしの積]

$X_1, \ldots, X_n$ が互いに独立にすべて標準一様分布 $U(0,1)$ に従うとき, その n 個の積

$U_n := X_1 \cdots X_n$ が従う分布の密度関数を求めよ.

（解答） $h(x_1, \ldots, x_{n-1}, u) = u/(x_1 \cdots x_{n-1})$ とすれば，$|\partial h(x_1, \ldots, x_{n-1})/\partial u| = 1/(x_1 \cdots x_{n-1})$ となるので，

$$f_{U_n}(u) = \int_{-\infty}^{\infty} \cdots \int_{-\infty}^{\infty} 1_{0 \leq x_1 \leq 1} \cdots 1_{0 \leq x_{n-1} \leq 1} 1_{0 \leq \frac{u}{x_1 \cdots x_{n-1}} \leq 1} \frac{1}{x_1 \cdots x_{n-1}} dx_1 \cdots dx_{n-1}$$

$$= \int_u^1 \left(\int_{-\infty}^{\infty} \cdots \int_{-\infty}^{\infty} 1_{0 \leq x_1 \leq 1} \cdots 1_{0 \leq x_{n-2} \leq 1} 1_{0 \leq \frac{u/x_{n-1}}{x_1 \cdots x_{n-2}} \leq 1} \frac{1}{x_1 \cdots x_{n-2}} dx_1 \cdots dx_{n-2} \right) \frac{1}{x_{n-1}} dx_{n-1} \quad (*)$$

$$= \int_u^1 f_{U_{n-1}}\left(\frac{u}{x_{n-1}} \right) \frac{1}{x_{n-1}} dx_{n-1}, \quad 0 \leq u \leq 1$$

となる．n が小さいところでいくつか計算すると，

$$f_{U_n}(u) = \frac{1}{(n-1)!}(-\log u)^{n-1}, \quad 0 \leq u \leq 1$$

であると予想される．$n = 1$ のときは明らかであり，$n = k$ の場合に成り立つとすると，

$$f_{U_{k+1}}(u) = \int_u^1 f_{U_k}(u/x_k) \frac{1}{x_k} dx_k = \int_u^1 \frac{1}{(k-1)!} \left(-\log \frac{u}{x_k} \right)^{k-1} \frac{1}{x_k} dx_k$$

$$= \left[\frac{1}{k!} (\log x_k - \log u)^k \right]_{x_k=u}^1 = \frac{1}{k!}(-\log u)^k, \quad 0 \leq u \leq 1$$

となって $n = k+1$ のときにも成り立つので，数学的帰納法より，

$$f_{U_n}(u) = \frac{1}{(n-1)!}(-\log u)^{n-1}, \quad 0 \leq u \leq 1$$

となる． □

本問の計算は，とくに $(*)$ の部分は，なかなか思いつかないかもしれない．これに対し，X が標準一様分布に従うときに $-\log X$ が指数分布 $\Gamma(1,1)$ に従う（練習問題20参照）ことを使えば，ずっと簡単に計算できる．というのも，そのことから，$V := -\log U_n = (-\log X_1) + \cdots + (-\log X_n)$ がガンマ分布 $\Gamma(n,1)$ に従うことがわかるので，$U_n = e^{-V}$ の密度関数は，$v := -\log u$ として，

$$f_{U_n}(u) = \frac{1}{(n-1)!} v^{n-1} e^{-v} \left| \frac{dv}{du} \right| = \frac{1}{(n-1)!}(-\log u)^{n-1} e^{-(-\log u)} \frac{1}{u} = \frac{1}{(n-1)!}(-\log u)^{n-1}$$

というようにただちに計算できるからである．

3.1.6 ●●● 確率分布の極限

2.2.2で紹介したように，正規分布は，2項分布の極限として考えることがで

きた．このように，ある分布の極限（**極限分布**という）を考えることによって有用な分布を作り出すことができる場合がある．

正規分布は，後で（160頁ほかで）見る中心極限定理により，2項分布に限らず，多くの基本的な分布の極限として考えることができる．離散分布の場合に，中心極限定理を使わずにこの関係を見てとるのはなかなか面倒であるが，連続分布であるガンマ分布の場合にこれを見るのは比較的簡単である．

問題 41 X_n がガンマ分布 $\Gamma(n, 1)$ に従うとき，$U_n := (X_n - n)/\sqrt{n}$ について，n を大きくしていったとき，密度関数 $f_{U_n}(u)$ の極限は，標準正規分布の密度関数に一致することを示せ．その際，必要であれば，スターリングの公式 $\sqrt{2\pi n} n^n e^{-n} < n! < \sqrt{2\pi n} n^n e^{-n + \frac{1}{12n}}$ を用いよ．

解答 $u := (x - n)/\sqrt{n}$ とすれば，$x = \sqrt{n}u + n$，$dx/du = \sqrt{n}$ であるので，

$$f_{U_n}(u) = \frac{1}{(n-1)!}(\sqrt{n}u + n)^{n-1} e^{-(\sqrt{n}u + n)} \sqrt{n}$$

$$= \frac{1}{\sqrt{2\pi}} \cdot \frac{\sqrt{2\pi n} n^n e^{-n}}{n!} \left(1 + \frac{u}{\sqrt{n}}\right)^{n-1} e^{-\sqrt{n}u}$$

$$= \frac{1}{\sqrt{2\pi}} \cdot \frac{\sqrt{2\pi n} n^n e^{-n}}{n!} \left(1 + \frac{u}{\sqrt{n}}\right)^{-1} \exp\left(n\log\left(1 + \frac{u}{\sqrt{n}}\right) - \sqrt{n}u\right)$$

$$= \frac{1}{\sqrt{2\pi}} \cdot \frac{\sqrt{2\pi n} n^n e^{-n}}{n!} \left(1 + \frac{u}{\sqrt{n}}\right)^{-1} \exp\left(\sqrt{n}u - \frac{u^2}{2} + O\left(\frac{1}{\sqrt{n}}\right) - \sqrt{n}u\right)$$

$$(\because 対数級数展開)$$

$$= \frac{1}{\sqrt{2\pi}} \cdot \frac{\sqrt{2\pi n} n^n e^{-n}}{n!} \left(1 + \frac{u}{\sqrt{n}}\right)^{-1} \exp\left(-\frac{u^2}{2} + O\left(\frac{1}{\sqrt{n}}\right)\right)$$

$$\to \frac{1}{\sqrt{2\pi}} \cdot 1 \cdot 1 \cdot e^{-\frac{u^2}{2}} \quad (n \to \infty) \quad (\because スターリングの公式)$$

$$= \frac{1}{\sqrt{2\pi}} e^{-\frac{u^2}{2}}$$

となるので，題意は示される． □

解答中の $O(h)$ という記号は，
$$\lim_{h \to 0} O(h) = 0$$
となる要素を表す（とここでは理解しておけばよい）記号であり，**ランダウの O 記号**とよばれる．

さて，きわめて重要な離散型分布であるポアソン分布は，2項分布の極限として導入される．

> **問題42** [ポアソン分布]
> 2項分布 $Bin(n, p)$ において，$np = \lambda$（一定）に保ったまま，$n \to \infty$ としたときの分布を**ポアソン分布** $Po(\lambda)$ という．ポアソン分布 $Po(\lambda)$ の確率関数 $f_X(x)$ を求めよ．

(解答) $Bin(n, p)$ の確率関数を $f_n(x)$ とすれば，$x = 0, 1, \ldots$ について

$$\begin{aligned}
f_n(x) &= \frac{n!}{x!(n-x)!}\left(\frac{\lambda}{n}\right)^x\left(1-\frac{\lambda}{n}\right)^{n-x} \\
&= \frac{n(n-1)\cdots(n-x+1)}{n^x}\left(1-\frac{\lambda}{n}\right)^{-x}\left(1-\frac{\lambda}{n}\right)^n \frac{\lambda^x}{x!} \\
&= \left(\frac{n}{n}\frac{n-1}{n}\cdots\frac{n-x+1}{n}\right)\left(1-\frac{\lambda}{n}\right)^{-x}\left(1-\frac{\lambda}{n}\right)^n \frac{\lambda^x}{x!} \\
&\longrightarrow 1 \cdot 1 \cdot e^{-\lambda}\frac{\lambda^x}{x!} = e^{-\lambda}\frac{\lambda^x}{x!} \quad (n \to \infty)
\end{aligned}$$

となるので，求める確率関数は，

$$f_X(x) = e^{-\lambda}\frac{\lambda^x}{x!}, \quad x = 0, 1, \ldots$$

となる． □

ファーストサクセス分布と指数分布は無記憶性があるという点で共通している．これは，指数分布がファーストサクセス分布のある種の極限として考えられるという事実により，よく理解できる．

> **問題43** [ファーストサクセス分布と指数分布]
> X がファーストサクセス分布 $Fs(p)$ に従うときに $U := pX$ が従う分布を考える．$p \to 0$ としたときの U の分布は，指数分布となることを示せ．

(解答) $p \to 0$ とすると，

$$F_U(u) = P(U \leq u) = P(X \leq u/p) = 1 - (1-p)^{\frac{u}{p}} \longrightarrow 1 - e^{-u}, \quad 0 \leq u < \infty$$

となるが，これは指数分布 $\Gamma(1, 1)$ の分布関数にほかならない． □

3.1.7 ●●● 多次元分布

実際の確率モデルにおいては，複数の確率変数を同時に考えて，確率変数のベクトルが従う分布（**同時分布**という）を扱うことが多い．したがって，そうした**多次元**（たいして多くなくても，2次元以上はそうよぶ．反対語は「1次元」）の分布のとり扱いには長けている必要がある．しかし，ここまでのところでは，煩雑になるため，多次元分布については触れてこなかったので，本項でまとめて整理しておく．

多次元分布については，どういうことを知っておく必要があるだろうか．もちろん，それはいろいろあるわけだが，ここでは，次の3種類の事柄があることを念頭におく．

1. 一般論として d 次元についての数学的議論を理解したり展開したりする
2. 低い次元（2次元や3次元）の分布に関する具体的な計算を実行する
3. 基本的な多次元分布の諸特性に関する知識を具体的にもつ

筆者の見るところ，このうちの1と2では，習得すべき事柄の性質はやや異なっている．というのも，1は長けているのに2はあまりできない人やその逆の人を多く目にするからである．実際，一方ができても他方がまったくできないというのは困るものの，各人でおのずと必要なことは異なるので，必ずしも両方に長けている必要はないであろう．

本書では，1の「一般論」については，最低限の要点だけを押さえておくことにする．そうするのは，それで本書の目的が達せられると思われることが第一の理由であるが，それだけでなく，1は多くの教科書が詳しく扱っているので，それらを参照すれば学習者にとって不便はなかろうという点も理由の1つである．

これに対し，2の「具体的な計算」については，以下で多くの計算手法を紹介しておくので，この面での多次元分布のとり扱い方法には十分に習熟してもらいたい．

3の「諸特性に関する知識」についても，以下では具体的な基本的事例をと

りあげているので，主要結果は覚えておく（あるいはいつでも引き出せる状態にしておく）とよいであろう．

さて，まずは，多次元分布の基本事項をまとめておこう．多次元の確率分布の型は，原理的には1次元の場合よりも複雑であるが，以下では原則として連続型と離散型のみを念頭におく．ここで，$d = 2, 3, \ldots$ について，d 次元の連続型分布と離散型分布はそれぞれ，

連続型 分布関数が連続で，$\mathbb{R}^d$ 上の零集合[10] を除いて微分可能である分布
離散型 とりうる値が高々可算個である分布

のことである．

次に列挙するのは，分布関数などに関する基本事項および本書での表記上の注意事項である．

- 本書では，一般論を述べるときに，混乱しないと思われる場合には，確率変数ベクトルも確率変数と同じ字体で（たとえば）X というように表記する．
- 多次元の場合にも1次元の場合と同様に，分布を特定するための関数として，分布関数や密度関数や確率関数が想定される．多次元であることをとくに強調する場合には，それぞれを同時分布関数，同時密度関数，同時確率関数とよぶ．
- 本書では，d 次元確率変数ベクトル X が従う確率分布の分布関数を $F_X(x_1, \ldots, x_d)$ と書き，密度関数と確率関数はいずれも $f_X(x_1, \ldots, x_d)$ と書く．確率変数に直接言及していない場合にも，とくに断りなく便宜上の確率変数ベクトルを X で代表させる場合も多い．
- 一般に，確率分布を特定すれば，その分布関数も唯一に定まる．逆に，分布関数を特定すれば，確率分布が唯一に定まる．
- $X := (X_1, \ldots, X_d)$ とするとき，分布関数 $F_X(x_1, \ldots, x_d)$ は，
$$F_X(x_1, \ldots, x_d) := P(X_1 \leq x_1 \text{かつ} \cdots \text{かつ} X_d \leq x_d)$$

---

[10] 直感的にいえば，d 次元空間における領域で合計の体積が 0 であるもののこと．たとえば，3次元空間においては，xy 平面は，面積（= 2次元での体積）は無限大であるが体積（= 3次元での体積）は 0 であるので零集合である．

によって定義される．

- 連続型の場合には，分布関数 $F_X(x_1,\ldots,x_d)$ の代わりに密度関数 $f_X(x_1,\ldots,x_d)$ を与えることによって分布を特定することができる．$F_X(x_1,\ldots,x_d)$ と $f_X(x_1,\ldots,x_d)$ との間には，

$$f_X(x_1,\ldots,x_d) = \frac{\partial^d}{\partial x_1 \cdots \partial x_d} F_X(x_1,\ldots,x_d),$$
$$F_X(a_1,\ldots,a_d) = \int_{-\infty}^{a_1} \cdots \int_{-\infty}^{a_d} f_X(x_1,\ldots,x_d)\,dx_1\cdots dx_d$$

という関係がある．

- 離散型の場合には，分布関数の代わりに確率関数を与えることによって分布を特定することができる．確率関数は，

$$f_X(x_1,\ldots,x_d) := P(X = (x_1,\ldots,x_d))$$

によって与えられる．また，

$$F_X(a_1,\ldots,a_d) = \sum_{x_1 \leq a_1;\cdots;x_d \leq a_d} f_X(x_1,\ldots,x_d)$$

という関係がある．

- 分布関数や密度関数や確率関数によって分布を表現するとき，（主に，煩雑になるのを避けるため）とりうる値の範囲についてのみ関数を与える場合が多い．

複数の確率変数の関数の期待値については，次のとおりである．

- 確率変数ベクトル $X = (X_1,\ldots,X_n)$ が連続型の確率分布に従うとき，適当な n 変数関数 g について，確率変数 $g(X_1,\ldots,X_n)$ の期待値 $E[g(X_1,\ldots,X_n)]$ は，

$$E[g(X_1,\ldots,X_n)] = \int_{-\infty}^{\infty} \cdots \int_{-\infty}^{\infty} g(x_1,\ldots,x_n) f_X(x_1,\ldots,x_n)\,dx_1\cdots dx_n$$

と計算される．

- 確率変数ベクトル $X = (X_1,\ldots,X_n)$ が離散型の確率分布に従うとき，適当な n 変数関数 g について，確率変数 $g(X_1,\ldots,X_n)$ の期待値 $E[g(X_1,\ldots,X_n)]$ は，

$$E[g(X_1,\ldots,X_n)] = \sum_{x_1,\ldots,x_n} g(x_1,\ldots,x_n) f_X(x_1,\ldots,x_n)$$

と計算される．

- 確率変数 $g(X_1,\ldots,X_n)$ の期待値 $E[g(X_1,\ldots,X_n)]$ の計算式を一般的に表現する場合には, ルベーグ=スティルチェス積分を使って,

$$E[g(X_1,\ldots,X_n)] = \int_{-\infty}^{\infty}\cdots\int_{-\infty}^{\infty} g(x_1,\ldots,x_n)\,dF_X(x_1,\ldots,x_n)$$

と表記することがある.

問題44 (X,Y) の同時分布の密度関数 $f_{(X,Y)}(x,y)$ が, ある定数 c によって,

$$f_{(X,Y)}(x,y) = cxy(1-x-y), \quad 0<x<1; 0<y<1; x+y<1$$

で与えられるとき, c の値を決定したうえで, X と Y の相関係数 $\rho[X,Y]$ を求めよ.

解答 まず,

$$1 = \iint_{0<x<1;0<y<1;x+y<1} f_{(X,Y)}(x,y)dxdy = c\iint_{0<x<1;0<y<1;x+y<1} xy(1-x-y)dxdy$$
$$= cB(2,2,2) = \frac{c\Gamma(2)\Gamma(2)\Gamma(2)}{\Gamma(2+2+2)}$$
$$= \frac{c\cdot 1\cdot 1\cdot 1}{5!} = \frac{c}{120}$$

より, $c=120$ である.

対称性から $E[X]=E[Y], V[X]=V[Y]$ であるので,

$$\rho[X,Y] = \frac{E[XY]-E[X]E[Y]}{\sqrt{V[X]}\sqrt{V[Y]}} = \frac{E[XY]-E[X]^2}{V[X]} = \frac{E[XY]-E[X]^2}{E[X^2]-E[X]^2}$$

であるから, $E[X], E[X^2], E[XY]$ を計算すればよい.

$$E[X] = \iint_{0<x<1;0<y<1;x+y<1} 120x^2y(1-x-y)dx = 120B(3,2,2) = \frac{120\cdot 2!}{6!} = \frac{1}{3}$$
$$E[X^2] = \iint_{0<x<1;0<y<1;x+y<1} 120x^3y(1-x-y)dx = 120B(4,2,2) = \frac{120\cdot 3!}{7!} = \frac{1}{7}$$
$$E[XY] = \iint_{0<x<1;0<y<1;x+y<1} 120x^2y^2(1-x-y)dx = 120B(3,3,2) = \frac{120\cdot 2!2!}{7!} = \frac{2}{21}$$

であるから,

$$\rho[X,Y] = \frac{E[XY]-E[X]^2}{E[X^2]-E[X]^2} = \frac{2/21-(1/3)^2}{1/7-(1/3)^2} = -\frac{1}{2}$$

である.

多次元分布が与えられたときの基本事項の1つは，確率ベクトルの要素である各確率変数がどのような分布に従うのかという点である．

> **問題 45** [周辺分布]
>
> (X, Y) の同時分布の密度関数 $f_{(X,Y)}(x, y)$ が，
>
> $$f_{(X,Y)}(x, y) = 120xy(1 - x - y), \quad 0 < x < 1; 0 < y < 1; x + y < 1$$
>
> で与えられる（前問と同一の分布）とき，X と Y のそれぞれが従う分布の密度関数 $f_X(x), f_Y(y)$ を求めよ．

> **手法 8** [周辺分布]
>
> $X = (X_1, \ldots, X_n)$ とするとき，与えられた分布関数 $F_X(x_1, \ldots, x_n)$ をもとに，$i = 1, \ldots, n$ について個々の X_i の従う分布の分布関数などを求めるには，
>
> $$F_{X_i}(x) = \lim_{a_1 \to \infty, \ldots, a_n \to \infty} F_X(a_1, \ldots, a_{i-1}, x, a_{i+1}, \ldots, a_n)$$
>
> という公式を用いる．こうして求めた分布のことを，X_i の**周辺分布**という．
>
> もちろん，具体的な計算の際は，分布関数と密度関数の間の関係式などを適宜用いる．たとえば，連続型の場合，密度関数 $f_X(x_1, \ldots, x_n)$ をもとに密度関数 $f_{X_i}(x)$ を求めるのであれば，
>
> $$f_{X_i}(x) = \int_{-\infty}^{\infty} \cdots \int_{-\infty}^{\infty} f_X(x_1, \ldots, x_{i-1}, x, x_{i+1}, \ldots, x_n) dx_1 \cdots dx_{i-1} dx_{i+1} \cdots dx_n$$
>
> として求めればよい．

(解答) $0 < x < 1$ の範囲で x を固定すると $f_{(X,Y)}(x, y) > 0 \Leftrightarrow 0 < y < 1 - x$ であることに注意して，X の周辺分布の密度関数 $f_X(x)$ を求めると，

$$\begin{aligned} f_X(x) &= \int_0^{1-x} f_{(X,Y)}(x, y) dxdy \\ &= 120 \int_0^{1-x} xy(1 - x - y) dy \\ &= 120 \int_0^1 x\{(1 - x)z\}\{(1 - x)(1 - z)\}(1 - x) dz \quad (z := y/(1 - x))\ ^{11)} \\ &= 120 B(2, 2) x(1 - x)^3 = 120 \cdot \frac{1}{3!} \cdot x(1 - x)^3 \end{aligned}$$

$$= 20x(1-x)^3, \quad 0 < x < 1$$

となる.

対称性から，Y の密度関数もこれと同じはずなので，

$$f_Y(y) = 20y(1-y)^3, \quad 0 < y < 1$$

である. □

もちろん，この解答における計算はもっと省くことが可能である．実際，

$$f_X(x) = \int_0^{1-x} f_{(X,Y)}(x,y) dxdy \propto \int_0^{1-x} xy(1-x-y)dy$$
$$\propto x(1-x)^3, \quad 0 < x < 1$$

とすれば，これだけで X はベータ分布 $Beta(2,4)$ に従うことがわかるので，

$$f_X(x) = \frac{1}{B(2,4)} x(1-x)^3 = 20x(1-x)^3, \quad 0 < x < 1$$

とすればよい.

本問の結果を使って，問題 44（129 頁）で計算した $E[X], E[X^2]$ を計算し直すと，

$$E[X] = \int_0^1 20x^2(1-x)^3 dx = 20B(3,4) = \frac{20 \cdot 2!3!}{6!} = \frac{1}{3}$$
$$E[X^2] = \int_0^1 20x^3(1-x)^3 dx = 20B(4,4) = \frac{20 \cdot 3!3!}{7!} = \frac{1}{7}$$

となる．もちろん，X がベータ分布に従うことを踏まえ，その特性値の公式を使って $E[X]$ や $V[X]$ などの値を即座に算出してもよい．

ところで，1 つのモデルのなかでいろいろな型の確率変数を同時に扱うとき，原理的にいえば，きわめて複雑な同時分布を考えていることになるが，そういう多次元分布の分布関数などを表立って扱うことは少ない．これに対し，分布関数などを具体的に想定する多次元分布は，典型的には，周辺分布がすべて同一の分布型となるものである．たとえば，周辺分布がすべて指数分布となる多次元分布は，（広義の）多次元指数分布とよばれる．いま見た問題においては，周辺分布はともにベータ分布であったから，（広義の）2 次元ベータ分布であ

---

11) ここでは，参考のために，あえてベータ関数に帰着させるように変数変換をしているが，おそらく，さすがにこの部分は素直に積分したほうが簡単であろう．

る．以下でも，周辺分布がすべて同一の分布型となる多次元分布を主たる例として挙げていくこととする．

さて，多次元分布は，もとから複数の確率変数を対象としているので，それらの確率変数に関して，条件付確率，条件付期待値ほかを求めるという課題が考えられる．

問題 46 ［条件付分布］

(X,Y) の同時分布の密度関数 $f_{(X,Y)}(x,y)$ が，
$$f_{(X,Y)}(x,y) = 120xy(1-x-y), \quad 0<x<1; 0<y<1; x+y<1$$
で与えられる（前問と同一の分布）とき，次の各問いに答えよ．

(1) $Y=y$ という条件のもとで X が従う分布（条件付分布）の密度関数（条件付密度関数）$f_{X|Y}(x|Y=y)$ を求めよ．

(2) 条件付期待値 $E[X|Y]$ を求めよ．

条件付分布について，厳密な形で一般論を展開するのは難しい．しかし，連続型分布と離散型分布の場合に限定して，条件付分布の密度関数や確率関数を求める手法を述べるのは難しくない．

手法 9 ［条件付分布］

m と n がともに 1 以上の整数であり，$(X_1,\ldots,X_m;Y_1,\ldots,Y_n)$ が連続型ないし離散型であるとき，$(X_1,\ldots,X_m;Y_1,\ldots,Y_n)$ の同時密度関数ないし同時確率関数 $f(x_1,\ldots,x_m,y_1,\ldots,y_n)$ と $Y_1,\ldots,Y_n$ の（同時）密度関数ないし（同時）確率関数 $f(y_1,\ldots,y_n)$ をもとに，$Y_1=b_1,\ldots,Y_n=b_n$ が与えられたときの $X_1,\ldots,X_m$ の**条件付密度関数** $f_{X_1,\ldots,X_m|Y_1,\ldots,Y_n}(x_1,\ldots,x_m|b_1,\ldots,b_n)$ を求めるには，

$$f_{X_1,\ldots,X_m|Y_1,\ldots,Y_n}(x_1,\ldots,x_m|b_1,\ldots,b_n) = \frac{f(x_1,\ldots,x_m,b_1,\ldots,b_n)}{f(b_1,\ldots,b_n)}$$

とする．

解答 (1) $0 < y < 1$ について,

$$f_{X|Y}(x|Y=y) = \frac{f_{(X,Y)}(x,y)}{f_Y(y)}$$
$$= \frac{120xy(1-x-y)}{20y(1-y)^3} \quad \text{（分母は問題45の解答より）}$$
$$= \frac{6x(1-x-y)}{(1-y)^3}, \quad 0 < x < 1-y$$

となる.

(2) $0 < y < 1$ について,

$$E[X|Y=y] = \int_0^{1-y} x \frac{6x(1-x-y)}{(1-y)^3} dx = \frac{6}{(1-y)^3} \int_0^{1-y} \{(1-y)x^2 - x^3\} dx$$
$$= \frac{1}{2}(1-y)$$

であるので,

$$E[X|Y] = \frac{1}{2}(1-Y)$$

となる. □

さて，多次元分布が与えられたときには，周辺分布以外にも，さまざまな分布を作り出すことができる．そのための一般的手法を次に見てみよう．

問題47 ［多次元の変数変換］

X, Y は互いに独立にそれぞれ平均2の指数分布 $\Gamma(1, 1/2)$ と標準一様分布 $U(0, 1)$ に従うとき，

$$U := \sqrt{X}\cos(2\pi Y), \quad V := \sqrt{X}\sin(2\pi Y)$$

で定義される U, V の同時分布の同時密度関数 $f_{U,V}(u,v)$ を求めよ．

$\cos(2\pi Y)$ と $\sin(2\pi Y)$ は同一の分布に従うはずだから，U と V も同一の分布に従うはずである．そして，U の従う分布を手法7（112頁）を用いて求めるならば，U は実質的に

$$U := \sqrt{X}\cos(\pi Z)$$

（ただし，Z は X と独立に一様分布 $U(0,1)$ に従う確率変数）であることに注意して，

$$u = \sqrt{x}\cos(\pi z) \quad \Leftrightarrow \quad z = \frac{1}{\pi}\cos^{-1}\frac{u}{\sqrt{x}}$$

から,

$$\begin{aligned}
f_U(u) &= \int_0^\infty \frac{1}{2} e^{-\frac{x}{2}} 1_{x>u^2} \frac{1}{\pi \sqrt{x-u^2}} dx \\
&= \frac{1}{2\pi} \int_0^\infty e^{-t-\frac{u^2}{2}} \frac{1}{\sqrt{2t}} \cdot 2 dt \quad (t := \tfrac{1}{2}(x-u^2)) \\
&= \frac{1}{\sqrt{2\pi}} e^{-\frac{u^2}{2}} \int_0^\infty e^{-t} t^{-\frac{1}{2}} dt = \frac{1}{\sqrt{2\pi}} e^{-\frac{u^2}{2}} \Gamma\left(\frac{1}{2}\right) \\
&= \frac{1}{\sqrt{2\pi}} e^{-\frac{u^2}{2}}, \quad -\infty < u < \infty
\end{aligned}$$

が得られる.つまり,U も V も標準正規分布 $N(0,1)$ に従う.しかし,その同時分布はどうなるであろうか.

煩雑になるので2次元の場合だけを書くが,同時分布を求めるためには,次の手法がある.

手法10 [多次元の変数変換]

連続型である (X,Y) の同時分布の同時密度関数 $f_{(X,Y)}(x,y)$ が与えられ,(X,Y) の実現値と (U,V) の実現値が1対1で対応するような (U,V) が

$$U := g_1(X,Y), \quad V := g_2(X,Y)$$

で定義され,

$$X = h_1(U,V), \quad Y = h_2(U,V)$$

が成り立つとき,(U,V) の同時分布の同時密度関数 $f_{(U,V)}(u,v)$ を求めるには,

$$f_{(U,V)}(u,v) = f_{(X,Y)}(h_1(u,v), h_2(u,v))|J|$$

とする.ここで,J はヤコビアンとよばれる行列式であり,

$$J := \frac{\partial(x,y)}{\partial(u,v)} := \begin{vmatrix} \frac{\partial x}{\partial u} & \frac{\partial x}{\partial v} \\ \frac{\partial y}{\partial u} & \frac{\partial y}{\partial v} \end{vmatrix} := \begin{vmatrix} \frac{\partial h_1}{\partial u} & \frac{\partial h_1}{\partial v} \\ \frac{\partial h_2}{\partial u} & \frac{\partial h_2}{\partial v} \end{vmatrix} = \frac{\partial h_1}{\partial u}\frac{\partial h_2}{\partial v} - \frac{\partial h_1}{\partial v}\frac{\partial h_2}{\partial u}$$

で与えられる.

$$\frac{\partial(x,y)}{\partial(u,v)} = 1 \bigg/ \frac{\partial(u,v)}{\partial(x,y)}$$

であるので,

$$J = 1 \bigg/ \left(\frac{\partial u}{\partial x} \frac{\partial v}{\partial y} - \frac{\partial u}{\partial y} \frac{\partial v}{\partial x} \right)$$

として求めてもよい.

ヤコビアンについては,後で少しだけ敷衍(ふえん)するが,その前に問題47の解答を示しておけば,次のとおりである.

(解答)

$$u = \sqrt{x} \cos(2\pi y), \quad v = \sqrt{x} \sin(2\pi y)$$

とすると,

$$0 < x < \infty, \quad 0 < y < 1$$

に対して,

$$-\infty < u, v < \infty$$

であって,(x, y) と (u, v) は1対1に対応する.ここで,

$$x = u^2 + v^2$$

であることに注意し,また,形式的に

$$y = h_2(u, v)$$

とする[12]と,

$$\begin{aligned}
f_{U,V}(u,v) &= f_{(X,Y)}\left(u^2 + v^2, h_2(u,v)\right) |J| \\
&= \frac{1}{2} e^{-\frac{u^2+v^2}{2}} \cdot 1 \cdot \left| 1 \bigg/ \frac{\partial(u,v)}{\partial(x,y)} \right| \\
&= \frac{1}{2} e^{-\frac{u^2}{2}} e^{-\frac{v^2}{2}} 1 \bigg/ \left| \frac{\partial u}{\partial x} \frac{\partial v}{\partial y} - \frac{\partial u}{\partial y} \frac{\partial v}{\partial x} \right| \\
&= \frac{1}{2} e^{-\frac{u^2}{2}} e^{-\frac{v^2}{2}} \frac{1}{\left| \frac{1}{2\sqrt{x}} \cos(2\pi y) \cdot 2\pi \sqrt{x} \cos(2\pi y) - \left(-2\pi \sqrt{x} \sin(2\pi y) \cdot \frac{1}{2\sqrt{x}} \sin(2\pi y)\right) \right|} \\
&= \frac{1}{2\pi} e^{-\frac{u^2}{2}} e^{-\frac{v^2}{2}} = \left(\frac{1}{\sqrt{2\pi}} e^{-\frac{u^2}{2}} \right) \left(\frac{1}{\sqrt{2\pi}} e^{-\frac{v^2}{2}} \right)
\end{aligned}$$

となる(つまり,U, V は互いに独立にともに標準正規分布 $N(0, 1)$ に従う). □

---

[12] 関数 h_2 は扱いやすい簡単な形では書けない.

$$h_2(u, v) := \frac{1}{2\pi} \tan^{-1} \frac{v}{u}$$

としている書を見たことがあるが,正しくない.

ヤコビアン J は，重積分において座標変換を行う場合に登場する定数である．ヤコビアンの絶対値 $|J|$ は，微小面積要素の面積比を表す．そのことを直感的に説明すれば，(u,v) の座標系で頂点を

$$(u,v), (u+du,v), (u+du,v+dv), (u,v+dv)$$

とする正方形は，その座標系では面積が $dudv$ であるが，(x,y) の座標系では，

$$(x,y), \left(x+\frac{\partial h_1}{\partial u}du,\ y+\frac{\partial h_2}{\partial u}du\right),$$
$$\left(x+\frac{\partial h_1}{\partial u}du+\frac{\partial h_1}{\partial v}dv,\ y+\frac{\partial h_2}{\partial u}du+\frac{\partial h_2}{\partial v}dv\right), \left(x+\frac{\partial h_1}{\partial v}dv,\ y+\frac{\partial h_2}{\partial v}dv\right)$$

を頂点とする平行四辺形になり，その面積は

$$\left|\frac{\partial h_1}{\partial u}\frac{\partial h_2}{\partial v}-\frac{\partial h_1}{\partial v}\frac{\partial h_2}{\partial u}\right|dudv = |J|dudv$$

となって，もとの $|J|$ 倍になるというわけである．

問題 48 [極座標変換]

$$\left(\int_{-\infty}^{\infty}e^{-x^2}dx\right)^2 = \int_{-\infty}^{\infty}\int_{-\infty}^{\infty}e^{-x^2-y^2}dxdy$$

の値を，

$$x=r\cos\theta,\quad y=r\sin\theta$$

を満たす極座標 (r,θ) への変数変換を用いて求めよ．

解答 $0<r<\infty$，$0\leqq\theta<2\pi$ とし，$-\infty<x,y<\infty$ とすると，(x,y) と (r,θ) は $((x,y)=(0,0)$ の1点[13] を除いて）1対1対応するので，

$$\int_{-\infty}^{\infty}\int_{-\infty}^{\infty}e^{-x^2-y^2}dxdy = \iint_{0<r<\infty;0\leqq\theta<2\pi}e^{-r^2}\left|\frac{\partial x}{\partial r}\frac{\partial y}{\partial \theta}-\frac{\partial x}{\partial \theta}\frac{\partial y}{\partial r}\right|drd\theta$$
$$= \int_0^{2\pi}d\theta\int_0^{\infty}re^{-r^2}dr = 2\pi\left[-\frac{1}{2}e^{-r^2}\right]_0^{\infty} = \pi$$

と求めることができる． □

---

[13] この点において被積分関数が発散するわけでもないので，計算上無視してかまわない．

この問題で求めた値は，ガウス積分の 2 乗の値であり，それが π であったので，この計算結果からガウス積分の公式

$$\int_{-\infty}^{\infty} e^{-x^2} dx = \sqrt{\pi}$$

が得られる．

練習問題 25 X, Y が互いに独立に標準正規分布 $N(0,1)$ に従うとき，$P(X > 0, Y < aX)$ を求めよ．

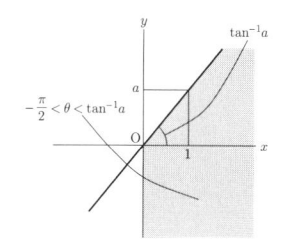

解答

$$\begin{aligned}
求める値 &= \iint_{x>0; y<ax} f_{(X,Y)}(x,y) dx dy \\
&= \frac{1}{2\pi} \iint_{x>0; y<ax} e^{-\frac{x^2}{2} - \frac{y^2}{2}} dx dy \\
&= \frac{1}{2\pi} \iint_{0<r<\infty; -\frac{\pi}{2}<\theta<\tan^{-1} a} re^{-\frac{r^2}{2}} dr d\theta \quad (x = r\cos\theta, y = r\sin\theta, \text{図参照}) \\
&= \frac{1}{2\pi} \int_{-\frac{\pi}{2}}^{\tan^{-1} a} d\theta \int_0^{\infty} re^{-\frac{r^2}{2}} dr \\
&= \frac{1}{2\pi} \left(\frac{\pi}{2} + \tan^{-1} a\right) \left[-e^{-\frac{r^2}{2}}\right]_0^{\infty} = \frac{1}{4} + \frac{\tan^{-1} a}{2\pi}
\end{aligned}$$

となる．　　□

さて，多次元分布の話に戻ろう．

手法 10（134 頁）からは，手法 7（112 頁）およびその特殊例としての手法 6（110 頁）を拡張した次の手法が導かれる．

手法 11　［複数の確率変数の関数の分布］

2 つの連続型確率変数 X, Y が従う分布の同時密度関数 $f_{(X,Y)}(x,y)$ がわかっているとする．また，2 つの 2 変数関数 g, h は，ともに微分可能な連続関数であり，

(X,Y) のとりうる値の範囲に属する (x,y) について，

$$g(x,y) = u \quad \Leftrightarrow \quad x = h(u,y)$$

を満たすとする．このとき，$U := g(X,Y)$ が従う分布の密度関数 $f_U(u)$ を，

$$f_U(u) = \int_{-\infty}^{\infty} f_{(X,Y)}(h(u,y),y) \left| \frac{\partial h(u,y)}{\partial u} \right| dy$$

として求める．

たとえば，和 $X+Y$，差 $X-Y$，積 XY，商 X/Y のそれぞれが従う分布の密度関数は，

$$f_{X+Y}(u) = \int_{-\infty}^{\infty} f_{(X,Y)}(u-y,y)dy = \int_{-\infty}^{\infty} f_{(X,Y)}(x,u-x)dx$$

$$f_{X-Y}(u) = \int_{-\infty}^{\infty} f_{(X,Y)}(u+y,y)dy = \int_{-\infty}^{\infty} f_{(X,Y)}(x,x-u)dx$$

$$f_{XY}(u) = \int_{-\infty}^{\infty} f_{(X,Y)}\left(\frac{u}{y},y\right)\frac{1}{|y|}dy = \int_{-\infty}^{\infty} f_{(X,Y)}\left(x,\frac{u}{x}\right)\frac{1}{|x|}dx$$

$$f_{X/Y}(u) = \int_{-\infty}^{\infty} f_{(X,Y)}(uy,y)|y|dy = \int_{-\infty}^{\infty} f_{(X,Y)}\left(x,\frac{x}{u}\right)\frac{1}{u^2}dx$$

として求める（和差積商の公式）．

また，もとの確率変数の個数が3以上の場合は，次のとおりである．

連続型確率変数 $X_1,\ldots,X_n$ が従う分布の同時密度関数 $f_{(X_1,\ldots,X_n)}(x_1,\ldots,x_n)$ がわかっているとする．また，2つの n 変数関数 g,h は，ともに微分可能な連続関数であり，$(X_1,\ldots,X_n)$ のとりうる値の範囲に属する $(x_1,\ldots,x_n)$ について，

$$g(x_1,\ldots,x_n) = u \quad \Leftrightarrow \quad x_1 = h(u,x_2,\ldots,x_n)$$

を満たすとする．このとき，$U := g(X_1,\ldots,X_n)$ が従う分布の密度関数 $f_U(u)$ を，

$$f_U(u) = \int_{-\infty}^{\infty} \cdots \int_{-\infty}^{\infty} f_{(X_1,\ldots,X_n)}(h(u,x_2,\ldots,x_n),x_2,\ldots,x_n) \left| \frac{\partial h(u,x_2,\ldots,x_n)}{\partial u} \right| dx_2 \cdots dx_n$$

として求める．

本書では理解のしやすさを重視して，順番として，手法11をここに掲げたが，手法7や手法6はこの手法11からただちに帰結するので，それらの手法はもはや不要と考える人はそれらの手法を忘れてもらってもかまわない．

問題49 [範囲の分布]

正の整数 n を定数とし, $X_1,\ldots,X_n$ が互いに独立に同一の連続型分布（その密度関数を $f_X(x)$ とする）に従うとき, 範囲 $R := X_{(n)} - X_{(1)}$ の従う分布の密度関数 $f_R(r)$ を求めよ.

解答 $(X_{(n)}, X_{(1)})$ の同時密度関数は

$f_{X_{(n)},X_{(1)}}(x,y) = (X_1,\ldots,X_n \text{ の } n \text{ 個のうちから最小と最大を 1 個ずつ選ぶ場合の数})$
$\qquad\qquad\times (\text{選ばれた 1 個が } x \text{ である確率密度}) \times (\text{選ばれた 1 個が } y \text{ である確率密度})$
$\qquad\qquad\times (\text{残りの } n-2 \text{ 個が } y \text{ より大きく } x \text{ より小さい確率})$

$$= n(n-1)f_X(x)f_X(y)\left(\int_y^x f_X(t)dt\right)^{n-2}$$

であるから,

$$f_R(r) = f_{X_{(n)}-X_{(1)}}(r) = \int_{-\infty}^{\infty} f_{X_{(n)},X_{(1)}}(r+y, y)dy$$
$$= n(n-1)\int_{-\infty}^{\infty} f(r+y)f(y)\left(\int_y^{r+y} f_X(t)dt\right)^{n-2} dy$$

となる. □

ところで, よく知られた多次元分布のうちで最も代表的なのは, 多次元正規分布であろう. d 次元正規分布は, d 個の確率変数の周辺分布がすべて正規分布であるというだけでなく, 各確率変数の平均と標準偏差と,（全部で $\binom{d}{2} = d(d-1)/2$ 通りある）確率変数間の相関係数（したがって, 合計で $2d + d(d-1)/2 = d(d+3)/2$ 個のパラメータ）のみによって特定される, ある限定された形をもった分布である. つまり, d 次元正規分布は, 周辺分布の情報と各確率変数間の相関係数の情報のみによって特定される.

具体的には, $Z_1,\ldots,Z_d$ が互いに独立にすべて標準正規分布 $N(0,1)$ に従う確率変数であるときに, $i=1,\ldots,d$ について,

$$a_{i1}^2 + \cdots + a_{id}^2 > 0$$

である定数 $a_{i0}, a_{i1},\ldots, a_{id}$ によって

$$X_i := a_{i0} + a_{i1}Z_1 + \cdots + a_{id}Z_d$$

と定義される $(X_1, \ldots, X_d)$ の従う同時分布が d 次元正規分布である.

このとき, 分布のパラメータは, $i = 1, \ldots, d; j = 1, \ldots, d$ について,

$$\mu_i := E[X_i] = a_{i0}$$
$$\sigma_i^2 := V[X_i] = a_{i1}^2 + \cdots + a_{id}^2$$
$$\rho_{ij} := \rho_{ji} := \rho[X_i, X_j] = \frac{Cov[X_i, X_j]}{\sigma_i \sigma_j} = \frac{a_{i1}a_{j1} + \cdots + a_{id}a_{jd}}{\sigma_i \sigma_j}, \quad i \neq j$$

で与えられる.

ここで,

$$\begin{pmatrix} X_1 \\ \vdots \\ X_d \end{pmatrix} = \begin{pmatrix} \mu_1 \\ \vdots \\ \mu_d \end{pmatrix} + \begin{pmatrix} a_{11} & \cdots & a_{1d} \\ \vdots & \ddots & \vdots \\ a_{d1} & \cdots & a_{dd} \end{pmatrix} \begin{pmatrix} Z_1 \\ \vdots \\ Z_d \end{pmatrix} =: \begin{pmatrix} \mu_1 \\ \vdots \\ \mu_d \end{pmatrix} + A \begin{pmatrix} Z_1 \\ \vdots \\ Z_d \end{pmatrix}$$

とすれば,

$$\Sigma := AA^T = \begin{pmatrix} Cov[X_1, X_1] & \cdots & Cov[X_1, X_d] \\ \vdots & \ddots & \vdots \\ Cov[X_d, X_1] & \cdots & Cov[X_d, X_d] \end{pmatrix}$$

となる（もちろん対角成分は $Cov[X_i, X_i] = V(X_i), \quad i = 1, \ldots, d$ である）ので, この Σ はこの d 次元正規分布の**分散共分散行列**とよばれる.

分散共分散行列を与えると, d 次元正規分布のパラメータのうち標準偏差と相関係数は一意に決まり, また, その逆も成り立つので, 各確率変数の平均を並べた**平均ベクトル**

$$(\mu_1, \ldots, \mu_d)^T$$

と分散共分散行列 Σ との対が, d 次元正規分布のパラメータであると考えてもよいし, 実際, そう考えると便利な場合が多い.

なお, 上で述べた行列 A から分散共分散行列 Σ は一意に決まるが, 逆は成り立たないので, A じたいは d 次元正規分布を特定するときに本質的なものではない. しかし, d 次元正規分布の特徴を調べるときには大変重宝な行列である.

$d = 2$ すなわち 2 **次元正規分布**の場合には, 分布を特定するためのパラメータの個数は 5 つであるので, $N(\mu_1, \mu_2; \sigma_1^2, \sigma_2^2; \rho)$ という記号で表すことにする. ただし,

$$-\infty < \mu_1, \mu_2 < \infty; \quad 0 < \sigma_1, \sigma_2 < \infty; \quad -1 \leqq \rho \leqq 1$$

である．このとき，2次元正規分布 $N(\mu_1, \mu_2; \sigma_1^2, \sigma_2^2; \rho)$ の同時密度関数 $f_{(X_1, X_2)}(x_1, x_2)$ を（$\rho = -1, 1$ の場合は自明なので，$-1 < \rho < 1$ の場合について）具体的に書けば，

$$f_{(X_1, X_2)}(x_1, x_2)$$
$$= \frac{1}{2\pi\sigma_1\sigma_2\sqrt{1-\rho^2}} \exp\left[-\frac{1}{2(1-\rho^2)}\left\{\frac{(x_1-\mu_1)^2}{\sigma_1^2} - 2\rho\frac{(x_1-\mu_1)(x_2-\mu_2)}{\sigma_1\sigma_2} + \frac{(x_2-\mu_2)^2}{\sigma_2^2}\right\}\right],$$
$$-\infty < x_1, x_2 < \infty$$

となる．また，平均ベクトルと分散共分散行列はそれぞれ

$$\begin{pmatrix}\mu_1\\\mu_2\end{pmatrix}, \quad \begin{pmatrix}\sigma_1^2 & \rho\sigma_1\sigma_2\\\rho\sigma_1\sigma_2 & \sigma_2^2\end{pmatrix}$$

となる．同時密度関数の形から明らかなとおり，相関係数 ρ が 0 のときは，X_1, X_2 は単に無相関なだけではなく，互いに独立である．そして，2次元正規分布の同時密度関数の等高線（同時密度関数の値が同じ点を線で結んだもの）は，何らかの定数 c を用いて

$$\frac{(x_1-\mu_1)^2}{\sigma_1^2} - 2\rho\frac{(x_1-\mu_1)(x_2-\mu_2)}{\sigma_1\sigma_2} + \frac{(x_2-\mu_2)^2}{\sigma_2^2} = c$$

と表される楕円の形をしている．

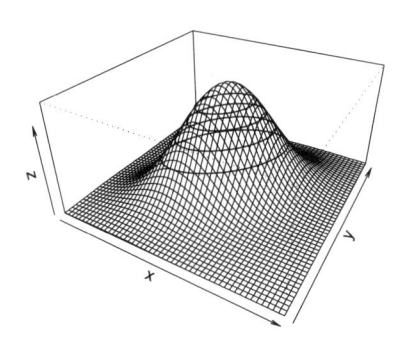

2次元正規分布 $N(0, 0; 1, 1; 0.5)$ のグラフ

種々の計算の際には，Z_1, Z_2 が互いに独立にともに標準正規分布 $N(0, 1)$ に従うものとし，

$$\begin{pmatrix}X_1\\X_2\end{pmatrix} = \begin{pmatrix}\mu_1\\\mu_2\end{pmatrix} + \begin{pmatrix}\sigma_1 & 0\\\rho\sigma_2 & \sqrt{1-\rho^2}\sigma_2\end{pmatrix}\begin{pmatrix}Z_1\\Z_2\end{pmatrix}$$

として定義される (X, Y) の従う分布であるとして，この分布を捉えると見通しがよくなる場合が多い．その際，とくに，(Z_1, Z_2) の同時分布である2次元正規

分布の同時密度関数の等高線は円となり，したがって，その分布は，原点を中心にして，全方位について対称であることに注意されたい．

> **問題50** (X, Y) が次の同時密度関数 $f(x, y)$ をもつ 2 次元正規分布 $N(0, 0; \sigma_1^2, \sigma_2^2; \rho)$ に従うとする．
> $$f(x, y) = \frac{1}{2\pi\sigma_1\sigma_2\sqrt{1-\rho^2}} \exp\left[-\frac{1}{2(1-\rho^2)}\left\{\frac{x^2}{\sigma_1^2} - 2\rho\frac{xy}{\sigma_1\sigma_2} + \frac{y^2}{\sigma_2^2}\right\}\right],$$
> $$-\infty < x, y < \infty$$
> このとき，$P(XY > 0)$ の値を求めよ．

(解答) $\iint_{xy>0} f(x,y)dxdy$ を計算すれば答えとなるが，そのままの計算は煩雑である．そこで，Z_1, Z_2 が互いに独立に標準正規分布 $N(0, 1)$ に従うものとして，

$$X := \sigma_1 Z_1, \quad Y := \sigma_2\left(\rho Z_1 + \sqrt{1-\rho^2} Z_2\right)$$

と考えて，必要な計算を行うことにする．

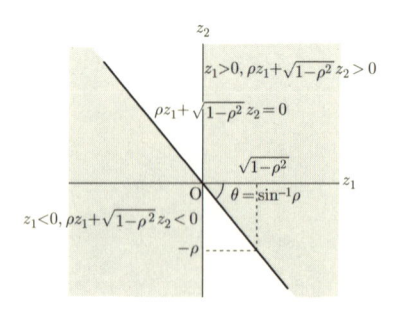

すると，

$$\iint_{xy>0} f(x,y)dxdy = \iint_{Z_1(\rho Z_1 + \sqrt{1-\rho^2} Z_2) > 0} f_{Z_1, Z_2}(z_1, z_2) dz_1 dz_2$$
$$= \frac{1}{2} + \frac{\text{図の}\theta}{\pi}$$
$$= \frac{1}{2} + \frac{\sin^{-1}\rho}{\pi}$$

と簡単に求められる． □

別の多次元分布の例として，多項分布も挙げておこう．1 回の試行で k 通りの可能な結果 $A_1, \ldots, A_k$ のいずれか 1 つのみが生じ，

$$P(A_i) = p_i, \quad i = 1, \ldots, k; \quad p_1 + \cdots + p_k = 1$$

であるとする．この試行を独立に n 回くり返す間に A_i が生じる回数を X_i とするとき，$X_1, \ldots, X_k$ の同時分布を**多項分布** $M(n, p_1, \ldots, p_k)$ といい，やはり基本的な分布としてよく知られている．その確率関数 $f_{(X_1, \ldots, X_k)}(x_1, \ldots, x_k)$ は，

$$f_{(X_1, \ldots, X_k)}(x_1, \ldots, x_k) = \frac{n!}{x_1! \ldots x_k!} p_1^{x_1} \cdots p_k^{x_k},$$

$x_1, \ldots, x_k$ は $x_1 + \cdots + x_k = n$ を満たす 0 以上の整数

となる．2項分布 $Bin(n, p)$ は，多項分布 $M(n, p, 1-p)$ である．

3.2 母関数

確率論では，確率母関数，積率母関数，特性関数，キュムラント母関数という4種類の母関数が登場するが，これらは，理論的にも実用的にも大変便利な道具である．本節では，次の問いを念頭におきながら，これらの母関数を，主に応用の場面で使いこなせるようになるための情報を提供していく．

1. 母関数は何の役にたつのか．
2. どうして4種類も母関数はあるのか．
3. 母関数を求めるにはどうしたらよいか．
4. 母関数を使うにはどうしたらよいか．

■母関数は何の役にたつのか？

確率母関数，積率母関数，特性関数，キュムラント母関数の各母関数は，1つの分布に対して1つずつ定まる．ただし，存在しない場合もあるので，あるなら1つある，ということである．逆に，ある母関数（たとえば積率母関数なら積率母関数）が与えられると，それに対応する分布は1つに定まる．たとえば，正規分布 $N(\mu, \sigma^2)$ の積率母関数は，$e^{\mu t + \frac{\sigma^2}{2} t^2}$ であるが，積率母関数が $e^{\mu t + \frac{\sigma^2}{2} t^2}$ である分布は，正規分布 $N(\mu, \sigma^2)$ のみである．

この（存在しない場合を除いた）一対一関係があるおかげで，ある分布に関する情報はすべてその母関数（あれば）がもっていることになる．そして，（つねにではないが）母関数のほうが分布関数などよりも扱いやすい場合が多く，分布の性質を調べるときに，母関数を用いると便利なことがよくある．

具体的に，母関数を使うと簡単になる事柄をいくつか列挙すれば，次のとおりである．

- 平均をはじめとするモーメントや，分散・歪度・尖度などの特性値の算出
- 独立な確率変数の和がどういう分布になるかの証明
- 混合分布や複合分布がどういう分布になるかの証明
- 極限の分布がどういう分布になるかの証明

「簡単になる」と述べたが，母関数を使わないと複雑すぎて（単に計算量の問題でなく，技術的に）解決できない問題が，母関数を使うと解決するということも少なくない．その意味では，母関数は，便利なものというよりも不可欠なものといったほうがよい．

学習者にとって母関数に欠点があるとすれば，その「とっつきにくさ」かもしれない．何らかの理工学の分野でフーリエ変換やラプラス変換に十分に慣れている人にはどうということでもない（実際，特性関数は，実質的にフーリエ変換そのものである）のだが，そうでない人には，最初は少しハードルが高いようである．たとえば母関数の変数の t が何を指すのかわからず落ちつかないかもしれない．それなのに，どの本を読んでも t が何を指すかは書いていない．しかし，それは t が何も指さないからである．このことに象徴されるように，母関数を理解しようとするときには「母関数とは何を表すものなのか」といったことはあまり考えないほうがよい．それよりも，「母関数はどう使うのか，それにより何が得られるのか」といった点だけを考えたほうがよい．そして，その答えが母関数のもつ意味のすべてだ，と理解するのがよいであろう．

■ **どうして4種類も母関数はあるのか？**

母関数が便利そうだというのは了解してもらったとして，それにしても，どうして4種類も母関数はあるのだろうか．万能の母関数はないのであろうか．

各母関数の特徴を次に簡単にまとめておくので，それを以て回答としよう．

確率母関数　とりうる値が整数である離散型分布に対して定義される．最も単純な形をしているので，この母関数が存在する分布を扱うかぎりにおいて

は最も便利であるが，汎用性が低い．そこで，本書では重視せず，ごく簡単に一般事項をまとめておくのみとする．

積率母関数 すべてではないが，広い範囲の分布に対して定義される．特性関数よりもとり扱いやすい形をしている．具体的に求めるのが容易である場合が多い点もありがたい．そのため，実用上は，（あれば）積率母関数を用いるのが合理的である．本書では，その方針をとる．

特性関数 すべての分布に対して定義される．また，特性関数から分布関数を求める方法（逆変換）も存在する．そのため，理論的には最も重要である．他方，実際に求めるための計算は積率母関数よりもかなり面倒であり，その他のとり扱いも積率母関数よりやや煩雑である．そこで，本書では，できるだけ一般的な証明を行いたい場合や，積率母関数の存在しない分布をとり扱う場合にかぎって，特性関数を用いることにする．

キュムラント母関数 積率母関数または特性関数の対数をとったものである．（名前のとおり）キュムラントとよばれる特性値を計算するには，最も便利である．その結果，平均・分散・歪度・尖度を求めるのにも有効である．とくに，歪度や尖度では，ほかの計算方法よりも格段に計算が簡単になる場合が多い．また，正規分布とポアソン分布という2つのきわめて重要な分布のキュムラント母関数は非常に単純な形をしているので，何かと重宝なことが多い．

■**母関数を求めるにはどうしたらよいか？**

詳しくは後で1つひとつ示すが，大まかに述べれば，確率分布（便宜上，それに従う確率変数を代表して X と書く）の各母関数は，t を実数変数として，

$$確率母関数\ G_X(t) := E[t^X]$$
$$積率母関数\ M_X(t) := E[e^{tX}]$$
$$特性関数\ \phi_X(t) := E[e^{itX}] = E[\cos tX] + iE[\sin tX]$$
$$キュムラント母関数\ C_X(t) := \log M_X(t)$$

と定義される．キュムラント母関数については，積率母関数の代わりに特性関数の対数をとってもよいが，本書では上記の定義としておく．

このような定義であるから，期待値の計算ができれば，各母関数は求められ

る．ただし，母関数を求める際の個別のテクニックや注意点もいくつかあるので，これも後で1つひとつ紹介する．

ところで，いま述べた母関数の定義はどれも1次元分布に対応するものであるが，実際には，多次元分布に対応するものもある．本書では，多次元分布に対応するものは，積率母関数のみ扱う．確率変数ベクトル $X = (X_1, \ldots, X_n)$ の従う多次元分布に対応する積率母関数は，

$$M_X(t_1, \ldots, t_n) := E[e^{t_1 X_1 + \cdots + t_n X_n}]$$

と定義される．

■母関数を使うにはどうしたらよいか？

これについては，以下で母関数ごとに分けて答えていく．ただし，あらかじめ一点だけ述べておけば，どの母関数も，くり返し微分していき，適宜（たとえば） $t = 0$ を代入するなどしていくと，確率論や統計学の観点で有用なものが次々と発生してくる．そうやって次々と有用なものを生み出す（generate）ので，**母関数**（generating function）とよばれるのである．

3.2.1 ●●● 積率母関数と確率母関数

積率母関数 $M_X(t)$ は $E[e^{tX}]$ と定義され，確率母関数 $G_X(t)$ は $E[t^X]$ と定義される．積率母関数の e^t のところに t を代入したものが確率母関数であるので，どちらも存在する場合には，両者の間には，

$$G_X(t) = M_X(\log t), \quad M_X(t) = G_X(e^t)$$

という関係があり，一方が求まっていれば，それをもとに他方を求めることができる．以下では，積率母関数の求め方についてのみ述べる．

■積率母関数の求め方

基本的な分布の場合には，積率母関数を求めるのは非常に簡単な場合が多く，実際，平均を求めるよりも簡単な場合も少なくない．これは，多くの基本

的な分布の密度関数ないし確率関数 $f_X(x)$ が，a^x（a は何らかの定数）に比例する形をしているためである．そして，その形をしている場合には，問題18（55頁）や問題19（61頁）で見た「全確率＝1」を利用するテクニックを使うことができる．また，正規分布の密度関数は，その形をしていないが，同じテクニックが使える．

問題51 [正規分布の積率母関数]

正規分布 $N(\mu, \sigma^2)$ の積率母関数 $M_X(t)$ を求めよ．

(解答) 計算が煩雑にならないように，まずは $Y := (X - \mu)/\sigma$ が従う標準正規分布 $N(0,1)$ の積率母関数 $M_Y(t)$ を求める．

$$\begin{aligned} M_Y(t) = E[e^{tY}] &= \int_{-\infty}^{\infty} e^{ty} \frac{1}{\sqrt{2\pi}} e^{-\frac{y^2}{2}} dy \\ &= \int_{-\infty}^{\infty} \frac{1}{\sqrt{2\pi}} e^{-\frac{(y-t)^2}{2} + \frac{t^2}{2}} dy \\ &= e^{\frac{t^2}{2}} \underbrace{\int_{-\infty}^{\infty} \frac{1}{\sqrt{2\pi}} e^{-\frac{(y-t)^2}{2}} dy}_{N(t,1) \text{ の全確率}=1} \\ &= e^{\frac{t^2}{2}}, \quad -\infty < t < \infty \end{aligned}$$

したがって，

$$M_X(t) = E[e^{tX}] = E[e^{t(\sigma Y + \mu)}] = e^{\mu t} M_Y(\sigma t) = e^{\mu t + \frac{1}{2}\sigma^2 t^2}, \quad -\infty < t < \infty$$

となる． □

練習問題 26 対数正規分布 $LN(\mu, \sigma^2)$ の k 次のモーメント $E[X^k]$ を求めよ．

(解答) $Y := (\log X - \mu)/\sigma$ とすると，Y は標準正規分布 $N(0,1)$ に従う．したがって，

$$E[X^k] = E[e^{k(\sigma Y + \mu)}] = e^{k\mu} M_Y(k\sigma) = e^{k\mu + \frac{1}{2}k^2\sigma^2}$$

となる． □

練習問題 27 ガンマ分布 $\Gamma(\alpha, \beta)$ の積率母関数 $M_X(t)$ を求めよ．

(解答)
$$M_X(t) = E[e^{tX}] = \int_0^{\infty} e^{tx} \frac{\beta^\alpha}{\Gamma(\alpha)} x^{\alpha-1} e^{-\beta x} dx$$

$$= \left(\frac{\beta}{\beta-t}\right)^\alpha \underbrace{\int_0^\infty \frac{(\beta-t)^\alpha}{\Gamma(\alpha)} x^{\alpha-1} e^{-(\beta-t)x} dx}_{\Gamma(\alpha,\beta-t) \text{ の全確率}=1} \quad (\beta-t>0 \text{ のとき})$$

$$= \left(\frac{\beta}{\beta-t}\right)^\alpha, \quad -\infty < t < \beta \qquad \square$$

問題 52 ポアソン分布 $Po(\lambda)$ の積率母関数 $M_X(t)$ を求めよ．

解答
$$M_X(t) = E[e^{tX}] = \sum_{x=0}^\infty e^{tx} e^{-\lambda} \frac{\lambda^x}{x!}$$

$$= e^{\lambda(e^t-1)} \underbrace{\sum_{x=0}^\infty e^{-\lambda e^t} \frac{(\lambda e^t)^x}{x!}}_{Po(\lambda e^t) \text{ の全確率}=1}$$

$$= e^{\lambda(e^t-1)}, \quad -\infty < t < \infty \qquad \square$$

練習問題 28 2項分布 $Bin(n,p)$，負の2項分布 $NB(\alpha,p)$，対数級数分布 $LS(p)$ のそれぞれの積率母関数を求めよ．

解答 どの分布についても，$q := 1-p$ とする．

2項分布 $Bin(n,p)$ の場合．
$$M_X(t) = E[e^{tX}] = \sum_{x=0}^n e^{tx} \binom{n}{x} p^x q^{n-x}$$

$$= (pe^t+q)^n \underbrace{\sum_{x=0}^n \binom{n}{x} \left(\frac{pe^t}{pe^t+q}\right)^x \left(\frac{q}{pe^t+q}\right)^{n-x}}_{Bin\left(n, \frac{pe^t}{pe^t+q}\right) \text{ の全確率}=1}$$

$$= (pe^t+q)^n, \quad -\infty < t < \infty$$

負の2項分布 $NB(\alpha,p)$ の場合．
$$M_X(t) = E[e^{tX}] = \sum_{x=0}^\infty e^{tx} \binom{\alpha+x-1}{x} p^\alpha q^x$$

$$= \left(\frac{p}{1-qe^t}\right)^\alpha \underbrace{\sum_{x=0}^\infty \binom{\alpha+x-1}{x} (1-qe^t)^\alpha (qe^t)^x}_{NB(\alpha, 1-qe^t) \text{ の全確率}=1} \quad (1-qe^t>0 \text{ のとき})$$

$$= \left(\frac{p}{1-qe^t}\right)^\alpha, \quad -\infty < t < -\log q$$

対数級数分布 $LS(p)$ の場合.

$$M_X(t) = E[e^{tX}] = \sum_{x=1}^{\infty} e^{tx} \frac{q^x}{x \log p}$$

$$= \frac{\log(1-qe^t)}{\log p} \underbrace{\sum_{x=1}^{\infty} \frac{(qe^t)^x}{x \log(1-qe^t)}}_{LS(1-qe^t) \text{ の全確率}=1} \quad (1-qe^t > 0 \text{ のとき})$$

$$= \frac{\log(1-qe^t)}{\log p}, \quad -\infty < t < -\log q \qquad \square$$

分布によっては,どんなに小さな正の数 t に対しても $E[e^{tX}]$ と $E[e^{-tX}]$ の両方または一方が存在しない場合がある.このような場合には,積率母関数は**存在しない**という.たとえば,パレート分布の密度関数は,x^k ($k<-1$) に比例する形をしているが,$t>0$ がどんなに小さくても,

$$\lim_{x \to \infty} e^{tx} x^k = \infty$$

となるため,明らかに $E[e^{tX}]$ は存在しないので,積率母関数も存在しない.基本的な分布のなかで積率母関数が存在しない例は,パレート分布のほか,対数正規分布,コーシー分布,(統計分野で重要で後述する) t 分布,F 分布などである.

積率母関数 $M_X(t)$ が存在するにもかかわらず,積率母関数を具体的に簡単な形では表せないような基本的な分布もある.たとえば,ベータ分布やベキ関数分布や(指数分布を除く)ワイブル分布などである.

■積率母関数の使い方

積率母関数はその名のとおり,積率(モーメント)を求めるのに用いることができる.類似の手法を確率母関数に適用すると,階乗積率とよばれるものや確率の値を求めることができるが,本書ではそれらの手法は扱わない.

手法 12 [積率母関数を使ってモーメントを求める]

積率母関数が存在する分布の k 次のモーメントを

$$M_X^{(k)}(0) := \left. \frac{d^k M_X(t)}{dt^k} \right|_{t=0}$$

と計算する．すなわち，積率母関数を k 回微分してから $t=0$ を代入して求める．

この手法の根拠は，次のとおりである．すなわち，

$$M_X(t) = E[e^{tX}] = E\left[\sum_{k=0}^{\infty} \frac{t^k}{k!} X^k\right] \quad \text{（指数関数のベキ級数展開）}$$

$$= \sum_{k=0}^{\infty} \frac{t^k}{k!} E[X^k] \quad \text{（期待値の線形性）}$$

であることから，

$$M_X^{(k)}(t) = E[X^k] + O(t)$$

となり，

$$M_X^{(k)}(0) = E[X^k]$$

が得られるのである．

問題 53 ガンマ分布 $\Gamma(\alpha, \beta)$ の k 次のモーメントを，積率母関数を利用して求めよ．

解答 ガンマ分布 $\Gamma(\alpha, \beta)$ の積率母関数 $M_X(t)$ は $\{\beta/(\beta-t)\}^\alpha$ なので，

$$\text{求める値} = M_X^{(k)}(0) = \beta^\alpha (-\alpha)(-\alpha-1)\cdots(-\alpha-k+1)(-1)^k (\beta-t)^{-\alpha-k}\Big|_{t=0}$$

$$= \frac{\alpha(\alpha+1)\cdots(\alpha+k-1)}{\beta^k} \left(= \frac{\Gamma(\alpha+k)}{\Gamma(\alpha)\beta^k}\right)$$

となる． □

このように，積率母関数を用いてモーメントを求めることはできるが，連続型分布のモーメントの場合には，この手法は大してありがたくない場合が多い．いま見たガンマ分布の場合も，密度関数から直接

$$E[X^k] = \int_0^\infty x^k \frac{\beta^\alpha}{\Gamma(\alpha)} x^{\alpha-1} e^{-\beta x} dx = \frac{\Gamma(\alpha+k)}{\Gamma(\alpha)\beta^k} \int_0^\infty \frac{\beta^{\alpha+k}}{\Gamma(\alpha+k)} x^{\alpha+k-1} e^{-\beta x} dx$$

$$= \frac{\Gamma(\alpha+k)}{\Gamma(\alpha)\beta^k} = \frac{\alpha(\alpha+1)\cdots(\alpha+k-1)}{\beta^k}$$

と計算しても簡単である（し，こちらのほうが見通しがつきやすく，おそらく計算間違いをしにくい）．

これに対し，離散型の基本的な分布のモーメントを求めるときには，積率母関数を利用するほうが，定義から直接求めるよりは（少なくとも，級数計算に関する公式をいろいろ知らなくてすむぶんだけ）手軽な場合が多い．とはいえ，それでもけっこう手間はかかる．平均（1次のモーメント）を求めるくらいなら，使う必要はない場合が多いし，分散，歪度，尖度といったものを求めるときには，後に見るようにキュムラント母関数を用いたほうがずっとよい．

問題54 2項分布 $Bin(n, p)$ の3次のモーメント $E[X^3]$ を，積率母関数を利用して求めよ．

(解答) $q := 1 - p$ とすると，$M_X(t) = (pe^t + q)^n$ であるから，

$$M_X^{(1)}(t) = npe^t(pe^t + q)^{n-1}$$
$$M_X^{(2)}(t) = M_X^{(1)}(t) + n(n-1)p^2 e^{2t}(pe^t + q)^{n-2}$$
$$M_X^{(3)}(t) = M_X^{(2)}(t) + 2(M_X^{(2)}(t) - M_X^{(1)}(t)) + n(n-1)(n-2)p^3 e^{3t}(pe^t + q)^{n-3}$$
$$= 3M_X^{(2)}(t) - 2M_X^{(1)}(t) + n(n-1)(n-2)p^3 e^{3t}(pe^t + q)^{n-3}$$

となる．したがって，

$$M_X^{(1)}(0) = np$$
$$M_X^{(2)}(0) = np + n(n-1)p^2 = np\{(n-1)p + 1\}$$

となり，

$$E[X^3] = M_X^{(3)}(0) = 3np\{(n-1)p + 1\} - 2np + n(n-1)(n-2)p^3$$
$$= np\{(n-1)(n-2)p^2 + 3(n-1)p + 1\}$$

となる． □

　積率母関数が非常に有用なのは，むしろ，モーメントじたいを求める以外の目的で使う場合である．

　本節の最初のほうで述べたように，各母関数は，1つの分布に対して（存在するなら）1つずつ定まる．つまり，ある特定の母関数が与えられると，それに対応する分布は1つに定まる．

　この（存在しない場合を除いた）1対1関係があるおかげで，ある分布に関する情報はすべてその母関数（あれば）がもっていることになる．この性質を具

体的な計算において用いる際には，おそらく積率母関数が最も重宝である（ただし，理論的なとり扱いをするときは，どんな分布に対しても存在する特性関数のほうが活躍する）．とくに，さまざまな証明が非常に簡単になる．具体的には，

- 独立な確率変数の和がどういう分布になるかの証明
- 混合分布や複合分布がどういう分布になるかの証明
- 極限の分布がどういう分布になるかの証明

においてとくに有用である．1つひとつ見ていこう．

手法13 ［積率母関数を使った和の分布の特定］

X, Y が互いに独立であるとき，

$$M_{X+Y}(t) = M_X(t)M_Y(t)$$

が成り立つ．

X, Y のそれぞれが従う分布が与えられたとき，この性質を使って $M_{X+Y}(t)$ を計算し，その計算結果が，既知の分布の積率母関数の形をしていれば，それにより $X+Y$ の従う分布を特定する．

この手法により，とくに，分布が再生性をもつならば，そのことを簡単に示すことができる．ここで，再生性とは，多くの基本的分布がもつ重要な性質であり，$X_1, \ldots, X_n$ が互いに独立にそれぞれ分布 $D(\theta_1), \ldots, D(\theta_n)$ に従うとき，$X_1 + \cdots + X_n$ が分布 $D(\theta_1 + \cdots + \theta_n)$ に従うならば，分布 D は**再生性**をもつという．たとえば，ポアソン分布は再生性をもつ．また，$X_1, \ldots, X_n$ が互いに独立にそれぞれガンマ分布 $\Gamma(\alpha_1, \beta), \ldots, \Gamma(\alpha_n, \beta)$ に従うとき，$X_1 + \cdots + X_n$ はガンマ分布 $\Gamma(\alpha_1 + \cdots + \alpha_n, \beta)$ に従うので，ガンマ分布は（第1パラメータについて）再生性をもつ．

問題55 ［正規分布の再生性］

正規分布は，第1パラメータ（平均）についても第2パラメータ（分散）についても再生性をもつことを示せ．

(解答) $X_1,\ldots,X_n$ が互いに独立にそれぞれ正規分布 $N(\mu_1,\sigma_1^2),\ldots,N(\mu_n,\sigma_n^2)$ に従うとき，

$$\begin{aligned} M_{X_1+\cdots+X_n}(t) &= M_{X_1}(t)\cdots M_{X_n}(t) \\ &= \exp\left(\mu_1 t + \frac{\sigma_1^2}{2}t^2\right)\cdots\exp\left(\mu_n t + \frac{\sigma_n^2}{2}t^2\right) \\ &= \exp\left[(\mu_1+\cdots+\mu_n)t + \frac{\sigma_1^2+\cdots+\sigma_n^2}{2}t^2\right] \end{aligned}$$

となるが，これは正規分布 $N(\mu_1+\cdots+\mu_n,\sigma_1^2+\cdots+\sigma_n^2)$ の積率母関数にほかならないので，題意は示された． □

このような形で正規分布の再生性が成り立つことは，正規分布の第2パラメータとして，慣習上，標準偏差ではなく分散が採用されている大きな理由と思われる．

問題 56 [再生性をもつ基本分布の例]

ガンマ分布，ポアソン分布，2項分布，負の2項分布はどれも再生性（ただし，ポアソン分布以外はどれも第1パラメータについての再生性）をもつことを示せ．

(解答) $a(t)$ を θ によらない（t の）関数として，分布 $D(\theta)$ の積率母関数 $M_X(t)$ が $e^{a(t)\theta}$ の形に書けるならば，分布 $D(\theta)$ は再生性をもつ．なぜならば，$X_1,\ldots,X_n$ が互いに独立にそれぞれ分布 $D(\theta_1),\ldots,D(\theta_n)$ に従うとき，

$$M_{X_1+\cdots+X_n}(t) = M_{X_1}(t)\cdots M_{X_n}(t) = e^{a(t)\theta_1}\cdots e^{a(t)\theta_n} = e^{a(t)(\theta_1+\cdots+\theta_n)}$$

となるが，これは分布 $D(\theta_1+\cdots+\theta_n)$ の積率母関数にほかならないからである．

ガンマ分布，ポアソン分布，2項分布，負の2項分布の積率母関数はいずれもこの形をしているので，題意は示される． □

本問の結果から，

n 個の独立な同一の指数分布 $\Gamma(1,\beta)$ の和の分布は
ガンマ分布 $\Gamma(n,\beta)$ である．
n 個の独立な同一のベルヌーイ分布 $Bin(1,p)$ の和の分布は

2項分布 $Bin(n,p)$ である.

n 個の独立な同一の幾何分布 $NB(1,p)$ の和の分布は

負の2項分布 $NB(n,p)$ である.

という重要な事実がただちに帰結する.

手法14 ［積率母関数を使った混合分布の特定］

X が混合 D 分布 $D(\Theta)$ に従うとき,

$$M_X(t) = E[M_{D(\Theta)}(t)]$$

が成り立つ. ここで, $M_{D(\Theta)}(t)$ とは, $\Theta = \theta$ のときに, 分布 $D(\theta)$ の積率母関数を値としてとる（変数 t つきの）一種の確率変数である.

Θ の従う分布と分布 D とが与えられたとき, この性質を使って $M_X(t)$ を計算し, その計算結果が, 既知の分布の積率母関数の形をしていれば, それにより X の従う分布を特定する.

$M_{D(\Theta)}(t)$ の定義がわかりにくかったかもしれないが, たとえば D がポアソン分布の場合であれば, $Po(\theta)$ の積率母関数が $e^{\theta(e^t-1)}$ であることから, $M_{D(\Theta)}(t)$ は $e^{\Theta(e^t-1)}$ のことであると考えればよい.

問題57 X は $\Theta = \theta$ という条件のもとでポアソン分布 $Po(\theta)$ に従い, Θ はガンマ分布 $\Gamma(\alpha,\beta)$ に従うとき, X の従う分布の確率関数 $f_X(x)$ を求めよ.

ここではもちろん積率母関数を使って解いてみよう.

解答
$$M_X(t) = E[e^{\Theta(e^t-1)}] = M_\Theta(e^t - 1) = \left(\frac{\beta}{\beta+1-e^t}\right)^\alpha = \left(\frac{\frac{\beta}{\beta+1}}{1-\frac{1}{\beta+1}e^t}\right)^\alpha$$

となるが, これは, 負の2項分布 $NB\left(\alpha, \frac{\beta}{\beta+1}\right)$ の積率母関数にほかならない.

したがって,
$$f_X(x) = \binom{\alpha+x-1}{x}\left(\frac{\beta}{\beta+1}\right)^\alpha \left(\frac{1}{\beta+1}\right)^x, \quad x = 0, 1, \ldots$$

である.

> **手法 15** ［積率母関数を使った複合分布の特定］
>
> 　複合分布 $S := X_1 + \cdots + X_N$ については，互いに独立に同一の分布に従う $X_1, X_2, \ldots$ を代表して X と書くと，
> $$M_S(t) = E[E[e^S|N]] = E[M_X(t)^N] = M_N(\log M_X(t))$$
> が成り立つ．
>
> 　N の従う分布と X の従う分布とが与えられたとき，この性質を使って $M_S(t)$ を計算し，その計算結果が，既知の分布の積率母関数の形をしていれば，それにより S の従う分布を特定する．

問題 58 複合分布 $S := X_1 + \cdots + X_N$ において，N はポアソン分布 $Po(\lambda)$ に従い，$X_1, X_2, \ldots$（代表して X と書く）は互いに独立に対数級数分布 $LS(p)$ に従うとき，S の従う分布の確率関数 $f_S(s)$ を求めよ．

これももちろん積率母関数を使って解いてみよう．

解答 $q := 1 - p$ とすると，
$$M_S(t) = \exp\{\lambda(M_X(t) - 1)\} = \exp\left(\lambda\left(\frac{\log(1 - qe^t)}{\log p} - 1\right)\right)$$
$$= \left(\frac{1 - qe^t}{p}\right)^{\frac{\lambda}{\log p}} = \left(\frac{p}{1 - qe^t}\right)^{-\frac{\lambda}{\log p}}$$

となるが，これは，負の 2 項分布 $NB\left(-\frac{\lambda}{\log p}, p\right)$ の積率母関数にほかならない．

したがって，
$$f_S(s) = \binom{-\frac{\lambda}{\log p} + s + 1}{s} p^{-\frac{\lambda}{\log p}} (1-p)^s, \quad s = 0, 1, \ldots$$

である． □

　何らかの意味での極限の分布を調べるのにも，積率母関数は大変有効である．たとえば，問題 42（125 頁）で見た「2 項分布 $Bin(n, p)$ を，$np = \lambda$（一定）に保ったまま $n \to \infty$ としたときの分布がポアソン分布 $Po(\lambda)$ になる」という事実は，2 項分布 $Bin(n, p)$ の積率母関数 $M_X(t)$ の極限が，

$$M_X(t) = (pe^t + 1 - p)^n = \left(1 + \frac{\lambda(e^t - 1)}{n}\right)^n \longrightarrow e^{\lambda(e^t - 1)} \quad (n \to \infty)$$

というようにポアソン分布 $Po(\lambda)$ の積率母関数になることから簡単に示すことができる.以下では主に,中心極限定理に関わる計算例を見てみよう.

問題59 [積率母関数が存在する分布に関する中心極限定理]

$X_1, X_2, \ldots$(代表して X と書く)が互いに独立に同一の分布に従い,その分布には積率母関数が存在するとき,その分布の平均,標準偏差(積率母関数が存在するので,これらは存在する)をそれぞれ μ, σ とすれば,$X_1, \ldots, X_n$ の和を正規化した

$$Y_n := \frac{X_1 + \cdots + X_n - n\mu}{\sqrt{n}\sigma}$$

の従う分布は,$n \to \infty$ とすると標準正規分布 $N(0,1)$ となることを示せ.

解答

$$Y_n = \frac{1}{\sqrt{n}}\left(\frac{X_1 - \mu}{\sigma} + \cdots + \frac{X_n - \mu}{\sigma}\right)$$

であるので,

$$M_{Y_n}(t) = M_{\frac{X-\mu}{\sqrt{n}\sigma}}(t)^n = E\left[\exp\left(t \cdot \frac{X-\mu}{\sqrt{n}\sigma}\right)\right]^n$$

$$= \left(1 + \frac{t}{\sqrt{n}}E\left[\frac{X-\mu}{\sigma}\right] + \frac{1}{2}\frac{t^2}{n}E\left[\left(\frac{X-\mu}{\sigma}\right)^2\right] + O\left(\frac{1}{n^{\frac{3}{2}}}\right)\right)^n$$

(∵ 積率母関数が存在するので,すべてのモーメントが存在する)

$$= \left(1 + \frac{t^2}{2n} + O\left(\frac{1}{n^{\frac{3}{2}}}\right)\right)^n$$

である.したがって,

$$\lim_{n \to \infty} M_{Y_n}(t) = \lim_{n \to \infty}\left(1 + \frac{t^2}{2n} + O\left(\frac{1}{n^{\frac{3}{2}}}\right)\right)^n = e^{\frac{t^2}{2}}$$

となるが,これは標準正規分布 $N(0,1)$ の積率母関数にほかならないので,題意は示された. □

このように,和の分布を正規化したものの極限が標準正規分布となることを主張する定理を**中心極限定理**という.中心極限定理により,次の手法が正当化される.

> **手法 16** ［正規近似］
>
> $X_1, X_2, \ldots$（代表して X とする）が互いに独立に同一の分布に従い，その分布の平均 $\mu := E[X]$ と分散 $\sigma^2 := V[X]$ が存在するとき，n が十分に大きければ，和 $X_1 + \cdots + X_n$ の分布は正規分布 $N(n\mu, n\sigma^2)$ で近似し，平均 $(X_1 + \cdots + X_n)/n$ の分布は正規分布 $N(\mu, \sigma^2/n)$ で近似する．

問題 60 X_α を，ガンマ分布 $\Gamma(\alpha, \sqrt{\alpha})$ に従う確率変数とすると，$X_\alpha - \sqrt{\alpha}$ の従う分布は，$\alpha \to \infty$ とすると，標準正規分布 $N(0,1)$ となることを，中心極限定理を使わずに示せ．

(解答)
$$M_{X_\alpha - \sqrt{\alpha}}(t) = e^{-\sqrt{\alpha}t} \left(\frac{\sqrt{\alpha}}{\sqrt{\alpha}-t}\right)^\alpha = \left(e^{\frac{t}{\sqrt{\alpha}}}\right)^{-\alpha} \left(1 - \frac{t}{\sqrt{\alpha}}\right)^{-\alpha} = \left(e^{\frac{t}{\sqrt{\alpha}}} - \frac{t}{\sqrt{\alpha}} e^{\frac{t}{\sqrt{\alpha}}}\right)^{-\alpha}$$
$$= \left\{1 + \frac{t}{\sqrt{\alpha}} + \frac{t^2}{2\alpha} - \frac{t}{\sqrt{\alpha}}\left(1 + \frac{t}{\sqrt{\alpha}}\right) + O\left(\alpha^{-\frac{3}{2}}\right)\right\}^{-\alpha}$$
$$= \left(1 - \frac{t^2}{2\alpha} + O\left(\alpha^{-\frac{3}{2}}\right)\right)^{-\alpha}$$

であるので，

$$\lim_{\alpha \to \infty} M_{X_\alpha - \sqrt{\alpha}}(t) = \lim_{\alpha \to \infty} \left(1 - \frac{t^2}{2\alpha} + O\left(\alpha^{-\frac{3}{2}}\right)\right)^{-\alpha} = e^{\frac{t^2}{2}}$$

となるが，これは標準正規分布 $N(0,1)$ の積率母関数にほかならないので，題意は示された． □

ガンマ分布は再生性をもつので，適当な定数 c をとって $\alpha = cn$ とすれば，本問の $X_\alpha - \sqrt{\alpha}$ は，ガンマ分布 $\Gamma(c, \beta)$（β は正の定数なら何でもよい）の n 個の和の分布を正規化したものであると見なせる．したがって，中心極限定理を使っても，本問の結果を得ることができる．

一般に，再生性が成り立つ（平均と分散の存在する）分布を正規化した分布の極限は，中心極限定理により標準正規分布となる．また，この事実から，その分布は，再生性に関するパラメータが十分に大きいときは正規分布に近似できるということがわかる．

3.2.2 ●●● 特性関数

　積率母関数が存在しない分布もあるため，どんな分布に対しても存在する特性関数は，理論的には非常に重要である．また，（本書では扱わないが）特性関数から一種の逆変換により密度関数や確率関数を求めることが原理的には可能であるので，その点でも優れている．とくにこの点は，実用上も，計算機を使って，離散型分布の特性関数を求めたり，その逆変換を行ったりする手法（高速フーリエ変換）が開発されており，連続型分布に対しても適当な離散近似を行えば使えるので，重要である．

　ただし，本書では，手計算で扱える範囲にほぼ限定して実例を扱うので，（本項を除けば）特性関数を計算で扱わなければならない場面はない．実際，積率母関数で事足りる場面で特性関数を使おうとすると計算がかなり煩雑になるので，お勧めしない．

■特性関数の求め方

　特性関数 $\phi_X(t)$ は，

$$\phi_X(t) := E[e^{itX}] = E[\cos tX] + iE[\sin tX]$$

と定義されるものであり，積率母関数よりもだいぶ複雑な形をしているため，具体的に求めるのは一般に簡単でない．その一方，$|\cos tX|$ も $|\sin tX|$ も明らかに 1 以下なので，$E[\cos tX]$ も $iE[\sin tX]$ も必ず存在し，したがって特性関数は必ず存在する．

　たとえば，積率母関数が存在しなかったコーシー分布 $C(\mu, \phi)$ にも特性関数は存在し，

$$\phi_X(t) = e^{i\mu t - \phi|t|}$$

である．これはかなり単純な形をした関数であるが，これを特性関数の定義に基づいて求めようとしても，部分積分や置換積分などだけでは求めることはできず，何らかのより高度な公式などを駆使しないといけない．また，パレート分布のように密度関数がかなり単純な形をしているものでさえ，特性関数を簡単な形で表現することができないものが多い．

一方，積率母関数が存在する分布については，形式的に

$$\phi_X(t) = M_X(it)$$

とすれば特性関数を求めることができることが知られている（その証明には複素関数論の知識が必要である）．したがって，既知の分布について定義に基づいて特性関数を自力で求めようとすることは，ほとんど実用上の意味がない．

問題61 [コーシー分布の特性関数]

コーシー分布 $C(\mu, \phi)$ の特性関数 $\phi_X(t)$ を求めよ．

(解答) 計算が煩雑にならないように，まずは $Y := (X - \mu)/\phi$ が従う標準コーシー分布 $C(0, 1)$ の特性関数 $\phi_Y(t)$ を求める．

$$\begin{aligned}\phi_Y(t) &= E[\cos tY] + iE[\sin tY] = \int_{-\infty}^{\infty} \frac{\cos ty}{\pi(y^2+1)} dy + i\int_{-\infty}^{\infty} \frac{\sin ty}{\pi(y^2+1)} dy \\ &= 2\int_0^{\infty} \frac{\cos ty}{\pi(y^2+1)} dy + 0 \quad (\because \text{偶関数の積分と奇関数の積分}) \\ &= 2\int_0^{\infty} \frac{\cos ty}{\pi(y^2+1)} dy\end{aligned}$$

この積分を求める方法はいくつも知られているが，どれも初等的ではない．実用上は，積分の公式集を見れば，たとえば

$$\int_0^{\infty} \frac{\cos ax}{b^2 + x^2} dy = \frac{\pi}{2b} e^{-|a|b}, \quad b > 0$$

という公式が見つかるので，$a = t, b = 1$ の場合を考えて，

$$\phi_Y(t) = 2\int_0^{\infty} \frac{\cos ty}{\pi(y^2+1)} dy = e^{-|t|}$$

と求める．

この結果から，求める特性関数は，

$$\phi_X(t) = E[e^{it(\phi Y + \mu)}] = e^{i\mu t}\phi_Y(\phi t) = e^{i\mu t - \phi|t|}$$

となる． □

■特性関数の使い方

特性関数を使えば，積率母関数を使って可能であったことは基本的にすべて可能である．また，特性関数は積率母関数と違って，すべての分布に対して

存在する．したがって，原理的には，特性関数だけあれば事足りる．しかし，個々の特性関数を求めるのは簡単ではないので，特性関数だけで事足りるというのは，少なくとも大方の利用者にとっては机上のみの話である．実際，本書の範囲では，（本項を除けば）特性関数を使うべき場面はない．

もちろん，コーシー分布のように，単純な形で書ける特性関数が知られている場合は有用である．

問題 62 [コーシー分布の再生性]

X, Y が互いに独立にそれぞれコーシー分布 $C(\mu_1, \phi_1)$ と $C(\mu_2, \phi_2)$ に従うとき，$X + Y$ の従う分布は何か．

(解答) $X + Y$ の特性関数を求めると，

$$\phi_{X+Y}(t) = E[e^{it(X+Y)}] = E[e^{itX}]E[e^{itY}] \quad (\because X \text{ と } Y \text{ が独立})$$
$$= e^{i\mu_1 t - \phi_1 |t|} e^{i\mu_2 t - \phi_2 |t|} = e^{i(\mu_1 + \mu_2)t - (\phi_1 + \phi_2)|t|}$$

となるが，これはコーシー分布 $C(\mu_1 + \mu_2, \phi_1 + \phi_2)$ の特性関数にほかならない．したがって，求める分布は，そのコーシー分布 $C(\mu_1 + \mu_2, \phi_1 + \phi_2)$ である． □

また，特性関数はどんな分布に対しても存在するので，一般的なことを証明する際に有用である．たとえば，**中心極限定理**を証明する際にも，特性関数を用いるのがふつうである．

中心極限定理

$X_1, X_2, \ldots$ が互いに独立に同一の分布に従い，その分布に平均（μ とする）と標準偏差（σ とする）が存在するとき，$X_1, \ldots, X_n$ の和を正規化した

$$Y_n := \frac{X_1 + \cdots + X_n - n\mu}{\sqrt{n}\sigma}$$

の従う分布は，$n \to \infty$ とすると標準正規分布 $N(0, 1)$ となる．

まずは形式的な式変形で定理の根拠を見てみよう．

$$Y_n = \frac{1}{\sqrt{n}} \left(\frac{X_1 - \mu}{\sigma} + \cdots + \frac{X_n - \mu}{\sigma} \right)$$

であるので，$X_1, X_2, \ldots$ を代表して X と書けば，

$$\phi_{Y_n}(t) = E\left[e^{it\frac{X-\mu}{\sqrt{n}\sigma}}\right]^n$$
$$= \left(1 + \frac{it}{\sqrt{n}}E\left[\frac{X-\mu}{\sigma}\right] - \frac{1}{2}\frac{t^2}{n}E\left[\left(\frac{X-\mu}{\sigma}\right)^2\right] + O\left(\frac{1}{n^{\frac{3}{2}}}\right)\right)^n \quad (*)$$
$$= \left(1 + \frac{t^2}{2n} + O\left(\frac{1}{n^{\frac{3}{2}}}\right)\right)^n$$

であり，したがって，

$$\lim_{n\to\infty}\phi_{Y_n}(t) = \lim_{n\to\infty}\left(1 - \frac{t^2}{2n} + O\left(\frac{1}{n^{\frac{3}{2}}}\right)\right)^n = e^{-\frac{t^2}{2}}$$

となるが，これは標準正規分布 $N(0, 1)$ の特性関数にほかならない．

こうして中心極限定理が成り立つが，厳密には，上の式変形のうち，(*) の部分は自明ではない．存在しないモーメントがあるかもしれないからである．詳しい証明は専門書を参照されたい．

3.2.3 ●●● キュムラント母関数

■キュムラント母関数の求め方

キュムラント母関数は，一般には，積率母関数または特性関数の対数をとったものであるが，本書で考える具体的なキュムラント母関数は積率母関数の対数をとったものである．つまり，キュムラント母関数 $C_X(t)$ は

$$C_X(t) := \log M_X(t)$$

と定義される．したがって，積率母関数さえわかれば，キュムラント母関数はただちに求めることができる．

問題63 正規分布 $N(\mu, \sigma^2)$ およびポアソン分布 $Po(\lambda)$ のキュムラント母関数（それぞれ $C_X(t), C_Y(t)$ とする）をそれぞれ求めよ．

解答 正規分布 $N(\mu, \sigma^2)$ については，

$$C_X(t) = \log M_X(t) = \log e^{\mu t + \frac{\sigma^2}{2}t^2} = \mu t + \frac{\sigma^2}{2}t^2$$

となる．

ポアソン分布 $Po(\lambda)$ については，

$$C_Y(t) = \log M_Y(t) = \log e^{\lambda(e^t-1)} = \lambda(e^t - 1)$$

となる． □

■ **キュムラント母関数の使い方**

キュムラント母関数はその名のとおり，キュムラントとよばれるものを求めるのに有用である．

> **手法17** [キュムラント母関数を使ってキュムラントを求める]
>
> キュムラント母関数が存在する分布の k 次のキュムラントを
>
> $$C_X^{(k)}(0) := \left. \frac{d^k C_X(t)}{dt^k} \right|_{t=0}$$
>
> と計算する．すなわち，キュムラント母関数を k 回微分してから $t = 0$ を代入して求める．

キュムラント誕生の歴史的経緯を脇におけば，端的に，こうして算出されるものがキュムラントにほかならないと考えればよい．実際，本書では，$C_X(t)$ をキュムラント母関数とする分布に対して，$C_X^{(k)}(0)$ をその分布の k 次の**キュムラント**という（定義）[14]．

正規分布 $N(\mu, \sigma^2)$ のキュムラント母関数は $\mu t + (\sigma^2/2)t^2$ であり，容易に確かめられるように，3次以上のキュムラントは0である．したがって，正規分布は，1次と2次のキュムラントだけで完全に特定でき，また，他の分布は，大雑把にいって，3次以上のキュムラントの大きさによって正規分布との乖離具合を測ることができる．実際，正規分布を特定するための平均および分散と，歴史的には正規分布との違いや乖離具合を見るために開発された歪度と尖度は，いずれもキュムラントを用いてじつに簡潔に定義できる．

---

[14] 厳密にいうと，本書の意味でのキュムラント母関数が存在しない分布にもキュムラント（とくに低次のキュムラント）が存在する場合がある．その場合のキュムラントは，練習問題13（65頁）で定義した累積モーメントとして定義される．

$$\text{平均}\mu_X := 1\text{ 次のキュムラント} = C_X^{(1)}(0)$$

$$\text{分散}\sigma_X^2 := 2\text{ 次のキュムラント} = C_X^{(2)}(0)$$

$$(\text{標準偏差}\sigma_X := \sqrt{\text{分散}})$$

$$\text{歪度} := \frac{3\text{ 次のキュムラント}}{\text{標準偏差の 3 乗}} = \frac{C_X^{(3)}(0)}{C_X^{(2)}(0)^{\frac{3}{2}}}$$

$$\text{尖度} := \frac{4\text{ 次のキュムラント}}{\text{標準偏差の 4 乗}} = \frac{C_X^{(4)}(0)}{C_X^{(2)}(0)^2}$$

すでに 2.3.1 で提示していた定義との一致は，両者を定義どおり式変形していけば，（やや煩雑かもしれないが）難しい箇所もなく確かめることができる．例として平均と分散の場合だけ示せば，

$$\text{平均}\mu_X = C_X^{(1)}(0) = \left.\frac{d}{dt}\log M_X(t)\right|_{t=0} = \frac{M_X^{(1)}(0)}{M_X(0)} = \frac{E[X]}{1} = E[X]$$

$$\text{分散}\sigma_X^2 = C_X^{(2)}(0) = \left.\frac{d^2}{dt^2}\log M_X(t)\right|_{t=0} = \left.\frac{d}{dt}\frac{M_X^{(1)}(t)}{M_X(t)}\right|_{t=0}$$

$$= \frac{M_X^{(2)}(0)M_X(0) - M_X^{(1)}(0)^2}{M_X(0)^2} = \frac{E[X^2]\cdot 1 - E[X]^2}{1^2} = E[X^2] - E[X]^2 = V[X]$$

となる．

> **問題 64** $k = 1, 2, \ldots$ について，ポアソン分布 $Po(\lambda)$ の k 次のキュムラントを求めよ．また，平均，分散，歪度，尖度をそれぞれ求めよ．

(解答) $C_X(t) = \lambda(e^t - 1)$ であるから，

$$C_X^{(k)}(t) = \lambda e^t, \quad k = 1, 2, \ldots$$

であり，よって，k 次のキュムラントは，

$$C_X^{(k)}(0) = \lambda, \quad k = 1, 2, \ldots$$

となる．また，

$$\text{平均} = C_X^{(1)}(0) = \lambda \qquad \text{分散} = C_X^{(2)}(0) = \lambda$$

$$\text{歪度} = \frac{C_X^{(3)}(0)}{C_X^{(2)}(0)^{\frac{3}{2}}} = \frac{\lambda}{\lambda^{\frac{3}{2}}} = \frac{1}{\sqrt{\lambda}} \qquad \text{尖度} = \frac{C_X^{(4)}(0)}{C_X^{(2)}(0)^2} = \frac{\lambda}{\lambda^2} = \frac{1}{\lambda}$$

である．

164　第3章　確率分布のエッセンス

> **問題 65** $k = 1, 2, \ldots$ について，ガンマ分布 $\Gamma(\alpha, \beta)$ の k 次のキュムラントを求めよ．また，平均，分散，歪度，尖度をそれぞれ求めよ．

(解答) k 次のキュムラントの答えは，

$$C_X^{(k)}(0) = \frac{(k-1)!\alpha}{\beta^k}, \quad k = 1, 2, \ldots$$

となる．数学的帰納法でこれを示してもよいが，次のように対数級数展開を使うと簡単に求めることができる．すなわち，

$$C_X(t) = \alpha \log\left(\frac{\beta}{\beta - t}\right) = -\alpha \log\left(1 - \frac{t}{\beta}\right) = \alpha \sum_{k=1}^{\infty} \frac{1}{k}\left(\frac{t}{\beta}\right)^k$$

であるから，k 次のキュムラントは，

$$C_X^{(k)}(0) = \frac{(k-1)!\alpha}{\beta^k}, \quad k = 1, 2, \ldots$$

となる．

この結果から，

$$\text{平均} = C_X^{(1)}(0) = \frac{\alpha}{\beta} \qquad\qquad \text{分散} = C_X^{(2)}(0) = \frac{\alpha}{\beta^2}$$

$$\text{歪度} = \frac{C_X^{(3)}(0)}{C_X^{(2)}(0)^{\frac{3}{2}}} = \frac{2\alpha}{\beta^3}\left(\frac{\alpha}{\beta^2}\right)^{-\frac{3}{2}} = \frac{2}{\sqrt{\alpha}} \qquad \text{尖度} = \frac{C_X^{(4)}(0)}{C_X^{(2)}(0)^2} = \frac{6\alpha}{\beta^4}\left(\frac{\alpha}{\beta^2}\right)^{-2} = \frac{6}{\alpha}$$

である．　□

> **練習問題 29** 負の2項分布 $NB(\alpha, p)$ の歪度，尖度を求めよ．

(解答) 負の2項分布のキュムラント母関数 $C_X(t)$ は，$q := 1 - p$ と書けば，

$$C_X(t) = \log M_X(t) = \log\left(\frac{p}{1 - qe^t}\right)^\alpha = \alpha\{\log p - \log(1 - qe^t)\}$$

である．したがって，

$$C_X^{(1)}(t) = \frac{-\alpha \cdot (-qe^t)}{1 - qe^t} = \frac{\alpha qe^t}{1 - qe^t} = -\alpha + \frac{\alpha}{1 - qe^t}$$

$$C_X^{(2)}(t) = \frac{-\alpha \cdot (-qe^t)}{(1 - qe^t)^2} = \frac{\alpha qe^t}{(1 - qe^t)^2}$$

$$C_X^{(3)}(t) = \frac{\alpha qe^t}{(1 - qe^t)^2} + \frac{-2\alpha qe^t(-qe^t)}{(1 - qe^t)^3} = \frac{\alpha qe^t(1 + qe^t)}{(1 - qe^t)^3}$$

$$C_X^{(4)}(t) = \frac{\alpha q(e^t + 2qe^{2t})}{(1-qe^t)^3} - \frac{3\alpha q(e^t + qe^{2t}) \cdot (-qe^t)}{(1-qe^t)^4} = \frac{\alpha q(e^t + 4qe^{2t} + q^2 e^{3t})}{(1-qe^t)^4}$$

であるので,

$$C_X^{(2)}(0) = \frac{\alpha q e^0}{(1-qe^0)^2} = \frac{\alpha q}{p^2}$$

$$C_X^{(3)}(0) = \frac{\alpha q e^0(1+qe^0)}{(1-qe^0)^3} = \frac{\alpha q(2-p)}{p^3}$$

$$C_X^{(4)}(0) = \frac{\alpha q(e^0 + 4qe^0 + q^2 e^0)}{(1-qe^0)^4} = \frac{\alpha q(1+4q+q^2)}{p^4} = \frac{\alpha q(6-6p+p^2)}{p^4}$$

である. よって,

$$\text{歪度} = \frac{C_X^{(3)}(0)}{C_X^{(2)}(0)^{\frac{3}{2}}} = \frac{\alpha(1-p)(2-p)}{p^3} \left(\frac{\alpha(1-p)}{p^2}\right)^{-\frac{3}{2}} = \frac{2-p}{\sqrt{\alpha q}}$$

$$\text{尖度} = \frac{C_X^{(4)}(0)}{C_X^{(2)}(0)^2} = \frac{\alpha q(6-6p+p^2)}{p^4} \left(\frac{\alpha q}{p^2}\right)^{-2} = \frac{6-6p+p^2}{\alpha q}$$

となる. □

上記の途中の計算はかなり工夫しているが,それでも相当面倒で間違えやすそうである.それに対し,もし級数計算が得意であれば,以下のようにしたほうがずっと見通しがよく,間違いも少ないであろう.

$$C_X(t) = \alpha\{\log p - \log(1-qe^t)\} = \alpha\left\{\log p + \sum_{n=1}^{\infty} \frac{q^n e^{nt}}{n}\right\}$$

であるから,

$$C_X^{(k)}(0) = \alpha \sum_{n=1}^{\infty} n^{k-1} q^n e^{nt}\bigg|_{t=0} = \alpha \sum_{n=1}^{\infty} n^{k-1} q^n$$

であり,

$$C_X^{(2)}(0) = \alpha \sum_{n=1}^{\infty} nq^n = \frac{\alpha q}{p^2}$$

$$C_X^{(3)}(0) = \alpha \sum_{n=1}^{\infty} n^2 q^n = \frac{\alpha q(2-p)}{p^3}$$

$$C_X^{(4)}(0) = \alpha \sum_{n=1}^{\infty} n^3 q^n = \frac{\alpha q(6-6p+p^2)}{p^4}$$

と計算できる.

なお，それぞれの級数計算を自力で行う場合，具体的な計算方法はいろいろある．一例をあげれば，

$$S_3 := \sum_{n=1}^{\infty} n^3 q^n$$

の計算は，

$$(1-q)S_3 = S_3 - \sum_{n=1}^{\infty} n^3 q^{n+1} = S_3 - \sum_{n=0}^{\infty} n^3 q^{n+1} = \sum_{m=1}^{\infty} m^3 q^m - \sum_{m=1}^{\infty} (m-1)^3 q^m$$

$$= \sum_{m=1}^{\infty} (3m^2 - 3m + 1)q^m = 3\sum_{n=1}^{\infty} n^2 q^n - 3\sum_{n=1}^{\infty} nq^n + \sum_{n=1}^{\infty} q^n$$

より，

$$S_3 = \frac{1}{p}\left(3\sum_{n=1}^{\infty} n^2 q^n - 3\sum_{n=1}^{\infty} nq^n + \sum_{n=1}^{\infty} q^n\right)$$

という計算に帰着できることを利用する．あるいは，注2（90頁）と同様の微分を使ったテクニックを使ってもよい．

第4章

統計的推測のエッセンス

　本章では，統計的推測の基本的発想をていねいに示し，基本的な手法を実際にとり扱う際のテクニックを種々紹介する．

　統計的推測においては，母集団と標本に対して確率モデルをあてはめる．そのため，典型的には，標本は（単なる実数の列ではなく）確率変数の列として扱われる．そして1つの標本中の確率変数はすべて同一の分布に従うものとされ，その分布は**母集団分布**とよばれる．母集団分布の平均は**母平均**，分散は**母分散**とよばれ[1]，一般に，母集団分布の特性値は**母数**[2]とよばれる．標本 $X_1,\ldots,X_n$ 中の確率変数が互いに独立に母集団分布に従うとき，その標本は**無作為抽出**されたという．以上の言葉を用いていえば，**統計的推測**とは，無作為に抽出された標本をもとに母集団分布の性質などを調べる（典型的には母数を推定したり検定したりする）ことである．その具体的な手法には，点推定，区間推定，仮説検定といったものがある．

　ごく簡単にいえば，点推定とは，母数の推定値をピンポイントで1つの値に

---

[1] これに準じて，母歪度，母尖度，母モーメントという表現もあるが，目にする機会は格段に少ない．
[2] 母数とパラメータはほとんど同義である．というよりも，じつのところ，母数に対応する英語は parameter であるから，端的に同義だと断言してもよい．しかし，日本語においては，母集団分布を意識しているときに母数とよび，それ以外の一般の確率モデルにおける確率分布に関してはパラメータとよぶ傾向がある．本書でも，文脈になじみやすいように適宜使い分けるが，「数学的」には同義と理解してもらってよい．

決める方法である．たしかに点推定の結果は理解しやすい．しかし，推定であるからには，ある程度外れるのがむしろ当然なので，1つの値だけ聞いても，真の値からどれだけ外れているかについての情報は得られない．そこで，幅をもたせて「a 以上 b 以下」といった形で推定することが考えられるが，これが区間推定である．また，仮説検定は，推定とは違って，あらかじめ母数の値に関して何らかの仮説が立てられている場合に，その仮説が統計的に見ておかしくないかどうかを検証するものである．

ところで，（統計的推測の手法にかぎらず）一般に統計的手法は，さまざまの分野の人がさまざまの関心のもとでとり扱うので，「統計的手法を習得する」ということの意味は1通りではない．したがって，統計的手法の解説に期待することも人によっていろいろである．たとえば，

1. 各統計的手法を数学的に厳密に確立する方法を学びたい（あるいは，厳密に確立している文献を手元におきたい）．
2. 統計的手法の基本的な発想方法を知りたい．
3. 統計的手法の発想方法に基づき，必要に応じて自分で具体的手法を生み出したり，既存のものを自分で再構成したりできる力を身につけたい．
4. 特定の目的に特化した具体的統計的手法を実際の場面で使いこなせるようになりたい．

といったさまざまな希望があるだろう．このうち，本章がかぎられた紙幅ながら目指すのは，統計的推測の手法に関して，2と3の希望をできるだけかなえることである．

4.1 経験分布

統計的推測の具体的手法を見る前に，記述統計の基礎を押さえておく．

分布とはどういうものであるかを考えるとき，統計的処理を念頭におくとすれば，その第一のイメージとしては，ヒストグラム（度数分布グラフ）を思い浮かべるとよい．実際には，確率分布であるので，ヒストグラムの縦軸のスケールを変えて，度数のかわりに全体に占める割合を縦軸とした相対度数分布を考えたほうがよいかもしれないが，ともかくもヒストグラムから出発しよう．

ヒストグラムのイメージ図

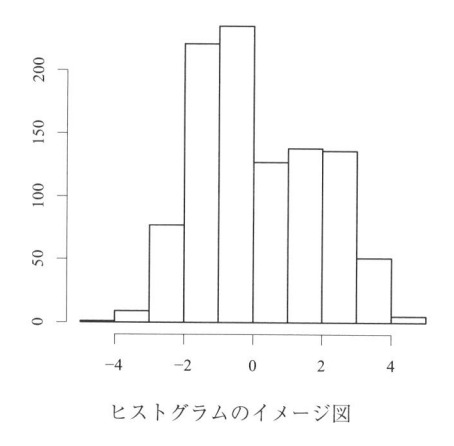

　ヒストグラムは，記述統計学を大成させたカール・ピアソン (1857-1936) による命名であることに象徴されるように，記述統計における基本的なツールである．とくに，個別の分布の全体像を視覚的に簡単に捉えるのに大変適している．なお，**記述統計**とは，調査や実験によって得られたデータを整理し特徴を捉えることを目的とする統計的手法のことである．

　ところで，記述統計であれ，次節以降で扱う統計的推測であれ，統計的手法を適用する場面では，母集団と標本というものを考える．統計的手法によって特徴などを調べたい集団のことを**母集団**という．母集団の特徴などを調べるには，集団からその構成要素（**個体**とよばれる）を多数または少数抽出してくる．数学的なとり扱いのしやすさから，抽出された 1 つひとつの個体の情報は，実数[3]によって表す．一まとまりの調査（ないし試行）において 1 つの母集団から得られる観測値である実数の列 $x_1, \ldots, x_n$ をその母集団からの**標本**といい，得られた観測値の個数 n を**標本の大きさ**という．これに対し，すでに述べたように，統計的推測において，母集団と標本に対して確率モデルを当てはめる際は，標本は（単なる実数の列ではなく）確率変数の列として扱われる．そこで，両者を区別したい場合には，記述統計の意味での標本のことを**標本の観測値**とよぶことにする．

　さて，ヒストグラムの横軸の値を**階級**とよぶとすると，各階級は，個々の観

---

[3] 実数のベクトルの場合もあるが，説明が煩雑になるので，一般的な説明においては，実数のみを念頭におく．

測値そのものの場合と，とりうる観測値の可能性をいくつかの区間に分けてとりまとめたものである場合がある．実際には一概にはいえないものの，観測値がとりうる値の範囲に応じて，

- 高々可算集合である場合には，各階級は個々の観測値そのものとし，
- 非可算集合である場合には，各階級は区間とする，

という扱いがなされるのが典型である．このうちの後者の場合の処理をした場合には，ヒストグラム作成時点で捨象してしまう情報があるが，（とくに計算機が発達していなかった時代の）統計的処理のためにはこの処置は大変有効であるし，視覚的に分布の様子が把握しやすいという利点はいまもって変わらない．しかしながら，確率分布自体の理解のためには，少なくとも概念上は，ヒストグラムを作成する前の生のデータである標本そのものを基本として考えたほうがよい．その際にとくに有用なのは，次のように定義される「経験分布」という概念である．

> ある母集団からとった標本の大きさを n とするとき，標本に含まれる観測値 $x_1,\ldots,x_n$ にそれぞれ確率 $1/n$ を付与することによって得られる分布のことを，その母集団の**経験分布**という．

この定義から，

$$経験分布の分布関数 F_X(x) = \frac{標本中，観測値が x 以下であった個体の個数}{n}$$

$$経験分布の確率関数 f_X(x) = \frac{標本中，観測値が x であった個体の個数}{n}$$

となる．

こうして求まる経験分布は，母集団からの標本を扱うあらゆる統計的処理の基本となる確率分布だということができる．とくに，計算機の発達した現代にあっては，生のデータにいちいち立ち戻って計算処理を行っても（たいていの場合は）ほとんど苦にならなくなったので，実用上も経験分布の価値は高い．

ところで，母集団の特徴を簡便かつ客観的に捉えるためには，生のデータをもとに何らかのわかりやすい（経験分布の）特性値をいくつかとり出しておくことが有効である．ここで便宜のため，任意の関数 $g(x)$ に関して，

$$\overline{g(x)} := \frac{1}{n}\sum_{i=1}^{n} g(x_i)$$

という記法を用いれば，基本的な特性値は以下のとおり計算することができる．

（原点まわりの）k 次のモーメント $:= \overline{x^k} = \dfrac{1}{n}\sum_{i=1}^{n} x_i^k$

とくに, 平均 $:= 1$ 次のモーメント $= \overline{x} = \dfrac{1}{n}\sum_{i=1}^{n} x_i$

平均まわりの k 次のモーメント $:= \overline{(x - \overline{x})^k} = \dfrac{1}{n}\sum_{i=1}^{n} (x_i - \overline{x})^k$

とくに, 分散 $:=$ 平均まわりの 2 次のモーメント $= \overline{(x - \overline{x})^2} = \overline{x^2} - \overline{x}^2 (\geq 0)$

標準偏差 $:= \sqrt{\text{分散}} (\geq 0)$

変動係数 $:= \dfrac{\text{標準偏差}}{\text{平均}}$

歪度 $:= \dfrac{\text{平均まわりの 3 次のモーメント}}{\text{標準偏差の 3 乗}}$

尖度 $:= \dfrac{\text{平均まわりの 4 次のモーメント}}{\text{標準偏差の 4 乗}} - 3 (\geq -2)$ [4]

また，2 つの標本 $x_1, \ldots, x_n$ と $y_1, \ldots, y_n$ の間の関係に関する基本的な特性値も，

共分散 $:= \dfrac{1}{n}\sum_{i=1}^{n}(x_i - \overline{x})(y_i - \overline{y}) = \dfrac{1}{n}\sum_{i=1}^{n} x_i y_i - \overline{x}\,\overline{y}$

相関係数 $r_{xy} := \dfrac{\dfrac{1}{n}\sum_{i=1}^{n}(x_i - \overline{x})(y_i - \overline{y})}{\sqrt{\dfrac{1}{n}\sum_{i=1}^{n}(x_i - \overline{x})^2}\sqrt{\dfrac{1}{n}\sum_{i=1}^{n}(y_i - \overline{y})^2}}$

と計算することができる．相関係数は，必ず -1 以上 1 以下の値をとる．

なお，経験分布の特性値という代わりに，「標本の特性値」という表現をとる場合がある．とくに，ここで述べた特性値を経験分布以外の同名の特性値と区別するために，**標本モーメント**，**標本平均**，**標本分散**などとよぶ．ただし，標本の特性値というときに，本書とは違って，（経験分布の特性値ではなく）母集団分布の特性値の推定値のことを指す流儀もある．その場合，たとえば，標本分散という用語によって，次節で見る標本不偏分散のことを指す．

---
[4] -2 以上である点は，問題 21（65 頁）を参照せよ．

4.2 点推定

母集団分布が，たとえば「正規分布である」というように分布の種類まで（統計のモデル上）特定されているとすれば，あとはその分布を特定するための母数（正規分布の場合には，平均と分散）を決定すれば，母集団分布は決定される．もちろん，データから何かを完全に決定することは実際には難しい（ないし不可能である）．だが，母数の値を何らかの仕方で推定するという行為は考えられる．そして，その際，「この母数の推定値はこの値である」というようにピンポイントで推定を行うとすれば，それが**点推定**である．

じつは，点推定は，一般に，正解が1つとはかぎらない．つまり，答えの候補が複数存在する場合がある．そこで，点推定を理解する場合には，各手法そのものの理解に加え，答えを評価する方法も同時に学ぶ必要がある．用語だけ先取りすれば，求めた答えが不偏性，十分性，一致性，有効性（ないし最小分散不偏性）をもつかについての判定法も合わせて習得する必要がある．

点推定の代表的な手法は，モーメント法と最尤法である．まずは，モーメント法から見てみよう．

4.2.1 ●●● モーメント法

問題66 母集団分布は負の2項分布 $NB(\alpha, p)$ であり，2つの母数 α, p とも未知の場合，標本の1次と2次のモーメントがそれぞれ母集団分布の1次と2次のモーメントに一致すると仮定して，母集団分布の2つの母数を決定（点推定）せよ．

解答 標本についても母集団分布についても，

分散 ＝ 2次のモーメント − 1次のモーメント（平均）の2乗

が成り立つので，標本の1次と2次のモーメントがそれぞれ母集団分布の1次と2次のモーメントに一致するという条件は，標本の平均と分散がそれぞれ母集団分布の平均と分散に一致するという条件と同一である．負の2項分布 $NB(\alpha, p)$ の平均と分散は

それぞれ $\alpha(1-p)/p$ と $\alpha(1-p)/p^2$ であるので，条件は

$$\begin{cases} \dfrac{\alpha(1-p)}{p} = \bar{x} \\ \dfrac{\alpha(1-p)}{p^2} = \overline{x^2} - \bar{x}^2 \end{cases}$$

となる．この連立方程式を解くと，求める値は，

$$p = \frac{\bar{x}}{\overline{x^2} - \bar{x}^2}, \quad \alpha = \frac{\bar{x}^2}{\overline{x^2} - \bar{x}^2 - \bar{x}}$$

となる． □

本問の問題文および解答で示されている考え方と計算方法が（未知母数が2個の場合の）モーメント法の考え方と計算方法である．改めて手法として書きなおせば次のとおりである．

> **手法 18** ［モーメント法］
> 　母集団分布に未知母数が k 個あるとき，標本の $1,\ldots,k$ 次のモーメントがそれぞれ母集団分布の $1,\ldots,k$ 次のモーメントに一致すると仮定して，母集団分布の未知母数を点推定する．その際，2,3,4 次のモーメントの代わりにそれぞれ分散，歪度（や平均まわりの 3 次のモーメント），尖度（や平均まわりの 4 次のモーメント）などを用いてもよい．

練習問題 30　［移動ガンマ分布近似］
次の密度関数 $f_X(x)$ をもつ分布は**移動ガンマ分布**とよばれ，3つのパラメータ α, β, x_0 をもつ．

$$f_X(x) = \frac{\beta^\alpha}{\Gamma(\alpha)}(x-x_0)^{\alpha-1} e^{-\beta(x-x_0)}, \quad x_0 < x < \infty$$

母集団分布を移動ガンマ分布とし，3つの母数とも未知の場合，モーメント法により3つの母数を点推定せよ．

解答　本問の移動ガンマ分布は，ガンマ分布 $\Gamma(\alpha,\beta)$ を右に x_0 だけ平行移動したものなので，平均は同ガンマ分布の平均に x_0 を加えた値であり，分散と 3 次のキュムラントはそれぞれ同ガンマ分布の分散と 3 次のキュムラントに等しい．また，3 次のキュムラントは平均まわりの 3 次のモーメントに等しいことに注意すれば，満たすべき条

件は,

$$\begin{cases} 平均 = \dfrac{\alpha}{\beta} + x_0 = \overline{x} \\ 分散 = \dfrac{\alpha}{\beta^2} = \overline{x^2} - \overline{x}^2 \\ 平均まわりの3次のモーメント = \dfrac{2\alpha}{\beta^3} = \overline{x^3} - 3\overline{x^2}\overline{x} + 2\overline{x}^3 \end{cases}$$

となる. この連立方程式を解くと, 求める値は,

$$\alpha = \frac{4(\overline{x^2} - \overline{x}^2)^3}{(\overline{x^3} - 3\overline{x^2}\overline{x} + 2\overline{x}^3)^2}, \quad \beta = \frac{2(\overline{x^2} - \overline{x}^2)}{\overline{x^3} - 3\overline{x^2}\overline{x} + 2\overline{x}^3}$$

$$x_0 = \overline{x} - \frac{2(\overline{x^2} - \overline{x}^2)^2}{\overline{x^3} - 3\overline{x^2}\overline{x} + 2\overline{x}^3}$$

となる. □

4.2.2 ●●● 最尤法

問題67 母数 λ が未知のポアソン分布 $Po(\lambda)$ を母集団分布とする母集団(ポアソン母集団という)から大きさ n の標本 $X_1, \ldots, X_n$ をとったところ, $x_1, \ldots, x_n$ という値が得られた. このとき, 確率 $P((X_1, \ldots, X_n) = (x_1, \ldots, x_n))$ を最大とする λ を母数の推定値として, 母数を点推定せよ.

解答

$$L(\lambda) := P((X_1, \ldots, X_n) = (x_1, \ldots, x_n)) = \prod_{i=1}^{n} e^{-\lambda} \frac{\lambda^{x_i}}{x_i!}$$

$$\propto e^{-n\lambda} \lambda^{n\overline{x}}$$

とすると, この(λの)関数は, 対数をとったほうが扱いやすい形をしており, また, 本問では関数値の最大化を図るが, それは対数をとったものの最大化を図っても(対数関数が単調増加であることから) 同じことである. そこで, 対数をとった

$$-n\lambda + n\overline{x}\log\lambda + 定数 =: l(\lambda)$$

を考え, これを λ で微分すると,

$$\frac{\partial l(\lambda)}{\partial \lambda} = -n + \frac{n\overline{x}}{\lambda}$$

となる．これは単調減少関数なので，関数 $l(\lambda)$ は上に凸な関数である．したがって，
$$\frac{\partial l(\lambda)}{\partial \lambda} = 0 \quad \text{を満たす} \quad \lambda = \bar{x}$$
が，関数 $l(\lambda)$ の最大値を与え，それゆえ関数 $L(\lambda)$ の最大値を与えるので，求める答えである． □

本問の問題文および解答で示されている考え方と計算方法が（離散型分布で未知母数が1個の場合の）最尤法の考え方と計算方法である．母集団分布が連続型の場合にも扱えるように，より一般的な手法として書きなおせば次のとおりである．

手法 19 ［未知母数が1個の場合の最尤法］

未知母数が1個（θとする）の母集団からの標本の観測値が $x_1, \ldots, x_n$ であり，それぞれの密度関数値または確率関数値が $f(x_1; \theta), \ldots, f(x_n; \theta)$ であるとき，

$$L(\theta) := \prod_{i=1}^{n} f(x_i; \theta)$$

で定義される**尤度関数** $L(\theta)$ を考え，尤度関数の最大値を与える θ を母数の推定値とする．こうして求まる推定値を**最尤推定値**という．

最尤推定値を求めるには，尤度関数の代わりに

$$l(\theta) := \log L(\theta)$$

で定義される**対数尤度関数** $l(\theta)$ を考え，対数尤度関数の最大値を与える（それゆえ尤度関数の最大値も与える）θ を求めるほうが通常は簡単である．その際，たいていは，

$$\frac{\partial l(\theta)}{\partial \theta} = 0$$

を満たす θ を求めればよい．

練習問題 31　［指数母集団の最尤法］

平均 μ が未知の指数分布 $\Gamma(1, 1/\mu)$ を母集団分布とする母集団（**指数母集団**という）からの標本の観測値を $x_1, \ldots, x_n$ とするとき，μ の最尤推定値を求めよ．

解答

$$L(\mu) = \prod_{i=1}^n \frac{1}{\mu} e^{-x_i/\mu} = \frac{1}{\mu^n} e^{-n\bar{x}/\mu}$$

であるから,

$$l(\mu) = \log L(\mu) = -n\log\mu - \frac{n\bar{x}}{\mu}$$

である．よって,

$$\frac{\partial l}{\partial \mu} = -\frac{n}{\mu} + \frac{n\bar{x}}{\mu^2}$$

であるので，これを0とするμを求めれば

$$\mu = \bar{x}$$

であり，これが求める答えである． □

練習問題 32 ［指数母集団で打ち切りがある場合］

ある機器が故障するまでの時間Xは平均μ（未知）の指数分布$\Gamma(1, 1/\mu)$に従っているとする．その機器n個をt時間観察したところ，観察時間内に故障が生じたものはm個あって，それぞれが故障するまでの時間は$x_1, \ldots, x_m$であり，その他の$n-m$個はt時間経っても故障しなかった．故障までの平均時間を最尤法により推定せよ．

このような場合には，尤度関数を計算する際に，密度関数と確率関数が混在するので注意を要する．

解答 $x_{m+1} = \cdots = x_n := t$とすれば,

$$f(x_i) = \begin{cases} f_X(x_i) = \frac{1}{\mu} e^{-x_i/\mu} & (i = 1, \ldots, m) \\ P(X > t) = 1 - F_X(t) = e^{-t/\mu} & (i = m+1, \ldots, n) \end{cases}$$

である．よって,

$$L(\mu) = \prod_{i=1}^n f(x_i) = \left(\prod_{i=1}^m \frac{1}{\mu} e^{-x_i/\mu}\right)\left(e^{-t/\mu}\right)^{n-m}$$

$$= \frac{1}{\mu^m} e^{-\{x_1 + \cdots + x_m + (n-m)t\}/\mu} = \frac{1}{\mu^m} e^{-n\bar{x}/\mu}$$

であるから,

$$l(\mu) = \log L(\mu) = -m\log\mu - \frac{n\bar{x}}{\mu}$$

である．よって，
$$\frac{\partial l}{\partial \mu} = -\frac{m}{\mu} + \frac{n\bar{x}}{\mu^2}$$
であるので，これを 0 とする μ を求めれば
$$\mu = \frac{n\bar{x}}{m}$$
であり，これが求める答えである． □

手法 20 ［未知母数が複数の場合の最尤法］

　未知母数が k 個（$\theta_1, \ldots, \theta_k$ とする）の母集団からの標本の観測値が $x_1, \ldots, x_n$ であり，それぞれの密度関数値または確率関数値が
$$f(x_1; \theta_1, \ldots, \theta_k), \ldots, f(x_n; \theta_1, \ldots, \theta_k)$$
であるとき，
$$L(\theta_1, \ldots, \theta_k) := \prod_{i=1}^{n} f(x_i; \theta_1, \ldots, \theta_k)$$
で定義される**尤度関数** $L(\theta_1, \ldots, \theta_k)$ を考え，尤度関数の最大値を与える $\theta_1, \ldots, \theta_k$ を母数の推定値とする．こうして求まる推定値を**最尤推定値**という．

　最尤推定値を求めるには，尤度関数の代わりに
$$l(\theta_1, \ldots, \theta_k) := \log L(\theta_1, \ldots, \theta_k)$$
で定義される**対数尤度関数** $l(\theta_1, \ldots, \theta_k)$ を考え，対数尤度関数の最大値を与える（それゆえ尤度関数の最大値も与える）$\theta_1, \ldots, \theta_k$ を求めるほうが通常は簡単である．その際，たいていは，
$$\begin{cases} \dfrac{\partial l(\theta_1, \ldots, \theta_k)}{\partial \theta_1} = 0 \\ \quad\vdots \\ \dfrac{\partial l(\theta_1, \ldots, \theta_k)}{\partial \theta_k} = 0 \end{cases}$$
という連立方程式を満たす $\theta_1, \ldots, \theta_k$ を求めればよい．

練習問題 33 ［正規母集団の最尤法］

　正規分布 $N(\mu, \sigma^2)$ を母集団分布とする母集団（**正規母集団**という）からの標本を $x_1, \ldots, x_n$ とするとき，次の最尤推定値をそれぞれ求めよ．

(1) 母分散 σ^2 が既知の場合の母平均 μ の最尤推定値
(2) 母平均 μ が既知の場合の母分散 σ^2 の最尤推定値
(3) 2つの母数とも未知の場合のそれぞれの最尤推定値

解答
$$L(\mu, \sigma^2) = \prod_{i=1}^{n} \frac{1}{\sqrt{2\pi}\sigma} e^{-(x_i-\mu)^2/2\sigma^2} \propto \frac{1}{\sigma^n} \exp\left(-\frac{1}{2\sigma^2} \sum_{i=1}^{n}(x_i-\mu)^2\right)$$

であるから,

$$l(\mu, \sigma^2) = \log L(\mu, \sigma^2) = -\frac{n}{2}\log\sigma^2 - \frac{1}{2\sigma^2}\sum_{i=1}^{n}(x_i-\mu)^2 + 定数$$

である. よって,

$$\frac{\partial l}{\partial \mu} = -\frac{1}{2\sigma^2}\sum_{i=1}^{n} 2(\mu - x_i)$$
$$\propto \frac{\overline{x} - \mu}{\sigma^2}$$
$$\frac{\partial l}{\partial(\sigma^2)} = -\frac{n}{2\sigma^2} + \frac{1}{2\sigma^4}\sum_{i=1}^{n}(x_i-\mu)^2$$

である.

(1) $\dfrac{\partial l}{\partial \mu} = 0$ となる μ を求めれば,

$$\mu = \overline{x}$$

であり, これが求める答えである.

(2) $\dfrac{\partial l}{\partial(\sigma^2)} = 0$ となる σ^2 を求めれば,

$$\sigma^2 = \frac{1}{n}\sum_{i=1}^{n}(x_i-\mu)^2$$

であり, これが求める答えである.

(3) $\begin{cases} \dfrac{\partial l}{\partial \mu} = 0 \\ \dfrac{\partial l}{\partial(\sigma^2)} = 0 \end{cases}$ となる μ, σ^2 を求めれば,

$$\mu = \overline{x}, \quad \sigma^2 = \frac{1}{n}\sum_{i=1}^{n}(x_i-\overline{x})^2$$

であり, これが求める答えである.

本問の (2) や (3) を解くとき，σ^2 の最尤推定値を直接求める代わりに，σ を母数と考えて最尤推定値を求め，その値を 2 乗して答えとしてもよい．たとえば (2) の場合，

$$\frac{\partial l}{\partial \sigma} = -\frac{n}{\sigma} + \frac{1}{\sigma^3}\sum_{i=1}^{n}(x_i - \mu)^2 = 0$$

を満たす σ を求めれば，

$$\sigma = \sqrt{\frac{1}{n}\sum_{i=1}^{n}(x_i - \overline{x})^2}$$

となるので，これを 2 乗すれば，上記と同じ答えが得られる．一般に，次の手法が成り立つ．

手法 21 ［母数の関数の最尤推定値］

母数 θ の最尤推定値が $\hat{\theta}$ であり，関数 g が θ のとりうる値の範囲において逆関数をもつ（つまり，単調増加または単調減少である）とき，$g(\theta)$ の最尤推定値を $g(\hat{\theta})$ として求める．

このような関数 g については，θ のとりうる値の範囲において

$$\frac{\partial g}{\partial \theta} \neq 0$$

であるので，

$$\frac{\partial l}{\partial \theta} = \frac{\partial l}{\partial g(\theta)}\frac{\partial g(\theta)}{\partial \theta} = 0 \quad \Leftrightarrow \quad \frac{\partial l}{\partial g(\theta)} = 0$$

となり，この手法が成り立つ．

4.2.3 ●●● 推定量の評価

ここまで，点推定の方法としてモーメント法と最尤法を紹介したが，個々の場面に応じてさらに別の方法がとられることもある．このように点推定には複数の方法があるので，どの方法がよいかを評価する必要がある．こうした評価

を数学的にきちんと扱うためには，単なる実数値として表される推定値の代わりに，推定量という概念が必要である．

母数 θ の推定値 $\hat{\theta}$ は，標本の観測値 $x_1, \ldots, x_n$ によって決まる値であった．このことを

$$\hat{\theta} = \hat{\theta}(x_1, \ldots, x_n)$$

と書き表そう．すると，この右辺に出てくる $\hat{\theta}$ という記号はある関数を表す記号となるが，このときに形式的に $x_1, \ldots, x_n$ の代わりに $X_1, \ldots, X_n$ を代入した

$$\hat{\theta}(X_1, \ldots, X_n)$$

のことを母数 θ の**推定量**という．一般に，推定値にも推定量にも同じ記号（いまの例なら $\hat{\theta}$）を用いることが多く，本書でもそうするが，存在様態としては，推定値は実数値であり，推定量は確率変数であるので，大きく違う点には注意すべきである．このような表記法は，初学者には混乱のもとかもしれないが，きちんと理解して使うかぎりは，2つの記号を用意しないぶん煩雑さが減って大いに便利である．

さて，推定量は，どういう性質を満たしているとよいであろうか．次の4つを考えることが多い．

不偏性： 推定量は真の値より大きいほうにも小さいほうにも偏っていない．数学的にいえば，推定量 $\hat{\theta}$ の期待値が真の値 θ と等しい．つまり，

$$E[\hat{\theta}] = \theta$$

である．

一致性： 標本を大きくしていくと推定値は真の値に近づいていく．数学的にいえば，標本の大きさが n のときの推定量を $\hat{\theta}_n$ とすれば，n を大きくしていくと $\hat{\theta}_n$ は真の値 θ に確率収束する．つまり，任意の $\varepsilon > 0$ について，

$$\lim_{n \to \infty} P(|\hat{\theta}_n - \theta| > \varepsilon) = 0$$

である．

十分性： 標本から得られる情報のうちで点推定に寄与しうる部分は使い切っている．数学的な具体的な判定は（本書では説明しないが）フィッシャーの因子分解定理というものを用いる．十分性をもつ推定量のことを**十分統計量**という．

最小分散不偏性： 推定量は不偏であり，かつ，不偏推定量のなかで最も分散が小さい．

これらはいずれも重要な概念である．たとえば十分性は，

十分統計量があれば，最尤推定量は十分統計量の関数であり，
それ自体も十分統計量である

という性質をもつことをはじめとして，種々の意味で「よい」推定量を見つけたり，「よい」統計量（後述）を見つけたりする際に非常に重要な概念である．しかし，推定量が各性質をもっているかどうかの判定方法の実例については，本書ではもう少し的を絞り，以下では，これらの性質のうち不偏性と最小分散不偏性の判定方法のみ扱うことにする[5]．

不偏性以外の性質は，母集団分布の形を（全部または一部の母数の値を除いて）具体的に特定しておかなければ話が始まらない．たとえば，正規分布であるとかポアソン分布であるとかというように母集団分布の種類を特定しておく必要がある．しかし，不偏性に関しては，これは必須ではない．つまり，何々分布というようなことを一切特定しなくても，母集団分布の（たとえば）母平均や母分散の不偏推定を考えることができる．具体例を挙げれば，標本平均 $\overline{X} = (X_1 + \cdots + X_n)/n$ は，いつでも母平均 μ の不偏推定量となっている．なぜなら，統計的推測のモデルによれば $X_1, \ldots, X_n$ は平均 μ の同一の分布に従っているはずなので，

$$E[\overline{X}] = E\left[\frac{X_1 + \cdots + X_n}{n}\right] = \frac{1}{n} \times n\mu = \mu$$

となるからである．

問題68 [標本不偏分散]

母集団からの標本 $X_1, \ldots, X_n$ をもとにして作った

---

[5] ちなみに，一致性は，通常採用されるようなどんな推定量も満たしている性質であり，基本的な事例について証明を行う際には，チェビシェフの不等式 ($P(|X - E[X]| \geq k\sqrt{V[X]}) \leq 1/k^2$) を使えばすむ場合が多い．

$$\hat{\sigma}^2 := \frac{1}{n-1}\sum_{i=1}^n (X_i - \overline{X})^2$$

は，その母集団の母分散 σ^2 の不偏推定量となっていることを示せ．

解答 母平均を μ とし，X で $X_1, \ldots, X_n$ を代表させると，

$$E[\overline{X}] = \mu, \quad V[\overline{X}] = \frac{1}{n^2} \times nV[X] = \frac{\sigma^2}{n}$$

なので，

$$E[\hat{\sigma}^2] = E\left[\frac{1}{n-1}\sum_{i=1}^n (X_i - \overline{X})^2\right]$$
$$= \frac{1}{n-1} E\left[\sum_{i=1}^n (X_i^2 - 2X_i\overline{X} + \overline{X}^2)\right] = \frac{1}{n-1}(nE[X^2] - nE[\overline{X}^2])$$
$$= \frac{n}{n-1}\{(\mu^2 + \sigma^2) - (\mu^2 + \sigma^2/n)\} = \sigma^2$$

となり，題意は示される． □

このように，母集団分布について具体的な分布を想定しないモデルのことを**ノンパラメトリック**といい，現代では非常に重要で，よく使われるモデルである．古典的で基本的な事例をとりあげる本章の以下の部分では，ノンパラメトリックな方法は扱わないが，次章の5.3節で扱うビュールマンの方法の典型的な適用例は，ノンパラメトリックなものである．

次に，最小分散不偏性の話に移ろう．最小分散不偏性の判定に関連する概念として「クラメール=ラオの不等式」と「有効性」というものがある．

クラメール=ラオの不等式

$\hat{\theta}_n$ が，標本の大きさが n のときの θ の不偏推定量であるとすると，ある正則条件[6]を満たしているならば，母集団分布の密度関数ないし確率関数を $f_X(x;\theta)$ とすれば，

$$V[\hat{\theta}_n] \geq \frac{1}{nE\left[\left\{\frac{\partial \log f_X(X;\theta)}{\partial \theta}\right\}^2\right]} = -\frac{1}{nE\left[\frac{\partial^2 \log f_X(X;\theta)}{\partial \theta^2}\right]}$$

が成り立つ．この不等式を**クラメール=ラオの不等式**という．

---

[6] あらゆる母集団分布，あらゆる母数の不偏推定量について，クラメール=ラオの不等式が

有効性とは次のようなものである[7].

有効性： 不偏推定量の分散がクラメール=ラオの不等式による下界に達している．有効性を満たす場合には，当然，最小分散不偏性も満たすことになる．

クラメール=ラオの不等式の根拠を見る前に，実例を見ておこう．

> **問題 69** ベルヌーイ分布 $Bin(1, p)$ を母集団分布とする母集団（**母比率 p の 2 項母集団**という）の母比率 p の最尤推定量は最小分散不偏性をもつことを示せ．

(解答) 2 項母集団の母比率 p の最尤推定量は $\overline{X}$ である．便宜上，標本の大きさを n とする．

まず，
$$E[\overline{X}] = \frac{1}{n} E[X_1 + \cdots + X_n] = \frac{1}{n} \cdot np = p$$
であるので，不偏性は成り立つ．

また，
$$V[\overline{X}] = V\left[\frac{1}{n}(X_1 + \cdots + X_n)\right] = \frac{1}{n^2} np(1-p) = \frac{p(1-p)}{n}$$
であり，
$$E\left[\frac{\partial^2 \log f_X(X; p)}{\partial p^2}\right] = E\left[\frac{\partial^2 \log(p^X (1-p)^{1-X})}{\partial p^2}\right]$$
$$= E\left[\frac{\partial^2 \{X \log p + (1-X) \log(1-p)\}}{\partial p^2}\right]$$
$$= -\frac{1}{p^2} E[X] - \frac{1}{(1-p)^2} E[1-X] = -\frac{1}{p} - \frac{1}{1-p} = -\frac{1}{p(1-p)}$$
であるので，

成立するわけではない．しかし，たいていのまっとうな母集団分布，母数については，その成立が保証されている．そこで，このように「たいていのまっとうな場合には成り立つ」といいたい場面では，この性質が満たされる条件を正則条件（まっとうであるための条件）として逆に規定してしまい，「まっとうな場合には成り立つ」と（いわば）いいはるのが数学での慣わしである．

[7] 最小分散不偏性のことを有効性とよぶ文献もある．また，2 つの不偏推定量のうち分散の小さいもののほうを「より**有効である**」という場合がある．

$$V[\overline{X}] = \frac{p(1-p)}{n} = -\frac{1}{nE\left[\frac{\partial^2 \log f_X(X;p)}{\partial p^2}\right]}$$

が成り立つ．つまり，$\overline{X}$ は，クラメール=ラオの不等式の下界に達しているため，有効推定量であり，したがって最小分散不偏推定量である． □

次にクラメール=ラオの不等式の根拠を見ておこう．根拠を知れば，正則条件もわかるし，また，有効推定量を見つけるための方法も見えてくるであろう．

鍵となるのは，θ によらない関数 g について，次の等式が（たいていは）成り立つという事実である．

$$\frac{\partial}{\partial \theta} E[g(X)] = E\left[g(X) \frac{\partial}{\partial \theta} \log f_X(X;\theta)\right]$$

たしかに，X が連続型であっても離散型であっても，形式的に微分と積分や和の順序を交換すれば，この等式は成り立つ．連続型の場合だけ書けば，

$$\begin{aligned}
\frac{\partial}{\partial \theta} E[g(X)] &= \frac{\partial}{\partial \theta} \int_{-\infty}^{\infty} g(x) f_X(x;\theta) dx \\
&= \int_{-\infty}^{\infty} g(x) \frac{\partial}{\partial \theta} f_X(x;\theta) dx \\
&= \int_{-\infty}^{\infty} g(x) \left(\frac{\partial}{\partial \theta} \log f_X(x;\theta)\right) f_X(x;\theta) dx \\
&= E\left[g(X) \frac{\partial}{\partial \theta} \log f_X(X;\theta)\right]
\end{aligned}$$

となるとおりである．

この等式を使うとクラメール=ラオの不等式が導かれるので，その導出に必要なかぎりでこの等式が成り立つことが，クラメール=ラオの不等式の正則条件[8]となる．

導出は以下のとおりである．$\hat{\theta}_n$ が，標本の大きさが n のときの θ の不偏推定量であるとすると，$E[\hat{\theta}_n] = \theta$ であるから，

$$1 = \frac{\partial \theta}{\partial \theta} = \frac{\partial}{\partial \theta} E[\hat{\theta}_n]$$

---

[8] 実用上の注意としては，1つには，母数が連続の値をとる必要があるので，たとえば2項分布 $Bin(n, p)$ の母数 n は，正則条件を満たさない．そのほかに正則条件を満たさない類型としては，母数に応じて標本のとりうる値が変化してしまう場合が相当し，一様分布 $U(a, b)$ の母数やパレート分布 $Pa(\alpha, \beta)$ の母数 β などがその例である．また，複数の分布をつぎはぎした分布（つまり，とりうる値の区分によって実質的に分布が異なるもの）もふつうはダメである．

$$= E\left[\hat{\theta}_n \frac{\partial}{\partial \theta} \log \prod_{i=1}^{n} f_X(X_i;\theta)\right] \quad \text{(正則条件)}$$

$$= E\left[\hat{\theta}_n \frac{\partial}{\partial \theta} \log \prod_{i=1}^{n} f_X(X_i;\theta)\right] - \theta E\left[\frac{\partial}{\partial \theta} \log \prod_{i=1}^{n} f_X(X_i;\theta)\right]$$

$$\left(\because E\left[\frac{\partial}{\partial \theta} \log \prod_{i=1}^{n} f_X(X_i;\theta)\right] = nE\left[1 \cdot \frac{\partial}{\partial \theta} \log f_X(X;\theta)\right] = n \cdot \frac{\partial}{\partial \theta} E[1] = 0 \right.$$
$$\left. \text{(正則条件)}\right)$$

$$= E\left[(\hat{\theta}_n - \theta)\frac{\partial}{\partial \theta} \log \prod_{i=1}^{n} f_X(X_i;\theta)\right]$$

となる．よって，シュワルツの不等式（$E[XY]^2 \leq E[X^2]E[Y^2]$，等号は，ある定数 c について $Y = cX$ のとき）により，

$$1 \leq E[(\hat{\theta}_n - \theta)^2] E\left[\left\{\frac{\partial}{\partial \theta} \log \prod_{i=1}^{n} f_X(X_i;\theta)\right\}^2\right]$$

$$= V[\hat{\theta}_n]\left(nE\left[\left\{\frac{\partial \log f_X(X;\theta)}{\partial \theta}\right\}^2\right] + n(n-1)E\left[\frac{\partial \log f_X(X;\theta)}{\partial \theta}\right]^2\right)$$

$$= V[\hat{\theta}_n] \cdot nE\left[\left\{\frac{\partial \log f_X(X;\theta)}{\partial \theta}\right\}^2\right]$$

$$\left(\because E\left[\frac{\partial \log f_X(X;\theta)}{\partial \theta}\right] = \frac{\partial}{\partial \theta} E[1] = 0 \quad \text{(正則条件)}\right)$$

となり，クラメール=ラオの不等式

$$V[\hat{\theta}_n] \geq \frac{1}{nE\left[\left\{\frac{\partial \log f_X(X;\theta)}{\partial \theta}\right\}^2\right]}$$

が得られる．この不等式の右辺に現れる

$$E\left[\left\{\frac{\partial \log f_X(X;\theta)}{\partial \theta}\right\}^2\right]$$

は，（もう少し計算のしやすい場合が多い）

$$-E\left[\frac{\partial^2 \log f_X(X;\theta)}{\partial \theta^2}\right]$$

と等しい．そのことは，X が連続型の場合を例にすれば，

$$-E\left[\frac{\partial^2 \log f_X(X;\theta)}{\partial \theta^2}\right] = -\int_{-\infty}^{\infty} \frac{f_X(x;\theta)\frac{\partial^2 f_X(x;\theta)}{\partial \theta^2} - \left(\frac{\partial f_X(x;\theta)}{\partial \theta}\right)^2}{f_X(x;\theta)^2} f_X(x;\theta) dx$$

$$= -\int_{-\infty}^{\infty} \left\{ \frac{\partial^2 f_X(x;\theta)}{\partial \theta^2} - \left(\frac{\frac{\partial f_X(x;\theta)}{\partial \theta}}{f_X(x;\theta)} \right)^2 f_X(x;\theta) \right\} dx$$

$$= -\frac{\partial^2}{\partial \theta^2} \int_{-\infty}^{\infty} f_X(x;\theta) dx + E\left[\left\{ \frac{\partial \log f_X(X;\theta)}{\partial \theta} \right\}^2 \right] \quad \text{(正則条件)}$$

$$= 0 + E\left[\left\{ \frac{\partial \log f_X(X;\theta)}{\partial \theta} \right\}^2 \right] = E\left[\left\{ \frac{\partial \log f_X(X;\theta)}{\partial \theta} \right\}^2 \right]$$

と示すことができる.

不等式を導く際の上記の式変形を見ればわかるとおり, 有効推定量となる (つまり, 途中で使ったシュワルツの不等式で等号が成り立つ) のは, ある定数 c により

$$\frac{\partial}{\partial \theta} \log \prod_{i=1}^{n} f(X_i;\theta) = c(\hat{\theta}_n - \theta)$$

という形で表現できる場合である. また, この式の θ に $\hat{\theta}_n$ を代入すると右辺が 0 になるので, 左辺の形から $\hat{\theta}_n$ は最尤推定量である. つまり, 有効推定量ならば最尤推定量である. したがって, 次の手法が得られる.

手法 22 [有効推定量の見つけ方]

θ の有効推定量が存在するのは, ある推定量 $\hat{\theta}$ とある定数 c について

$$\frac{\partial}{\partial \theta} \log \prod_{i=1}^{n} f(X_i;\theta) = c(\hat{\theta} - \theta)$$

という等式が成り立つ場合であり, このとき, $\hat{\theta}$ は最尤推定量であるとともに有効推定量である.

問題 70 成功までの平均回数が θ であるファーストサクセス分布 $Fs(1/\theta)$ の θ の有効推定量があれば, それを求めよ.

(解答) 標本の大きさを n とすると,

$$\frac{\partial}{\partial \theta} \log \prod_{i=1}^{n} f(X_i;\theta) = \frac{\partial}{\partial \theta} \log \prod_{i=1}^{n} \frac{1}{\theta} \left(1 - \frac{1}{\theta}\right)^{X_i - 1}$$

$$\begin{aligned}
&= \frac{\partial}{\partial \theta}\left(-n\log\theta + \sum_{i=1}^{n}(X_i - 1)(\log(\theta-1) - \log\theta)\right) \\
&= -\frac{n}{\theta} + n\left(\frac{1}{\theta-1} - \frac{1}{\theta}\right)(\overline{X} - 1) \\
&= \frac{n}{\theta(\theta-1)}(\overline{X} - \theta)
\end{aligned}$$

と書けるので，$\overline{X}$ が有効推定量である． □

Column 5 ●最小分散不偏推定量の見つけ方

　本書の射程を超える内容であるので，本文では論じなかったが，鋭い読者は，「有効推定量が存在しない場合には何が最小分散不偏推定量となるか」という疑問を自然ともつであろう．最小不偏分散推定量を見つける万能な方法はないが，じつは，不偏推定量が有効推定量でない（つまり，クラメール=ラオの不等式による下界に達していない）場合でも，それが最小分散不偏推定量であることを確認できる場合がある．

　関連するのは，ラオ=ブラックウェルの定理やレーマン=シェフェの定理といった定理である．レーマン=シェフェの定理の内容を簡単に述べれば，十分統計量が「完備」という性質（本書では説明を省略する）をもっているときは，その統計量の関数で不偏推定量となるものをうまく作り出せば，その不偏推定量は最小分散不偏推定量であることが保証される，というものである．

　たとえば指数母集団 $\Gamma(1,\beta)$ において β の最尤推定量を求めると $1/\overline{X}$ であり，$\overline{X}$ の性質を調べると，これは完備な十分統計量であり，$1/\overline{X}$ もまた完備な十分統計量である．また，式変形をしていくと，

$$E\left[\frac{1}{\overline{X}}\right] = \frac{n\beta}{n-1}$$

であることがわかるので，統計量 $(n-1)/(n\overline{X})$ は不偏であり，したがってこれは β の最小分散不偏推定量である．しかし，これは最尤推定量ではなく，一般に，不偏な最尤推定量でなければ有効推定量ではないから，これは有効推定量ではない．つまり，有効推定量ではない最小分散不偏推定量である．

　では，完備な十分統計量 T があるとき，その統計量の関数で不偏のものを見出すには一般にどうしたらよいであろうか．これにはじつに強力な方法がある．何でもよいから1つ不偏推定量 S を見つけさえすれば，それをもとに

$$E[S|T]$$

という統計量を作ればよい．すると，そうしてできた統計量はちゃんと最小分散不偏推定量になってくれるのである．

先の指数母集団の例で，ポアソン過程と指数分布との対応関係を考えると，β の自然な不偏推定量 S として，

実現値 $x_1, \ldots, x_n$ について，$\sum_{i=1}^{k} x_i > 1$ を満たす k の最小値 -1

（これが定義できるほどには十分に標本は大きいものとする）

というものを思いつくことができる．一方，$X_1 + \cdots + X_n$ が完備な十分統計量であるので，この「強力な」方法によれば，

$$E[S|X_1 + \cdots + X_n]$$

を考えればよい．ここで，再びポアソン過程との関係を考えれば，$X_1 + \cdots + X_n = t$ という条件のもとでは，S は2項分布 $Bin(n-1, 1/t)$ に従うことがわかるので，

$$E[S|X_1 + \cdots + X_n] = \frac{n-1}{X_1 + \cdots + X_n} = \frac{n-1}{n\overline{X}}$$

が得られる．これが最小分散不偏推定量であることは，上で見たとおりである．

4.3 標本分布

区間推定や仮説検定では，統計量というものが鍵となる．統計量とは，ある種の確率変数であるが，確率変数である統計量が従う分布として，統計的手法のために用意されたいくつかの特別な分布があるので，ここで導入しておこう．

$X_1, \ldots, X_n$ が互いに独立にすべて標準正規分布 $N(0,1)$ に従うとき，

$$X_1^2 + \cdots + X_n^2$$

の従う分布のことを**自由度 n のカイ2乗分布** $\chi^2(n)$ という．

問題71 ［カイ2乗分布の定義］

自由度 n のカイ2乗分布の密度関数 $f(x)$ を求めよ．

解答 X が標準正規分布 $N(0,1)$ に従うとき，X^2 が従う分布の密度関数は

$$f_{X^2}(y) = \frac{1}{\sqrt{2\pi}} y^{-\frac{1}{2}} e^{-\frac{y}{2}}, \quad 0 \leqq y < \infty$$

である[9]．これは，ガンマ分布 $\Gamma(1/2, 1/2)$ の密度関数にほかならない．

したがって，自由度 n のカイ 2 乗分布 $\chi^2(n)$ は，独立な n 個のガンマ分布 $\Gamma(1/2, 1/2)$ の和の分布となるので，それはガンマ分布 $\Gamma(n/2, 1/2)$ にほかならず，その密度関数は，

$$f(x) = \frac{1}{2^{n/2}\Gamma(n/2)} x^{\frac{n}{2}-1} e^{-\frac{x}{2}}, \quad 0 < x < \infty$$

である． □

統計的手法のために作られた数表を見れば，カイ 2 乗分布の上側 ε 点が与えられているので，ガンマ分布に関わる計算に利用できる場合がある．

問題 72 [ガンマ分布をカイ 2 乗分布で表す]

X がガンマ分布 $\Gamma(m, \beta)$ に従うとき，0 以上の定数 c について $P(X > x) = c$ となる x を，カイ 2 乗分布の上側 ε 点を用いて表せ．

(解答) 簡単に確かめられるように，$2\beta X$ はガンマ分布 $\Gamma(m, 1/2)$，つまり自由度 $2m$ のカイ 2 乗分布 $\chi^2(2m)$ に従う．

したがって，自由度 $2m$ のカイ 2 乗分布 $\chi^2(2m)$ の上側 ε 点を $\chi^2_{2m}(\varepsilon)$ で表せば，

$$c = P(2\beta X > \chi^2_{2m}(c)) = P(X > \chi^2_{2m}(c)/2\beta)$$

となるので，求める値は，

$$x = \frac{\chi^2_{2m}(c)}{2\beta}$$

である． □

こうした計算の結果は，たとえば指数母集団の区間推定や仮説検定を行うときに利用される．

---

[9] これを求めるにはいくつもやり方があるが，たとえば $|X|$ の密度関数が

$$f_{|X|}(x) = \frac{2}{\sqrt{2\pi}} e^{-\frac{x^2}{2}}, \quad 0 \leqq x < \infty$$

であることから，1 変数の変数変換を使って

$$f_{X^2}(y) = f_{|X|^2}(y) = \frac{2}{\sqrt{2\pi}} e^{-\frac{y}{2}} \frac{1}{2\sqrt{y}} = \frac{1}{\sqrt{2\pi}} y^{-\frac{1}{2}} e^{-\frac{y}{2}}, \quad 0 < y < \infty$$

とすればよい．

練習問題 34 N がポアソン分布 $Po(\lambda)$ に従うとき, $P(N \leq n)$ および $P(N \geq n)$ の値をそれぞれ適当な自由度 m のカイ2乗分布の分布関数 $F_{\chi_m^2}(x)$ を用いて表せ.

解答 ポアソン分布とガンマ分布との関係（コラム4（116頁）参照）から, T_n, T_{n+1} をそれぞれガンマ分布 $\Gamma(n, \lambda)$ と $\Gamma(n+1, \lambda)$ に従う確率変数とすれば,

$$P(N \leq n) = P(T_{n+1} > 1), \quad P(N \geq n) = P(T_n \leq 1)$$

が成り立つ. したがって, $\chi_{2n}^2, \chi_{2n+2}^2$ をそれぞれカイ2乗分布 $\chi^2(2n) = \Gamma(n, 1/2)$ と $\chi^2(2n+2) = \Gamma(n+1, 1/2)$ に従う確率変数とすれば,

$$P(N \leq n) = P(T_{n+1} > 1) = P(2\lambda T_{n+1} > 2\lambda) = P(\chi_{2n+2}^2 > 2\lambda) = 1 - F_{\chi_{2n+2}^2}(2\lambda)$$

$$P(N \geq n) = P(T_n \leq 1) = P(2\lambda T_n \leq 2\lambda) = P(\chi_{2n}^2 \leq 2\lambda) = F_{\chi_{2n}^2}(2\lambda)$$

となる. □

本問の結果は，ポアソン母集団の区間推定や仮説検定を実行する際に利用される.

カイ2乗分布の性質のうち，統計的推測においてもっと重要なのは，正規母集団の標本分散の定数倍がカイ2乗分布に従う点である.

問題 73 ［正規母集団の標本分散の分布］

$X_1, \ldots, X_n$ を正規母集団 $N(\mu, \sigma^2)$ からの標本とするとき,

$$標本分散 \; V = \frac{1}{n} \sum_{i=1}^n (X_i - \overline{X})^2$$

に n/σ^2 を乗じた確率変数

$$T := \frac{nV}{\sigma^2}$$

は，自由度 $n-1$ のカイ2乗分布 $\chi^2(n-1)$ に従うことを示せ.

解答 $i = 1, \ldots, n$ について X_i を正規化した

$$Y_i := \frac{X_i - \mu}{\sigma}$$

を考えると,

$$T = \frac{1}{\sigma^2} \sum_{i=1}^n (X_i - \overline{X})^2$$

$$= \sum_{i=1}^{n}\left(\frac{X_i-\mu}{\sigma}-\frac{\overline{X}-\mu}{\sigma}\right)^2$$
$$= \sum_{i=1}^{n}(Y_i-\overline{Y})^2 = Y_1^2+\cdots+Y_n^2-(\sqrt{n}\,\overline{Y})^2$$

であるので，これが自由度 $n-1$ のカイ 2 乗分布 $\chi^2(n-1)$ に従うことを示せばよい．

これを示すには，互いに独立に標準正規分布 $N(0,1)$ に従うある $n-1$ 個の確率変数 $Z_1,\ldots,Z_{n-1}$ によって，
$$Y_1^2+\cdots+Y_n^2 = Z_1^2+\cdots+Z_{n-1}^2+(\sqrt{n}\,\overline{Y})^2$$
と書けることがわかればよい．その際，$Z_1,\ldots,Z_{n-1}$ がどれも $Y_1,\ldots,Y_n$ の 1 次結合で表され，かつ，（同じく標準正規分布 $N(0,1)$ に従う）$\sqrt{n}\,\overline{Y} = (1/\sqrt{n})Y_1+\cdots+(1/\sqrt{n})Y_n$ とも独立であるようにするという（さらに条件を課した）課題を考えれば，それは，$(1/\sqrt{n},\ldots,1/\sqrt{n})$ を基底ベクトルの 1 つとしてもつ n 次元正規直交基底を 1 つ見つけてくるという課題にほかならず，条件を満たす $Z_1,\ldots,Z_{n-1}$ を見つけることができる[10]のは自明である．

したがって，題意が成り立つことも明らかである． □

この解答は，正規母集団に関する区間推定や仮説検定を行う際にきわめて重要な事柄も同時に示している．それは，

> 正規母集団の標本平均と標本分散は互いに独立である

という事実である．解答中の $Z_1,\ldots,Z_{n-1}$ と $\sqrt{n}\,\overline{Y}$ が互いに独立であることから，

標本分散 $V = \dfrac{\sigma^2}{n}(Z_1^2+\cdots+Z_{n-1}^2)$ と 標本平均 $\overline{X} = (\sigma\overline{Y}+\mu)$

も互いに独立であることがわかるというわけである．この独立性は，次に見る t 分布と深い関係がある．

---

[10] たとえば，

$$\begin{pmatrix}Z_1\\\vdots\\Z_{n-1}\end{pmatrix} = \begin{pmatrix}\frac{1}{\sqrt{1\cdot 2}} & \frac{-1}{\sqrt{1\cdot 2}} & 0 & \cdots & 0\\ \frac{1}{\sqrt{2\cdot 3}} & \frac{1}{\sqrt{2\cdot 3}} & \frac{-2}{\sqrt{2\cdot 3}} & \cdots & 0\\ \vdots & \vdots & \vdots & \ddots & \vdots\\ \frac{1}{\sqrt{(n-1)n}} & \frac{1}{\sqrt{(n-1)n}} & \frac{1}{\sqrt{(n-1)n}} & \cdots & \frac{-(n-1)}{\sqrt{(n-1)n}}\end{pmatrix}\begin{pmatrix}Y_1\\\vdots\\Y_n\end{pmatrix}$$

とすればよい．

X, Y が互いに独立にそれぞれ標準正規分布 $N(0, 1)$ と自由度 m のカイ 2 乗分布 $\chi^2(m)$ に従うとき,

$$T := \frac{X}{\sqrt{Y/m}}$$

の従う分布のことを**自由度 m の t 分布** $t(m)$ という.

実際に t 分布を使う場面では,あらかじめ用意された数表を見ればすむ場合が多いので,密度関数自体は覚える必要もないが,さほど複雑でもないので記しておけば次のとおりである(自分でこの密度関数を求めるのは,よい演習問題となるであろう).

$$f_T(t) = \frac{\Gamma\left(\frac{m+1}{2}\right)}{\sqrt{m\pi}\,\Gamma\left(\frac{m}{2}\right)}\left(1 + \frac{t^2}{m}\right)^{-\frac{m+1}{2}} = \frac{1}{\sqrt{m}\,B\left(\frac{m}{2}, \frac{1}{2}\right)}\left(1 + \frac{t^2}{m}\right)^{-\frac{m+1}{2}}, \quad -\infty < t < \infty$$

自由度 1 の t 分布 $t(1)$ は標準コーシー分布 $C(0, 1)$ である.自由度 m を $m \to \infty$ としたときの t 分布 $t(\infty)$ は標準正規分布 $N(0, 1)$ である.

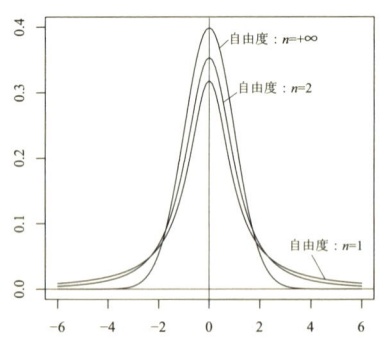

自由度 $1, 2, \infty$ の t 分布のグラフ

問題 74　正規母集団 $N(\mu, \sigma^2)$ からの標本を $X_1, \ldots, X_n$ とするとき,

$$T := \frac{\overline{X} - \mu}{\sqrt{\sum_{i=1}^{n}(X_i - \overline{X})^2 \Big/ n(n-1)}}$$

は,自由度 $n-1$ の t 分布 $t(n-1)$ に従うことを示せ.

解答 標本分散

$$V := \frac{1}{n}\sum_{i=1}^{n}(X_i - \overline{X})^2$$

を考えると，

$$T = \frac{\overline{X} - \mu}{\sqrt{\sum_{i=1}^{n}(X_i - \overline{X})^2 / n(n-1)}} = \frac{\frac{\overline{X} - \mu}{\sigma/\sqrt{n}}}{\sqrt{nV/\sigma^2(n-1)}}$$

と表される．ここで，$\frac{\overline{X}-\mu}{\sigma/\sqrt{n}}$ と nV/σ^2 は互いに独立にそれぞれ標準正規分布 $N(0,1)$ と自由度 $n-1$ のカイ 2 乗分布 $\chi^2(n-1)$ に従うので，T は自由度 $n-1$ の t 分布 $t(n-1)$ に従う． □

正規母集団の等分散仮説の検定ほかで重要な役割を果たす F 分布も，カイ 2 乗分布に基づいて定義される．

X, Y が互いに独立にそれぞれ自由度 m_1 のカイ 2 乗分布 $\chi^2(m_1)$ と自由度 m_2 のカイ 2 乗分布 $\chi^2(m_2)$ に従うとき，

$$F := \frac{X/m_1}{Y/m_2}$$

の従う分布のことを**自由度** (m_1, m_2) **の F 分布** $F(m_1, m_2)$ という．

実際に F 分布を使う場面では，t 分布同様，あらかじめ用意された数表を見ればすむ場合が多いので，密度関数自体は覚える必要もないので（非常に複雑というほどではないが）省略する．なお，数表は，ε が小さい場合の上側 ε 点 $F_{m_2}^{m_1}(\varepsilon)$ しか与えられていないのがふつうなので，注意を要する．自由度 (m_1, m_2) の F 分布に従う確率変数の逆数は自由度 (m_2, m_1) の F 分布に従うので，自由度 (m_1, m_2) の F 分布の下側 ε 点 $F_{m_2}^{m_1}(1-\varepsilon)$ を得たいときは，自由度 (m_2, m_1) の F 分布の上側 ε 点 $F_{m_1}^{m_2}(\varepsilon)$ の逆数をとればよい．つまり，

$$F_{m_2}^{m_1}(1-\varepsilon) = \frac{1}{F_{m_1}^{m_2}(\varepsilon)}$$

である．

F 分布のグラフ

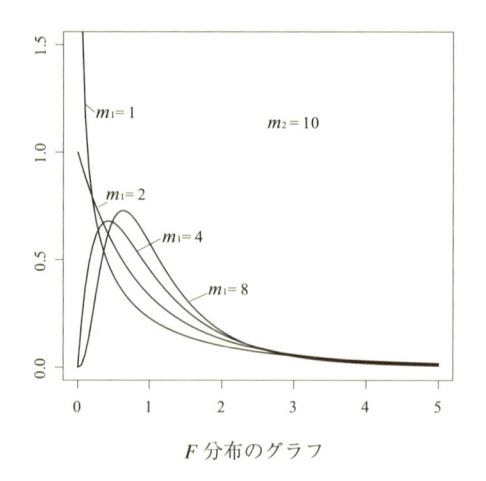

4.4 区間推定

点推定の結果は理解しやすいが，推定であるからには，ある程度外れるのがむしろ当然なので，1 つの値だけが答えとして与えられても，それが真の値からどれだけ外れているかについての情報は得られない．そのため，幅をもたせて「a 以上 b 以下」といった形で推定する方法があり，それが**区間推定**である．

4.4.1 ●●● 典型的な信頼区間の作り方

区間推定（や仮説検定）においては，統計量というものが重要である．**統計量**とは，標本をもとにして作った確率変数であって，統計的手法において役に立つもののことである．区間推定自体の考え方を説明する準備として，まず統計量の例を見てみよう．

そこで，分散 σ^2 が既知であり，母平均 μ が未知である正規母集団 $N(\mu, \sigma^2)$ を考えてみる．この母集団からの標本を $X_1, \ldots, X_n$ とするとき，$X_1 + \cdots + X_n$ は正規分布 $N(n\mu, n\sigma^2)$ に従うので，これを正規化した

$$T := \frac{X_1 + \cdots + X_n - n\mu}{\sqrt{n}\sigma} = \frac{\overline{X} - \mu}{\sigma/\sqrt{n}}$$

は標準正規分布 $N(0, 1)$ に従う．この T が統計量（この場合であれば，区間推定に

おいて役に立つ確率変数）の一例である．

うまい統計量の見つけ方などを説明する前に，まずはこれを区間推定に利用する様子を見てもらおう．標準正規分布の上側 ε 点を $u(\varepsilon)$ とすると，

$$P(-u(0.025) \leqq T \leqq u(0.025))$$

は 95% という高確率となる．このとき，

$$-u(0.025) \leqq T \leqq u(0.025) \Leftrightarrow \overline{X} - \frac{\sigma}{\sqrt{n}}u(0.025) \leqq \mu \leqq \overline{X} + \frac{\sigma}{\sqrt{n}}u(0.025)$$

であるから，

$$P\left(\overline{X} - \frac{\sigma}{\sqrt{n}}u(0.025) \leqq \mu \leqq \overline{X} + \frac{\sigma}{\sqrt{n}}u(0.025)\right) = 95\%$$

である．ここで形式的に $X_1, \ldots, X_n$ に $x_1, \ldots, x_n$ を代入して，

$$\overline{x} - \frac{\sigma}{\sqrt{n}}u(0.025) \leqq \mu \leqq \overline{x} + \frac{\sigma}{\sqrt{n}}u(0.025)$$

という区間を作り，これを，母分散 σ^2 既知の場合の正規母集団 $N(\mu, \sigma^2)$ の母平均 μ の 95% **信頼区間**という．また，いまの例の場合の 95% のことを**信頼係数**という．

具体的な区間推定方法を作るというのは，こうして信頼区間なるものを作ることにほかならない．区間推定法においては，たとえば 95% 信頼区間の場合でいえば，「信頼係数 95% という高い信頼度で，母数はその信頼区間に入っている」と推定するのである．信頼係数の値が何を表すのかについては，じつはなかなか面倒な議論がある[11]のだが，誤解を恐れずに少し端的に述べると，95%の例でいえば，この方法で区間推定を 1 回行うときに「母数が信頼区間に入る確率」が 95% ということである．

まだ一例を示しただけでほとんど何も説明していないものの，あらかじめ典型的な信頼区間を作るための大まかな流れを示しておけば，

うまい統計量を見つける
→ 統計量の実現値が高確率で収まる「範囲」を考える
→ 「範囲」を形式的に書き換え，信頼区間とする

---

[11] たとえば，信頼区間を計算した後に，「母数がこの信頼区間に入っている確率は 95% である」という述べ方をしてしまうと間違いだとされるのがふつうである．

というものである．この，信頼区間を作るという課題をよりはっきりさせるために次の問題を見てみよう．

問題 75 平均 μ が未知の指数母集団 $\Gamma(1, 1/\mu)$ からの標本の観測値を $x_1,\ldots,x_n$ とするとき，μ の 95% 信頼区間を求めよ．

一般的な手法を説明する前に，ともかくも本問の解答を先に示しておこう．

解答

$$T := \frac{2n\overline{X}}{\mu} = \frac{2(X_1 + \cdots + X_n)}{\mu}$$

という統計量 T を考える．この T は，自由度 $2n$ のカイ 2 乗分布 $\chi^2(2n)$ に従う．したがって，カイ 2 乗分布の上側 ε 点を $\chi^2_{2n}(\varepsilon)$ とすると，

$$95\% = P(\chi^2_{2n}(0.975) \leq T \leq \chi^2_{2n}(0.025))$$
$$= P\left(\frac{2n\overline{X}}{\chi^2_{2n}(0.025)} \leq \mu \leq \frac{2n\overline{X}}{\chi^2_{2n}(0.975)}\right)$$

となるので，区間

$$\frac{2n\overline{X}}{\chi^2_{2n}(0.025)} \leq \mu \leq \frac{2n\overline{X}}{\chi^2_{2n}(0.975)}$$

の $X_1,\ldots,X_n$ に $x_1,\ldots,x_n$ を形式的に代入した

$$\frac{2n\overline{x}}{\chi^2_{2n}(0.025)} \leq \mu \leq \frac{2n\overline{x}}{\chi^2_{2n}(0.975)}$$

が求める信頼区間である． □

信頼区間を作るためには，まずうまい「統計量」を見つけるのが常套手段であるが，その見つけ方にはコツはあるが，こうすれば必ずうまくいくという方法はない．多くの場合にうまくいくのは，最尤推定量から出発する方法である．最尤推定量は典型的には十分統計量なので，推定した母数に関して標本がもつ情報は最尤推定量がみなもっているので，最尤推定量をもとにうまい統計量を見つけることができればそれに優るものはないのがふつうである．本問の場合の最尤推定量は $\overline{X}$ であった．

最尤推定量からうまい統計量を作るには，まず最尤推定量が従う分布を考え，これを適当に（たとえば定数を加えたり定数倍したりして）変形して，未知

のパラメータをもたない分布に従う確率変数を作り，それを統計量の候補とする．こうして作った統計量の候補が，標本 $X_1, \ldots, X_n$ と，推定したい未知母数 θ のみの（つまり，その他の未知の母数は含まれない）関数で表されているなら，それをそのまま統計量とすればよい．本問の場合には，最尤推定量はガンマ分布 $\Gamma(n, n/\mu)$ に従うので，これを n/μ 倍すれば，未知のパラメータをもたないガンマ分布 $\Gamma(n, 1)$ に従う確率変数ができ，（いちおう）目的が達せられる．ただし，（計算機の発達している現在では，こうしたガンマ分布の値も簡単に得られるので原理的には本質的ではないが）ガンマ分布の数表はふつう与えられていないので，さらに2倍して，自由度 $2n$ のカイ2乗分布 $\chi^2(2n) = \Gamma(n, 1/2)$ に従う確率変数 T を統計量としている．

最尤推定量を適当に変形して作った統計量の候補に，推定しようとしている母数以外の未知の母数が含まれている場合の例は少し後で見ることとして，うまい統計量がともかく得られ，しかもその統計量が従う分布が扱いやすいものである場合の信頼区間の作り方を示せば，次のとおりである．

手法23 ［典型的な信頼区間の作り方］

標本 $X_1, \ldots, X_n$ と，推定したい未知母数 θ のみの関数である統計量 $T = T(X_1, \ldots, X_n; \theta)$ の従う分布 D が（パラメータの値も含め）わかっているとき，信頼係数 $1 - \varepsilon$ の信頼区間を作るには，適当な t_1, t_2（ふつうはそれぞれ D の下側 $\varepsilon/2$ 点と上側 $\varepsilon/2$ 点とする）をとって，

$$P(t_1 \leqq T(X_1, \ldots, X_n; \theta) \leqq t_2) = 1 - \varepsilon$$

とし，

$$t_1 \leqq T(x_1, \ldots, x_n; \theta) \leqq t_2 \Leftrightarrow \hat{\theta}_L(x_1, \ldots, x_n) \leqq \theta \leqq \hat{\theta}_U(x_1, \ldots, x_n)$$

となる $\hat{\theta}_L, \hat{\theta}_U$ を求め，

$$\hat{\theta}_L \leqq \theta \leqq \hat{\theta}_U$$

を信頼区間とする．

この手法の適用例は，すでに上で正規分布の母分散既知の場合の母平均の場

合と，指数母集団の母平均の場合（問題75）で示したとおりなので，改めて参照してほしい．また，ここまでに示した方法を使えば，巻末に載せた代表的な区間推定のうち，未知母数が1つのものは，近似を使うものを除いてすべて信頼区間を自分で求めることができるはずであるので，練習問題としてもらいたい．

次に，うまい統計量を見つけようとして最尤推定量を適当に変形して作った統計量の候補に，推定しようとしている母数以外の未知の母数が含まれている場合を見てみよう．一例は，正規母集団で母分散未知のときに母平均を区間推定する場合である．

問題76 母平均 μ も母分散 σ^2 も未知の正規母集団 $N(\mu, \sigma^2)$ からの標本の観測値を $x_1, \ldots, x_n$ とするとき，μ の95%信頼区間を求めよ．

もちろん，これは統計学のどんな教科書にも載っている基本的事例なので，信頼区間がどうなるかの結果を知っている読者も多いであろう．その $1-\varepsilon$ 信頼区間は，

$$\bar{x} - \sqrt{\sum_{i=1}^{n}(x_i - \bar{x})^2 \Big/ n(n-1)}\, t_{n-1}\left(\frac{\varepsilon}{2}\right) \leq \mu \leq \bar{x} + \sqrt{\sum_{i=1}^{n}(x_i - \bar{x})^2 \Big/ n(n-1)}\, t_{n-1}\left(\frac{\varepsilon}{2}\right)$$

であり，これは統計量

$$T := \frac{\bar{X} - \mu}{\sqrt{\sum_{i=1}^{n}(X_i - \bar{X})^2 \Big/ n(n-1)}}$$

が自由度 $n-1$ の t 分布 $t(n-1)$ に従うことから得られるものである．この統計量 T が未知の母数によらない分布に従うという事実の発見は，統計学の歴史上，画期的な出来事であり，その分布は，発見者[12]の論文執筆の際のペンネームをとって「スチューデントの t 分布」とよばれている．

この統計量は，形式上，以下のようにすると見出すことができる．まず，推定したい母数 μ の最尤推定量 $\bar{X}$ を用意する．未知パラメータをもたない分布に

---

[12] ウィリアム・ゴセット (1876-1937)．

従うように，これを正規化して
$$\frac{\overline{X} - \mu}{\sigma/\sqrt{n}}$$
とする．この式のなかには，推定したい母数以外の未知母数 σ^2 が含まれているので，その部分を σ^2 の（最尤推定量である標本分散を定数倍して作った）不偏推定量である標本不偏分散
$$\frac{\sum_{i=1}^{n}(X_i - \overline{X})^2}{n-1}$$
で置き換えて，
$$T := \frac{\overline{X} - \mu}{\sqrt{\sum_{i=1}^{n}(X_i - \overline{X})^2 / n(n-1)}}$$
という統計量 T を作る．すると T は幸い，（スチューデントが発見して，われわれにとっては）既知の分布である自由度 $n-1$ の t 分布 $t(n-1)$ に従うものとなっているのである．

ともかくも，この統計量 T がうまく見出せたとして本問の解答を記せば次のとおりである．

(解答) 統計量
$$T := \frac{\overline{X} - \mu}{\sqrt{\sum_{i=1}^{n}(X_i - \overline{X})^2 / n(n-1)}}$$
を考えると，T は自由度 $n-1$ の t 分布 $t(n-1)$ に従う．そこで，同分布の上側 ε 点を $t_{n-1}(\varepsilon)$ とし，t 分布が原点を中心に左右対称であることから $t_{n-1}(1-\varepsilon) = -t_{n-1}(\varepsilon)$ に注意すれば，

$$95\% = P\left(-t_{n-1}(0.025) \leqq (\overline{X} - \mu) \Big/ \sqrt{\sum_{i=1}^{n}(X_i - \overline{X})^2 / n(n-1)} \leqq t_{n-1}(0.025)\right)$$

$$= P\left(\overline{X} - \sqrt{\sum_{i=1}^{n}(X_i - \overline{X})^2 / n(n-1)}\, t_{n-1}(0.025) \leqq \mu \leqq \overline{X} + \sqrt{\sum_{i=1}^{n}(X_i - \overline{X})^2 / n(n-1)}\, t_{n-1}(0.025)\right)$$

となる．よって，求める信頼区間は

$$\overline{x} - \sqrt{\sum_{i=1}^{n}(x_i - \overline{x})^2 / n(n-1)}\, t_{n-1}(0.025) \leqq \mu \leqq \overline{x} + \sqrt{\sum_{i=1}^{n}(x_i - \overline{x})^2 / n(n-1)}\, t_{n-1}(0.025)$$

となる. ■

　同様の方法についての練習問題はここに載せないが，ここまでに示した方法を使えば，巻末に載せた代表的な区間推定のうち，未知母数が複数のものについても，近似を使うものを除いてすべて信頼区間を自分で求めることができるはずであるので，練習問題としてもらいたい.

　ところで，実際には，うまい統計量が得られても，その統計量が従う分布を求めるのが難しかったり，あるいは，求められても扱いが難しかったりしてあまり実用的でない場合がある.

　たとえば，母集団からの標本の観測値を $(x_1, y_1), \ldots, (x_n, y_n)$ とするときの母相関係数 ρ に関する区間推定を考えてみよう．この区間推定を作る場合には，母集団分布は 2 次元正規分布を仮定するのがふつうであるので，ここでもそうしよう．すると，ρ に対する統計量の候補として，標本相関係数 r_{xy} が考えられるが，r_{xy} は，母相関係数以外の未知母数をもたないので，形式上はすでにうまい統計量である．しかし，その分布の密度関数を求めるのは容易ではなく，また，求めたとしても，それをそのまま区間推定に用いるには扱いにくいのが実際である．そこで，実用上は，n が大きければ，

$$T := \frac{\frac{1}{2}\log\frac{1+r_{xy}}{1-r_{xy}} - \frac{1}{2}\log\frac{1+\rho}{1-\rho}}{1/\sqrt{n-3}}$$

という統計量 T の従う分布が標準正規分布 $N(0, 1)$ に近似できるという事実が知られているので，それを使って信頼区間を求めるのがふつうである.

練習問題 35　[z 変換]

　母集団からの標本の観測値を $(x_1, y_1), \ldots, (x_n, y_n)$ とするときの母相関係数 ρ に関する信頼係数 $1-\varepsilon$ の信頼区間を求めよ．ただし，n は十分大きいものとし，

$$z(r) := \frac{1}{2}\log\frac{1+r}{1-r}$$

とせよ.

解答
$$T := \frac{z(r_{xy}) - z(\rho)}{1/\sqrt{n-3}}$$

とすれば，T は近似的に標準正規分布 $N(0, 1)$ に従うので，標準正規分布の上側 ε 点を $u(\varepsilon)$ とすれば，

$$|T| \leqq u(\varepsilon/2) \Leftrightarrow \quad z^{-1}(z(r_{xy}) - u(\varepsilon/2)/\sqrt{n-3}) \leqq \rho \leqq z^{-1}(z(r_{xy}) + u(\varepsilon/2)/\sqrt{n-3})$$
$$(\because z(t) \text{ は単調増加関数})$$

となるので，求める信頼区間は

$$z^{-1}(z(r_{xy}) - u(\varepsilon/2)/\sqrt{n-3}) \leqq \rho \leqq z^{-1}(z(r_{xy}) + u(\varepsilon/2)/\sqrt{n-3})$$

である． □

4.4.2 ●●● 近似法による信頼区間の作り方

実用上は，標本がある程度大きければ，鍵となる統計量の従う分布が正規分布に近似できる場合が多い．その事実を利用して信頼区間を作る方法を以下では**近似法**とよぶことにする．

問題77 2項母集団 $Bin(1,p)$ からの標本の観測値を $x_1,\ldots,x_n$ とするとき，近似法により，p の $1-\varepsilon$ 信頼区間を求めよ．

(解答) うまい統計量を見つけるために，p の最尤推定量 $\overline{X}$ を考えると，それを n 倍した $n\overline{X}$ は2項分布 $Bin(n,p)$ に従うので，n が大きい場合には，$\overline{X}$ を正規化した

$$T := \frac{\overline{X} - p}{\sqrt{p(1-p)/n}}$$

という統計量 T を作れば，T は標準正規分布 $N(0,1)$ に従うものと近似できる．したがって，標準正規分布の上側 ε 点を $u(\varepsilon)$ とすれば，

$$1 - \varepsilon = P\left(-u(\varepsilon/2) \leqq \frac{\overline{X} - p}{\sqrt{p(1-p)/n}} \leqq u(\varepsilon/2)\right)$$

となるので，

$$-u(\varepsilon/2) \leqq \frac{\overline{x} - p}{\sqrt{p(1-p)/n}} \leqq u(\varepsilon/2) \quad \Leftrightarrow \quad a \leqq p \leqq b$$

となる区間 $a \leqq p \leqq b$ [13] が求める信頼区間となるはずである．ただし，通常は，（どうせ近似なのだから，さらなる近似として）上記の式中の

$$\sqrt{p(1-p)/n}$$

---
[13] 具体的に求めると，

の部分の p を最尤推定量 $\overline{X}$ で置き換えて，

$$1 - \varepsilon = P\left(-u(\varepsilon/2) \leqq \frac{\overline{X} - p}{\sqrt{\overline{X}(1 - \overline{X})/n}} \leqq u(\varepsilon/2)\right)$$

と見なし，

$$-u(\varepsilon/2) \leqq \frac{\bar{x} - p}{\sqrt{\bar{x}(1 - \bar{x})/n}} \leqq u(\varepsilon/2) \quad \Leftrightarrow \quad \bar{x} - \sqrt{\bar{x}(1 - \bar{x})/n}\,u(\varepsilon/2) \leqq p \leqq \bar{x} + \sqrt{\bar{x}(1 - \bar{x})/n}\,u(\varepsilon/2)$$

より，

$$\bar{x} - \sqrt{\bar{x}(1 - \bar{x})/n}\,u(\varepsilon/2) \leqq p \leqq \bar{x} + \sqrt{\bar{x}(1 - \bar{x})/n}\,u(\varepsilon/2)$$

を信頼区間とする． □

近似法を用いた場合，たいていは信頼区間が $e \pm d$ という形で得られるので，信頼区間として直感的に理解しやすく，その点は長所であろう．

近似法の練習問題はここに載せないが，巻末には，本例のほかに，ポアソン母集団の場合の近似法の結果も載せている．上に示したのと同様の方法を使えば，その場合の信頼区間も自分で求めることができるはずであるので，練習問題としてもらいたい．

4.4.3 ●●● 信頼区間の最適化

ここまで見てきた例においては，鍵となる統計量の従う分布の上側 $\varepsilon/2$ 点と下側 $\varepsilon/2$ 点を利用して $1 - \varepsilon$ 信頼区間を作っていたが，このようにいわば左右に均等配分することは，とくに根拠のあることではない．もちろん，鍵となる統計量の従う分布が左右対称の場合は，この方法はもっともらしいが，そうでない場合には，注意が必要である．

$$a = \frac{1}{1 + \frac{u(\varepsilon/2)^2}{n}}\left(\bar{x} + \frac{u(\varepsilon/2)^2}{2n} - \frac{u(\varepsilon/2)}{\sqrt{n}}\sqrt{\bar{x}(1 - \bar{x}) + \frac{u(\varepsilon/2)^2}{4n}}\right)$$

$$b = \frac{1}{1 + \frac{u(\varepsilon/2)^2}{n}}\left(\bar{x} + \frac{u(\varepsilon/2)^2}{2n} + \frac{u(\varepsilon/2)}{\sqrt{n}}\sqrt{\bar{x}(1 - \bar{x}) + \frac{u(\varepsilon/2)^2}{4n}}\right)$$

となる．

とくに，信頼区間の幅が狭いほうが望ましいと考えるとするならば，信頼区間の作り方は見直す必要がある．実際には，この意味での最適な信頼区間を作り出すことは，煩雑なわりには，いままで見てきたような単純な方法と結果に大差がないと判断されるせいか，あまり重視されないことが多いが，鍵となる統計量の従う分布の非対称性がとくに大きい場合には，実用上も考慮するのが当然であろう．

問題78 [信頼区間の最適化]

母数 r が未知の一様分布 $U(0, r)$ を母集団分布とする母集団からの標本の観測値を $x_1, \ldots, x_n$ とするとき，r の $1-\varepsilon$ 信頼区間のうち最も幅の狭いものを求めよ．

(解答) r の最尤推定量は，

$$X_{(n)} = \max\{X_1, \ldots, X_n\}$$

であり，$X_{(n)}$ の従う分布の分布関数 $F(x)$ は，

$$F(x) = P(X_{(n)} \leqq x) = \left(\frac{x}{r}\right)^n, \quad 0 \leqq x \leqq r$$

である．したがって，

$$T := \frac{X_{(n)}}{r}$$

という統計量 T を考えると，T の分布関数 $F_T(t)$ は，

$$F_T(t) = t^n, \quad 0 \leqq t \leqq 1$$

となって未知の母数をもたないので，うまい統計量である．

このとき，任意の $0 \leqq a < b \leqq 1$ について，

$$P(a \leqq T \leqq b) = b^n - a^n$$

であり，また，

$$a \leqq T \leqq b \quad \Leftrightarrow \quad \frac{X_{(n)}}{b} \leqq r \leqq \frac{X_{(n)}}{a}$$

であるから，求める信頼区間は，

$$b^n - a^n = 1 - \varepsilon$$

を満たす a,b のうち，$1/a - 1/b$ を最小にする a,b を用いた

$$\frac{x_{(n)}}{b} \leqq r \leqq \frac{x_{(n)}}{a}$$

という区間である．

簡単な考察と計算[14]により，条件を満たすのは，

$$a = \varepsilon^{1/n}, \quad b = 1$$

のときであることがわかるので，求める信頼区間は，

$$x_{(n)} \leqq r \leqq \frac{x_{(n)}}{\varepsilon^{1/n}}$$

である． □

　統計学の一般の教科書や参考書を見るかぎり，実用上は，たとえばカイ2乗分布に従う統計量を扱う場合，信頼区間の幅を最小化する処置はなされないのがふつうである．ちなみに，ほんの2例を挙げれば，信頼係数 95% の場合，自由度 10 のカイ2乗分布に従う統計量の通常の信頼区間は (3.25, 20.48)（幅は 17.23）であるのに対し，最適化した場合の信頼区間は (2.41, 18.86)（幅は 16.45）であり，自由度 30 のカイ2乗分布に従う統計量の通常の信頼区間は (16.79, 46.98)（幅は 30.19）であるのに対し，最適化した場合の信頼区間は (15.72, 45.45)（幅は 29.73）である．これらを大差ないと見るかどうかは，推定を行う者の判断となるが，もし差があると判断するなら，最適区間に対応するカイ2乗分布表（これは，後で見るように，仮説検定における両側検定にも利用できる）をあらかじめ用意しておいたほうがよいであろう．

4.5　仮説検定

　仮説検定は，推定とは違って，あらかじめ母数の値に関して何らかの仮説が立てられている場合に，その仮説が統計的に見ておかしくないかどうかを検証するものである．

---

[14] 高校レベルの方法で解くなら，$b^n - a^n = 1 - \varepsilon$ より，$a = (b^n - 1 + \varepsilon)^{\frac{1}{n}}$ なので，最小化したい関数

$$g(b) := 1/a - 1/b = (b^n - 1 + \varepsilon)^{-\frac{1}{n}} - 1/b$$

について，$0 \leqq b \leqq 1$ の範囲で増減表を書けばよい．

問題 79 [棄却域]

あるコインについて，投げたときに表の出る確率 p と裏の出る確率 $q := 1-p$ が等しい（つまり，$p = 0.5$）という仮説（帰無仮説）が間違っていないか検証（仮説検定）したい．じつは，このコインは表が出やすいのではないか（対立仮説）と疑われている．そこで，コインを何回か振って，そのうちで表が出た回数によって帰無仮説が間違っていると判断する（帰無仮説を棄却する）か間違っているとはいい切れないと判断する（帰無仮説を採択する）かを決める．コインを振る回数を n 回（これは実験者がコントロールできる）とし，実験の結果表が出た回数を表す確率変数を X とし，その実現値を x（これは実験者はコントロールできない）とする．

n を固定したうえで，表の出る回数 x が定数 c 以上という範囲（棄却域）であれば，帰無仮説を棄却することにする．この c は，帰無仮説が正しいとしたときに，確率 $P(X \geq c)$ があらかじめ設定した低い確率（有意水準）ε となるように決める（もう少し正確には，$P(X \geq c) \leq \varepsilon$ を満たす最小の c とする）．つまり，帰無仮説が正しいとすると，表が c 回以上という多数の回数出ることは確率的にはめったに起きないことなので，帰無仮説が間違っていると判断するのである．$n = 8, \varepsilon = 0.05$ として c の値を求めよ．

(解答) 帰無仮説が正しいとすると，X は 2 項分布 $Bin(n, 1/2)$ に従う．したがって，棄却域を求めるためには，

$$P(X \geq c) = \sum_{i=c}^{n} \binom{n}{i} \left(\frac{1}{2}\right)^n \leq \varepsilon$$

を満たす最小の c を求めればよい．

$n = 8, \varepsilon = 0.05$ として具体的に計算すると，

$$P(X = 8) = \binom{8}{8}\left(\frac{1}{2}\right)^8 = \frac{1}{256} \fallingdotseq 0.0039 < 0.05$$

$$P(X = 7) = \binom{8}{7}\left(\frac{1}{2}\right)^8 = \frac{8}{256}$$

$$\therefore P(X \geq 7) = \frac{1}{256} + \frac{8}{256} = \frac{9}{256} \fallingdotseq 0.035 < 0.05$$

$$P(X=6) = \binom{8}{6}\left(\frac{1}{2}\right)^8 = \frac{28}{256}$$

$$\therefore P(X \geqq 6) = \frac{9}{256} + \frac{28}{256} = \frac{37}{256} \fallingdotseq 0.145 > 0.05$$

となるので，求める値は

$$c = 7$$

である． □

仮説検定の基本的な発想方法は，いま見た問題と解答のなかに示されているとおりである．

（典型的には，疑わしいとされていて）検証したい仮説を**帰無仮説**という．多くの場合は，仮説で主張されている値が大きすぎるのではないかとか小さすぎるのではないかとかというように，疑いの方向が決まっており，帰無仮説に対抗するそうした仮説を**対立仮説**という．疑いの方向がとくに決まっていない場合も，端的に「帰無仮説は間違っている」という仮説を形式上の対立仮説とする．標本の値を調べた結果，帰無仮説よりも対立仮説のほうがもっともらしく，しかも，帰無仮説が正しいとすると，得られたような極端な結果が生じる確率は非常に低い，と判断される場合には，帰無仮説を**棄却**する．棄却しきれない場合には，帰無仮説を**採択**する．ただし，「採択」という言葉は誤解を招きやすい．採択する場合も，帰無仮説が間違いであると統計的に判断できなかったにすぎず，帰無仮説が正しいことが統計的に帰結したわけではなく，いわば消極的な「採択」である．

形式としては，標本 $X_1,\ldots,X_n$ から作られる統計量 $T(X_1,\ldots,X_n)$ の実現値 $T(x_1,\ldots,x_n)$ が，**棄却域**とよばれる領域に入るとき，帰無仮説を棄却する．棄却域を定めるにあたっては，**有意水準**とよばれるある低い確率 ε をあらかじめ決めたうえで，帰無仮説が正しいとしたときに標本の実現値が棄却域 R に入る確率 $P(T(X_1,\ldots,X_n) \in R)$ が ε 以下となるようにする．また，棄却域は，帰無仮説が正しい場合よりも対立仮説が正しい場合のほうが，統計量の実現値が棄却域に入りやすいように設定する．

典型的には，**右側検定**，**左側検定**，**両側検定**の3種類があり，それぞれ，鍵となる統計量の実現値が一定の値を上回ったら棄却，一定の値を下回ったら棄

却，上限と下限のある一定の区間から外れたら棄却，とする．したがって，具体的に検定方式を作る際には，右側検定，左側検定，両側検定のいずれとするかという点が1つの課題となる．そして，その課題の答えは，原則として対立仮説のパターンに依存する．

対立仮説の典型的なパターンには，次の4つがある．
(1) 帰無仮説が想定するのとは別の特定の値を正しいとする（単純仮説）．
(2) 帰無仮説が想定するよりも母数の値が大きいとする．
(3) 帰無仮説が想定するよりも母数の値が小さいとする．
(4) 単に帰無仮説は正しくないとする．

そして，通常，仮説検定で用いる統計量は，検定しようとする母数の真の値に対して単調である．つまり，真の値が大きいほど統計量も大きくなるか，真の値が大きいほど統計量が小さくなるかのいずれかである．そのため，ほとんどの場合，対立仮説のパターンが(4)だと両側検定[15]であり，それ以外は右側検定か左側検定であり，また，そのどちらであるかの判定も非常に簡単であるのがふつうである．なお，以下では，右側検定と左側検定の両方を指して**片側検定**ともいう．

問題80 ［第2種の誤り］

問題79で求めた棄却域に基づいて仮説検定を行ったとき，帰無仮説（$p = 0.5$）が正しくても棄却されるという間違い（第1種の誤り）が生じてしまう確率はおよそ3.5%であった．反対に，表が出やすい（つまり，対立仮説が正しい）にもかかわらず帰無仮説が棄却されないという間違い（第2種の誤り）もある．真の値が $p = 0.75$ のときの第2種の誤りの確率を求めよ．

解答

$$\text{求める確率} = P(X < 7 | p = 3/4)$$
$$= 1 - \binom{8}{8}\left(\frac{3}{4}\right)^8\left(\frac{1}{4}\right)^0 - \binom{8}{7}\left(\frac{3}{4}\right)^7\left(\frac{1}{4}\right)^1$$

---

[15] 例外としては，たとえば，区間推定の問題78で見た例のように，分布の形状を理由として両側に棄却域をとらない場合もある．

$$= 1 - \frac{6561}{65536} - \frac{17496}{65536} = \frac{41479}{65536} \fallingdotseq 63.3\%$$

　一方で，帰無仮説が正しくても実際には棄却されてしまうというある種の間違いが生じる可能性がある．この間違いのことを**第1種の誤り**という．その発生確率は有意水準以下である．母集団分布が連続型の場合には，第1種の誤りは有意水準と一致するのがふつうである．他方，対立仮説が正しいにもかかわらず帰無仮説が棄却されないという間違いもあり，これは**第2種の誤り**とよばれる．こちらの確率は，対立仮説は一般に範囲で指定されるので，単純には規定されない．本問で見たように，対立仮説に含まれる1点を固定したうえで第2種の誤りの確率を計算することはできる．また，第2種の誤りの確率を1から引いたものをその点における**検出力**という．

問題 81 [標本の大きさの求め方]

仮説検定の考え方は問題79のとおりとし，また，$\varepsilon = 0.05$ も同じとしたうえで，真の値が $p = 0.75$ のときの第2種の誤りの確率が 0.1 以下となるようにしたい．n をいくつ以上としたらよいか．計算にあたっては，適宜，正規近似を用いてよい．その際，標準正規分布 $N(0, 1)$ の上側 ε 点 $u(\varepsilon)$ は，$u(0.05) = 1.645$，$u(0.10) = 1.282$ とせよ．

解答 n が十分大きいとして，2項分布 $Bin(n, 1/2)$ を正規分布 $N(n/2, n/4)$ で近似すると，

$$\varepsilon \geqq P(X \geqq c) = P\left(\frac{X - n/2}{\sqrt{n/4}} \geqq \frac{c - n/2}{\sqrt{n/4}} \right)$$

$$\Leftrightarrow \quad \frac{c - n/2}{\sqrt{n/4}} \geqq u(\varepsilon)$$

$$\Leftrightarrow \quad c \geqq \frac{\sqrt{n}}{2} u(\varepsilon) + \frac{n}{2}$$

となるので，$\varepsilon = 0.05$ とすれば，棄却域は，

$$x \geqq \frac{\sqrt{n}}{2} u(\varepsilon) + \frac{n}{2} = \frac{\sqrt{n}}{2} \cdot 1.645 + \frac{n}{2}$$

となる．よって，

$$第2種の誤りの確率 = P\left(X < \frac{\sqrt{n}}{2} \cdot 1.645 + \frac{n}{2} \,\middle|\, p = \frac{3}{4} \right)$$

となる．したがって，2項分布 $Bin(n, 3/4)$ を正規分布 $N(3n/4, 3n/16)$ で近似すれば，

$0.1 \geqq$ 第2種の誤りの確率

$$= P\left(\frac{X - 3n/4}{\sqrt{3n/16}} < \frac{1.645\sqrt{n}/2 + n/2 - 3n/4}{\sqrt{3n/16}} = \frac{3.29}{\sqrt{3}} - \sqrt{\frac{n}{3}} \,\middle|\, p = \frac{3}{4}\right)$$

$$\Leftrightarrow \quad \frac{3.29}{\sqrt{3}} - \sqrt{\frac{n}{3}} \leqq u(0.9) = -u(0.1) = -1.282$$

$$\Leftrightarrow \quad n \geqq \left(1.282\sqrt{3} + 3.29\right)^2 \fallingdotseq 30.37$$

よって，

$$n \geqq 31$$

とすればよい． □

4.5.1 ●●● 典型的な検定方式の作り方

問題82 平均 μ が未知の指数母集団 $\Gamma(1, 1/\mu)$ からの標本の観測値を $x_1, \ldots, x_n$ とするとき，有意水準を 5% とし，

帰無仮説 H_0: $\mu = \mu_0$
対立仮説 H_1: $\mu \neq \mu_0$

とする仮説検定の棄却域を求めよ．

本書で考えている範囲の仮説検定では，対応する区間推定において鍵となる統計量をもとに，次のとおり，ほぼ形式的に棄却域を作ればよい．

手法24 ［棄却域の作り方］

対応する区間推定において鍵となる統計量 T を考え，そのなかに現れる母数を帰無仮説に基づく値に置き換えたものを仮説検定において用いる統計量 T_0 とする（誤解の恐れがないと思われるので，T_0 の実現値も同じく T_0 で表す）．

対立仮説の内容などを考慮し，右側検定とするのであれば，$P(T_0 > c) \leqq \varepsilon$ となる最小の c（典型的には，ちょうど $P(T_0 > c) = \varepsilon$ となる c）を用いて，棄却域を

$$T_0 > c$$

とし，左側検定とするのであれば，$P(T_0 < c) \leqq \varepsilon$ となる最大の c（典型的には，ちょうど $P(T_0 < c) = \varepsilon$ となる c）を用いて，棄却域を

$$T_0 < c$$

とし，両側検定とするのであれば，$P(T_0 < c_1) \leqq \varepsilon/2$ となる最大の c_1（典型的には，ちょうど $P(T_0 < c_1) = \varepsilon/2$ となる c_1）と $P(T_0 > c_2) \leqq \varepsilon/2$ となる最小の c_2（典型的には，ちょうど $P(T_0 > c_2) = \varepsilon/2$ となる c_2）とを用いて，棄却域を

$$T_0 < c_1 \cup T_0 > c_2$$

とする．

解答

$$T_0 := \frac{2n\overline{X}}{\mu_0} = \frac{2(X_1 + \cdots + X_n)}{\mu_0}$$

という統計量 T_0（実現値も T_0 と書く）を考える．帰無仮説が正しい場合には，この T_0 は，自由度 $2n$ のカイ2乗分布 $\chi^2(2n)$ に従う．したがって，カイ2乗分布の上側 ε 点を $\chi^2_{2n}(\varepsilon)$ とすると，

$$T_0 < \chi^2_{2n}(0.975) \cup T_0 > \chi^2_{2n}(0.025)$$

を棄却域とすればよい． □

この手法に関する練習問題はここに載せないが，この手法を使えば，巻末に載せた代表的な仮説検定のうち，対応する区間推定のあるものの仮説検定方式はすべて自分で求めることができるはずであるので，練習問題としてもらいたい．

実際には，仮説検定に対応する区間推定があるとはかぎらない．その場合には，改めて，鍵となる統計量を見つけるところから始めなければならない．

たとえば，母集団からの標本の観測値を $(x_1, y_1), \ldots, (x_n, y_n)$ とするときに，母相関係数 ρ が 0 である（つまり無相関である）ことを帰無仮説とする仮説検定（**無相関検定**という）を考えてみよう．母集団分布は，2 次元正規分布とする[16]．

---
[16] 実際には母集団分布の種類を特定せずに以下に示す方法が用いられるが，近似的な方法

n が大きい場合には，母相関係数の区間推定があったが，もっと精密な方法を得たいとすると，対応する区間推定はないということになる．そして，その場合，まずは鍵となる統計量から見つけなければならない．

一般に，鍵となる統計量を探すときのコツは，区間推定の場合と同じであり，最尤推定量から出発するとうまくいく場合が多い．そして，無相関検定の場合も，形式的にはそれでうまくいく．すなわち，標本相関係数 r_{xy} を統計量とすればよい．しかし，標本相関係数 r_{xy} の従う分布は，（さほど複雑ではない[17]ものの）とり扱いは面倒である．そこで，実用上は，

$$T := \frac{\sqrt{n-2}\, r_{xy}}{\sqrt{1-r_{xy}^2}}$$

という統計量 T を用いている．この T は自由度 $n-2$ の t 分布に従うので扱いやすいのである．この T は，$i=1,\ldots,n$ について，$\varepsilon_1,\ldots,\varepsilon_n$ が互いに独立に同一の正規分布 $N(0,\sigma^2)$ に従うものとして，

$$Y_i = \alpha + \beta x_i + \varepsilon_i$$

とする単回帰モデルにおけるパラメータ β の区間推定や仮説検定を行う際に鍵となる統計量とまったく同じ形をしている．たしかに $\beta=0$ は無相関であることに対応しているので，この関連性は記憶にとどめやすいし，じつのところ（本書では省略するが）T が自由度 $n-2$ の t 分布に従うことを示す議論も基本的に同一であるので，（簡単ではないが）練習問題としてもらうとよい．

4.5.2 ●●● 検定方式の評価

検定方式の実際の作り方を見てきたが，こうして作られる検定方式が望ましい性質をもっているかどうかについて考えてみよう．注目すべきは，いわば一

でないとすれば，2次元正規分布を仮定する必要がある．

[17] その密度関数 $f(r)$ は，

$$f(r) = \frac{\Gamma\left(\frac{n-1}{2}\right)}{\sqrt{\pi}\,\Gamma\left(\frac{n-2}{2}\right)}(1-r^2)^{-\frac{n-4}{2}}, \quad -1 \leq r \leq 1$$

である．

点のみである．有意水準（第1種の誤りの確率）ε を固定して考えれば，第2種の誤りの確率が小さければ小さいほど望ましい．つまり，対立仮説が正しいときに，帰無仮説が棄却される確率（検出力）が高いほうが望ましい，ということである．とはいえ，対立仮説が一般には単純ではないために，評価も単純ではない．

そこで，まずは単純な場合を考えてみよう．その場合には，最良の検定方式を得るための方法が知られている．

手法 25 ［ネイマン=ピアソンの補題］

注目している母数を θ とし，有意水準が ε で，

$$\text{帰無仮説 } H_0: \quad \theta = \theta_0$$
$$\text{対立仮説 } H_1: \quad \theta = \theta_1$$

であるとき，標本を $X_1, \ldots, X_n$ とし，母集団分布の密度関数ないし確率関数を $f_X(x; \theta)$ とすると，

$$P\left(\frac{\prod_{i=1}^{n} f_X(X_i; \theta_1)}{\prod_{i=1}^{n} f_X(X_i; \theta_0)} > k \right) \leq \varepsilon$$

を満たす最小の k （典型的には，左辺の確率がちょうど ε となるような k）によって作られる

$$\frac{\prod_{i=1}^{n} f_X(x_i; \theta_1)}{\prod_{i=1}^{n} f_X(x_i; \theta_0)} > k$$

を棄却域とする．

一般に，検出力が最大となる場合を**最強力検定**ないし**最有力検定**というが，この手法に基づいて棄却域を作ると，必ず最強力検定が得られるという定理（**ネイマン=ピアソンの補題**とよばれる）がある[18]．

---

[18] この定理（ないし補題）の根拠を示すのには紙幅を要するので本書では省略する．巻末

この手法による棄却域を作る際に出てくる

$$\frac{\prod_{i=1}^{n} f_X(x_i; \theta_1)}{\prod_{i=1}^{n} f_X(x_i; \theta_0)}$$

の分母は**帰無仮説の尤度**とよばれるものであり，分子は**対立仮説の尤度**とよばれるものであり，分数全体は**尤度比**とよばれるものである．したがって，じつはこの手法は，後で見る尤度比検定の一例ともなっている点に注意されたい．なお，細かい点であるが，尤度比を作るときに，帰無仮説に関するものと対立仮説に関するもののうちのどちらを分母にしどちらを分子にするかについては統一されていないので，複数の文献を参照するときに混乱しないように注意されたい．本書では一貫して，帰無仮説に関するものを分母とする．

ところで，いまの手法の場合の帰無仮説や対立仮説のように，（範囲を指定するのではなく）1 点のみを指定する仮説は，**単純仮説**とよばれる．そうでない場合は，**複合仮説**とよばれる．本書の範囲では，帰無仮説は単純仮説の場合が多いが，対立仮説は原則として複合仮説である．なお，検定の対象としている母数以外に未知の母数がある場合には，帰無仮説も必ず複合仮説となる．たとえば，正規母集団で，母分散 σ^2 が未知で母平均 μ を検定する場合，帰無仮説が $\mu = \mu_0$ という一見すると単純仮説の形をしていても，実際には，「$\mu = \mu_0$ かつ $0 < \sigma^2 < \infty$」という複合仮説である．

対立仮説が複合仮説のときには，望ましい検定方式は，対立仮説に含まれるすべての点について検出力が最大となる（第 2 種の誤りの確率が最小となる）ことであり，もしこれを満たすものがあれば，それは**一様最強力検定**ないし**一様最有力検定**であるという．巻末に掲載している基本的な事例では，帰無仮説が単純仮説の場合の片側検定は，すべて一様最強力検定となっている．これは，対立仮説に含まれるすべての点について，ネイマン=ピアソンの補題が適用できるからである．

に掲げる参考文献 [4][5][6][7] のいずれにも説明があるが，大まかな根拠を知るには [7] で十分であろう．

> **問題 83** 平均 μ が未知の指数母集団 $\Gamma(1, 1/\mu)$ からの標本の観測値を $x_1, \ldots, x_n$ とするとき，有意水準を 5% とし，
>
> $$\text{帰無仮説 } H_0: \quad \mu = \mu_0$$
> $$\text{対立仮説 } H_1: \quad \mu > \mu_0$$
>
> とする場合の一様最強力検定をネイマン=ピアソンの補題を利用して求めよ．

(解答) $\mu_1 > \mu_0$ である任意の μ_1 について，

$$\text{帰無仮説 } H_0: \quad \mu = \mu_0$$
$$\text{対立仮説 } H_1: \quad \mu = \mu_1$$

とする最強力検定をネイマン=ピアソンの補題に基づいて求め，それが μ_1 の値によらない検定方式であれば，それが本問の求める一様最強力検定である．

$\mu = \mu_1$ を対立仮説とするとき，尤度比は，

$$\frac{\prod_{i=1}^{n} f_X(x_i; \mu_1)}{\prod_{i=1}^{n} f_X(x_i; \mu_0)} = \frac{\mu_1^{-n} \exp\left(-\frac{1}{\mu_1} \sum_{i=1}^{n} x_i\right)}{\mu_0^{-n} \exp\left(-\frac{1}{\mu_0} \sum_{i=1}^{n} x_i\right)}$$
$$= \left(\frac{\mu_0}{\mu_1}\right)^n \exp\left\{\left(\frac{1}{\mu_0} - \frac{1}{\mu_1}\right) n\bar{x}\right\}$$

であり，これは $\bar{x}$ についての単調増加関数である．したがって，求める棄却域は，ある定数 K を用いて，

$$\bar{x} > K$$

という形で表すことができる．

さらに，

$$T_0 := \frac{2n\bar{X}}{\mu_0}$$

という統計量 T_0 (実現値も T_0 と書く) を考えると，棄却域は，

$$T_0 > \frac{2nK}{\mu_0} =: c$$

という形で表すことができる．この棄却域は，

$$P(T_0 > c \mid \mu = \mu_0) = 0.05$$

を満たす必要があるが，$\mu = \mu_0$ が正しいとすれば，この T_0 は，自由度 $2n$ のカイ2乗分布 $\chi^2(2n)$ に従うので，カイ2乗分布の上側 ε 点を $\chi^2_{2n}(\varepsilon)$ とすると，

$$T_0 > \chi^2_{2n}(0.05)$$

を棄却域とすればよいことが帰結する．この棄却域は（μ_0 には依存するが）μ_1 の値にはよらずに決まるので，一様最強力検定が得られたことになる．

結局，

$$T_0 = \frac{2n\bar{x}}{\mu_0} > \chi^2_{2n}(0.05)$$

が求める棄却域である． □

両側検定の場合には，一様最強力検定が存在しないのがふつうである．そこで，両側検定の場合には，理論的には，**不偏検定法**[19] というものに限定した中での最強力な検定として**一様最強力不偏検定**なるものが考えられることがある．これは，区間推定における信頼区間の最適化（4.4.3）に対応する手法であるが，区間推定の場合と同様，実際にはあまり追求されていないので詳細は省略しよう．ただし，正規分布の平均に関する仮説検定のように，鍵となる統計量の従う分布が左右対称の場合には，通常の両側検定がそのまま一様最強力不偏検定になっている．

4.5.3 ●●● 尤度比検定

帰無仮説，対立仮説とも単純仮説の場合には，ネイマン=ピアソンの補題によって，最強力検定がいつでも得られたが，一般には，たとえば一様最強力検定は必ずしも存在しないので，最良の検定方法を必ず見つけることのできる方法はそもそも存在しない．しかし，それなりによい検定方法を得ることがつねに期待できる一般的な検定方式の作り方として，**尤度比検定**というものが知られている．

「典型的な検定方式の作り方」（4.5.1）で言及した検定方式は，どれも（広い意味での）尤度比検定として求めることができるので，少なくともその意味では

---

[19] 対立仮説に含まれるどの点においても，検出力は有意水準以上であるような検定方法．

非常に汎用性のある方法である．しかし，中身を説明する前にやや否定的な側面を指摘しておくと，尤度比検定をまじめに受けとるならば，尤度比検定に基づいた両側検定用の数表[20]（たとえばカイ2乗分布表やF分布表）が用意されてしかるべきであるが，実際は用意されていないのがふつうである．また，尤度比検定法は，汎用性が大変魅力的ではあるが，最終的に使える統計量を直接見つけるのにはさほど役立つわけでもない．したがって，学習者にとっては，よく知られた検定方式が尤度比検定としても導出できるという点を学ぶことは重要であるが，尤度比検定法によって実際の（精密な）検定方式が簡単に見つけられるようになるなどと期待してはならない．尤度比検定法が実用上（きわめて）重要なのは，少し別の点にある．じつは，標本が大きい場合に近似を使った検定方式の多くは，尤度比検定法によって（最終的に使える統計量を含めて）導くことができるのである．この点については，後述する．

さて，尤度比検定法とは次の手法である．

手法26　[尤度比検定]

注目している母数（母数ベクトルでもよい）をθとし，有意水準はεで，帰無仮説をH_0，対立仮説をH_1とする．また，標本を$X_1,\ldots,X_n$とし，母集団分布の密度関数ないし確率関数を$f_X(x;\theta)$とする．このとき，**尤度比** $\lambda(x_1,\ldots,x_n)$ を

$$\lambda(x_1,\ldots,x_n) := \frac{\max_{\theta\in H_1}\prod_{i=1}^{n}f_X(x_i;\theta)}{\max_{\theta\in H_0}\prod_{i=1}^{n}f_X(x_i;\theta)} = \frac{\prod_{i=1}^{n}f_X(x_i;\hat{\theta}_1)}{\prod_{i=1}^{n}f_X(x_i;\hat{\theta}_0)}$$

と定義し，

$$P(\lambda(X_1,\ldots,X_n) > k) \leq \varepsilon$$

を満たす最小のk（典型的には，左辺の確率がちょうどεとなるようなk）によって作られる

$$\lambda(x_1,\ldots,x_n) > k$$

---

[20] 基本的な事例では，これを用いれば，一様最強力不偏検定となることが期待できる．

を棄却域とする．ここで，$\hat{\theta}_0$ は帰無仮説のもとでの θ の最尤推定値であり，$\hat{\theta}_1$ は対立仮説のもとでの θ の最尤推定値である．

問題 84 平均 μ が未知の指数母集団 $\Gamma(1, 1/\mu)$ からの標本の観測値を $x_1, \ldots, x_n$ とするとき，有意水準を 5% とし，

$$\text{帰無仮説 } H_0: \quad \mu = \mu_0$$
$$\text{対立仮説 } H_1: \quad \mu \neq \mu_0$$

とする仮説検定の棄却域を，尤度比検定法によって求めよ．

(解答) μ の最尤推定値 $\hat{\mu}$ は，

$$\hat{\mu} = \overline{x}$$

であり，最尤推定値は尤度を最大化するものであることに注意すれば，

$$\text{尤度比} \lambda(x_1, \ldots, x_n) = \frac{\max_{\mu \in H_1} \prod_{i=1}^{n} f_X(x_i; \mu)}{\max_{\mu \in H_0} \prod_{i=1}^{n} f_X(x_i; \mu)} = \frac{\prod_{i=1}^{n} f_X(x_i; \hat{\mu})}{\prod_{i=1}^{n} f_X(x_i; \mu_0)}$$

$$= \frac{\overline{x}^{-n} \exp\left(-\frac{1}{\overline{x}} n\overline{x}\right)}{\mu_0^{-n} \exp\left(-\frac{1}{\mu_0} n\overline{x}\right)} = \left(\frac{\mu_0}{\overline{x}}\right)^n \exp\left(\frac{n\overline{x}}{\mu_0} - n\right)$$

となる．したがって，尤度比は $\overline{x}$ の関数であり，その関数は，容易に確かめられるように，ある点までは単調減少でありその点以降は単調増加であるので，尤度比検定による棄却域は，ある定数 K_1, K_2 によって

$$\overline{x} < K_1 \cup \overline{x} > K_2$$

という形となる．一般の n について，この K_1 と K_2 をきれいな形で求めることはできないので，通常は，ここで厳密な尤度比検定から離れてふつうの両側検定で満足する．その場合，問題 82 の答えと一致する．

もし尤度比検定をまじめに捉えるなら，上記の K_1, K_2 は，

$$\begin{cases} K_1 \exp\left(-\frac{K_1}{\mu_0}\right) = K_2 \exp\left(-\frac{K_2}{\mu_0}\right) \\ P(\overline{X} < K_1 \cup \overline{X} > K_2) = 0.05 \end{cases}$$

を満たす値である[21]．

---

[21] たとえば，$n = 30$ のときに具体的に棄却域を求めると，

尤度比検定が実用上きわめて重要であるのは，標本が大きい場合に，**カイ 2 乗検定**（鍵となる統計量がカイ 2 乗分布に従う仮説検定）に近似できる[22] からである．その際，鍵となる統計量 T は，尤度比を λ とすれば，

$$T := 2\log\lambda$$

である．つまり，この T がカイ 2 乗分布に近似的に従うのである．

そのカイ 2 乗分布の自由度は，大まかにいえば，実質的に仮説検定の直接の対象となっている未知母数の個数である．たとえば，これまで見てきた事例では，どれもその個数は 1 であった．そして，その場合には，自由度 1 のカイ 2 乗分布だけ使えば（近似的な）仮説検定ができるということである．自由度が 1 より大きい典型的な事例は，多次元分布を扱う場合である．

いずれにせよ，尤度比検定は非常に汎用性が広く，しかも，標本が大きい場合にはすべてカイ 2 乗検定に帰着するので，大変重宝な検定方法といえるのである．

4.5.4 ●●● 適合度検定

尤度比検定から導かれるカイ 2 乗検定の一例として，非常に適用範囲の広い適合度検定がある（その導出は，問題 86 参照）．ここでは，その適合度検定の解説を行おう．適合度検定をどう実行するかは，統計学の基本的な教科書に必ず載っているが，次のとおりである．

$$T := 2 \cdot 30\overline{X}/\mu_0 = 2(X_1 + \cdots + X_{30})/\mu_0$$

という統計量 T（実現値も T と書く）を使って書けば，

$$T < 15.72 \cup T > 45.45$$

が棄却域となる．

[22] その根拠を示すには紙幅を要するので本書では省略する．巻末に掲げる参考文献 [4][6] を参照されたい．

手法 27　[適合度検定]

母集団からの大きさ n の標本に基づいて，階級の数が k 個の度数分布（ヒストグラム）を作るものとし，そのときの各階級の度数の実現値（観測度数）を $n_1, \ldots, n_k$ $(n_1 + \cdots + n_k = n)$ とし，帰無仮説に基づく各階級の度数の期待値（期待度数）を $np_1, \ldots, np_k$ とする．このとき，どの期待度数も十分に大きい（5以上であれば十分とするのが慣例である）ならば，

$$\chi^2 := \sum \frac{(観測度数 - 期待度数)^2}{期待度数} := \sum_{i=1}^{k} \frac{(n_i - np_i)^2}{np_i}$$

を考え，その χ^2 がカイ 2 乗分布に従うものとして，右側検定によって仮説検定を行う．

その際，期待度数を決定する $p_1, \ldots, p_k$ がすべて標本の実現値によらないものとして与えられている（ただし，合計が 1 という制約があるから実質的には $k-1$ 個の値が与えられている）場合には，使用するカイ 2 乗分布の自由度は $k-1$ とし，標本の実現値に基づいた何らかの推定値に基づいて値が与えられている場合には，$k-1$ から，用いた推定値の個数 m を引いた $k-m-1$ を自由度とする．

問題 85　サイコロを n 回振ったところ，$i = 1, \ldots, 6$ について，i の目が出た回数は n_i であった（したがって，$n_1 + \cdots + n_6 = n$）．このサイコロはどの目が出る確率も等しいという（帰無）仮説を（その否定を対立仮説として）有意水準 ε で適合度検定する場合の棄却域を求めよ．

(解答) 適合度検定であるので，

$$\chi^2 = \sum_{i=1}^{6} \frac{(n_i - n/6)^2}{n/6}$$

として，χ^2 が自由度 $6-1 = 5$ のカイ 2 乗分布 $\chi^2(5)$ に従うと考える．すると，自由度 5 のカイ 2 乗分布の上側 ε 点を $\chi_5^2(\varepsilon)$ とすれば，棄却域は，

$$\chi^2 > \chi_5^2(\varepsilon)$$

となる．　□

220　第4章　統計的推測のエッセンス

練習問題 36 ある母集団から階級の数が k 個の度数分布を作り，母集団分布が正規分布に従っているという帰無仮説を適合度検定により仮説検定するとき，使用するカイ2乗分布の自由度はいくつか．

解答 この検定を行うためには，正規分布を仮定して，標本の実現値から，母平均と母分散を推定し，その結果得られる正規分布に基づいて期待度数を算出することによって χ^2 を求める．したがって，推定値を2つ用いているから，求める自由度は $k-2-1 = k-3$ である． □

適合度検定は，次の問題で見るように，尤度比検定の近似として導くことができる．

問題 86 母集団からの大きさ n の標本に基づいて，階級の数が k 個の度数分布を作り，そのときの各階級の観測度数を $n_1, \ldots, n_k$ $(n_1 + \cdots + n_k = n)$ とし，帰無仮説に基づく各階級の期待度数を $np_1, \ldots, np_k$ とする．このときの帰無仮説に対し尤度比検定を行う場合の尤度比を λ とするとき，$2\log\lambda$（これはカイ2乗分布に従う）が，適合度検定を行う場合の χ^2 で近似できることを示せ．

解答 この尤度比検定は，多項分布 $M(n, p_1, \ldots, p_k)$ に対するものであり，同分布の確率関数を $f(n_1, \ldots, n_k)$ とすれば，

$$f(n_1, \ldots, n_k) \propto p_1^{n_1} \cdots p_k^{n_k}$$

である．また，$(p_1, \ldots, p_k)$ の最尤推定値は $(n_1/n, \ldots, n_k/n)$ である．

したがって，

$$\lambda = \frac{(n_1/n)^{n_1} \cdots (n_k/n)^{n_k}}{(p_1)^{n_1} \cdots (p_k)^{n_k}} = \left(\frac{n_1}{np_1}\right)^{n_1} \cdots \left(\frac{n_k}{np_k}\right)^{n_k}$$

であるから，標本が大きくなれば，$n_i - np_i$ の大きさは np_i に比して小さくなることが期待できることに注意すれば，

$$2\log\lambda = 2\sum_{i=1}^{k} n_i \log\frac{n_i}{np_i} = 2\sum_{i=1}^{k}(n_i - np_i + np_i)\log\left(1 + \frac{n_i - np_i}{np_i}\right)$$

$$= 2\sum_{i=1}^{k}(n_i - np_i + np_i)\left\{\frac{n_i - np_i}{np_i} - \frac{1}{2}\left(\frac{n_i - np_i}{np_i}\right)^2 + O\left(\left(\frac{n_i - np_i}{np_i}\right)^3\right)\right\}$$

（対数級数展開）

$$= 2\sum_{i=1}^{k}\left\{\frac{(n_i - np_i)^2}{np_i} + (n_i - np_i) - \frac{1}{2}\left(\frac{(n_i - np_i)^3}{n^2 p_i^2} + \frac{(n_i - np_i)^2}{np_i}\right) + O\left(\frac{(n_i - np_i)^3}{n^2 p_i^2}\right)\right\}$$

$$= \sum_{i=1}^{k}\frac{(n_i - np_i)^2}{np_i} + 2(n - n) + \sum_{i=1}^{k} O\left(\frac{(n_i - np_i)^3}{n^2 p_i^2}\right)$$

$$= \sum_{i=1}^{k}\frac{(n_i - np_i)^2}{np_i} + \sum_{i=1}^{k} O\left(\frac{(n_i - np_i)^3}{n^2 p_i^2}\right)$$

$$\fallingdotseq \sum_{i=1}^{k}\frac{(n_i - np_i)^2}{np_i} \qquad \text{(標本が大きいとき)}$$

が成り立つので題意は示される. □

問題87　[独立性の検定]

n 個のデータが，次表のとおり，2種類の属性A, Bによってそれぞれの各階級に分類されている．

B\A	B_1	$\cdots$	B_j	$\cdots$	B_s	計
A_1	f_{11}	$\cdots$	f_{1j}	$\cdots$	f_{1s}	$f_{1\bullet}$
$\vdots$	$\vdots$	$\ddots$	$\vdots$	$\ddots$	$\vdots$	$\vdots$
A_i	f_{i1}	$\cdots$	f_{ij}	$\cdots$	f_{is}	$f_{i\bullet}$
$\vdots$	$\vdots$	$\ddots$	$\vdots$	$\ddots$	$\vdots$	$\vdots$
A_r	f_{r1}	$\cdots$	f_{rj}	$\cdots$	f_{rs}	$f_{r\bullet}$
計	$f_{\bullet 1}$	$\cdots$	$f_{\bullet j}$	$\cdots$	$f_{\bullet s}$	n

これを $r \times s$ **分割表**という．このとき，2つの属性AとBが独立であるという帰無仮説を，有意水準 ε で適合度検定する場合の棄却域を求めよ．

(解答) $r \times s$ 分割表で与えられているのは，$r \times s$ 個の階級をもつ度数分布である．このとき (A_i, B_j) という性質をもつ階級の期待度数を np_{ij} とし，A_i という性質をもつ階級の期待度数の合計を $np_{i\bullet}$ とし，B_j という性質をもつ階級の期待度数の合計を $np_{\bullet j}$ とすれば，帰無仮説は，$i = 1, \ldots, r; j = 1, \ldots, s$ について，

$$p_{ij} = p_{i\bullet} p_{\bullet j}$$

ということである．そして，$p_{i\bullet}, p_{\bullet j}$ の最尤推定値はそれぞれ $f_{i\bullet}/n, f_{\bullet j}/n$ である．よって，この分割表に基づく，(A_i, B_j) という性質をもつ階級の期待度数は $f_{i\bullet} f_{\bullet j}/n$ となる．

したがって，適合度検定における χ^2 は，

$$\chi^2 = \sum_{i=1}^{r} \sum_{j=1}^{s} \frac{(f_{ij} - f_{i\bullet}f_{\bullet j}/n)^2}{f_{i\bullet}f_{\bullet j}/n}$$

である．

また，このとき用いている推定値の個数は，形式的には $r+s$ 個だが，推定の際に

$$p_{1\bullet} + \cdots + p_{r\bullet} = 1, \quad p_{\bullet 1} + \cdots + p_{\bullet s} = 1$$

という制約があるので，実質的な推定値の個数は $r+s-2$ 個である．したがって，検定に用いるカイ2乗分布の自由度は

$$rs - (r+s-2) - 1 = rs - r - s + 1 = (r-1)(s-1)$$

であるので，求める棄却域は

$$\chi^2 > \chi^2_{(r-1)(s-1)}(\varepsilon)$$

である． ∎

第5章 リスクを知るための確率・統計の応用例

　本章では，リスクを知るための応用的な確率・統計の手法の例をいくつか紹介する．本章は3つの節から成り，それぞれの具体的なテーマは，

　　リスクどうしの従属性の表現方法（5.1節），
　　破産リスクの算定（5.2節），クレディビリティ理論（5.3節）

である．

　これらのテーマはいずれも，保険リスクを数理的に捉える専門家であるアクチュアリーにとって必修のテーマとされており，実際，「リスクを知る」ために重要なものである．しかし，それだけでなく，前章までの補足の役割を果たすのにちょうどよいテーマを厳選したつもりである．少し具体的に述べれば，5.1節では，前章まではあまり多くの事項を扱うことのできなかった多次元分布のとり扱いに習熟するよい題材（事例は2次元のものが中心ではあるが）を補うことになるであろう．5.2節は，前章までには触れられなかった確率過程を具体的な事例に即してとり扱い，とくにマルチンゲールという概念のエッセンスの紹介も行っている．5.3節は，前章では触れられなかったベイズ統計学的手法の発想方法や具体的な事例を紹介することを兼ねている．

5.1 リスクどうしの従属性の表現方法

実際にリスクを知るためには，個々のリスクの測定だけではまったく不十分である．確率・統計のモデルにおいては，リスクは基本的に確率変数によって表されるが，その際，リスク X とリスク Y との間には，たとえば，X が大きいときには Y も大きくなる傾向があったり，その逆の傾向があったりするものとしてとらえられる．すなわち，リスクどうしは，一般に独立ではなく，何らかの**従属性**がある．しかも，複数のリスクの間の従属性をよく調べずに勝手に独立性を前提してしまうと，全体のリスクを大いに過小評価しかねない．その極端な事例については，練習問題 10（29 頁）で見たとおりである．

リスクを推測するためのデータがある程度あるならば，従属性を測るために，リスクどうしの相関係数を統計的に推測するのはごく基本的なことであり，前章でも相関係数の区間推定や無相関検定の方法をとり上げた．そして，実際，こうした推測は，複数のリスクを統合したリスクを測定する際にもある程度有効な方法である．

しかし，相関係数にだけ注目していてはまったく不十分な場合も少なくない．たとえば，前章で見たように，2 つの確率変数の間の相関係数の区間推定や仮説検定は，実際には 2 次元正規分布を（暗に）前提としている．そして，たしかに，リスクを測りたい複数のリスクの従う分布が多次元正規分布に従っていると想定できる（ないし近似できる）ときには，相関係数という指標はよく機能する．しかし，周辺分布が異なると，相関係数の値が実質的に示す内容は異なってくる．たとえば，一方が他方の単調増加関数で表される場合のように完全な（正の）従属性があると考えられる場合でも，相関係数は 1 になるとは限らず，極端な場合には，いくらでも 0 に近い値となる（練習問題 37（237 頁）参照）．

また，周辺分布が正規分布だとしても大きな問題がある．(X,Y) が 2 次元正規分布に従うとすれば，X と Y の相関係数 $\rho[X,Y]$ が 0 であれば，X と Y は独立である．しかし，X,Y がともに正規分布に従うとしても，(X,Y) は 2 次元正規分布に従うとは限らない．わかりやすさのために，人工的で極端な例を挙げると，X が標準正規分布に従い，Z は X と独立に確率 1/2 で値 1 をとり確率 1/2 で値 -1 をとり，$Y := XZ$ である場合には，簡単に確認できるとおり，X, Y は両方

ともそれぞれ正規分布に従い，XとYの相関係数$\rho[X,Y]$は0である．相関係数だけ見ていると，そのときに，これを2次元正規分布と見誤って，XとYが独立だと推測しかねない．しかも，この間違いは，リスクの大幅な過小評価に直結する．たとえば$X+Y$の99.5% VaR（52頁参照）でリスクを測定すれば，2次元正規分布と誤って想定した場合には，

$$\text{VaR}[X+Y;0.995] = N(0,2) \text{の上側}0.5\%\text{点} \fallingdotseq 2.576\sqrt{2} = 3.643$$

と計算されるが，実際には，

$$\text{VaR}[X+Y;0.995] = N(0,1) \text{の上側}1\%\text{点} \times 2 \fallingdotseq 2.326 \times 2 = 4.652$$

であるので，大変大きな違い，それも，リスクの大幅な過小評価である．この場合のXとYとは独立などではまったくなく，むしろきわめて従属性が高いと考えなければならない．

そのほかにも，たとえば，裾が厚く，その意味でリスクが大きい確率分布（たとえばコーシー分布）の場合には，分散が存在せず，そもそも相関係数が計算できないということも指摘しておいたほうがよいであろう．

そこで，リスクどうしの従属性をより適切に表現する方法が求められる．そのための基本的な道具が，本節で紹介するコピュラである．以下では，煩雑さを避けるために，原則として確率変数が2つの場合で説明し，また，どの確率変数も連続型とするが，基本事項を理解するには，それで十分であろう．

5.1.1 ●●● コピュラとは何か

コピュラとは，「すべての周辺分布が標準一様分布である多次元分布の同時分布関数の形をしている関数」のことである．そう唐突にいわれてもわかりにくいが，コピュラの基本的な発想じたいはじつに自然なものである．それをまず説明しよう．

（2変数の場合の）コピュラとは，2つの確率変数の間の従属性の情報だけを抽出して2変数関数で表したものである．もちろん，2つの確率変数に関する確率的な情報は，同時分布関数のなかにすべて表現されている．しかし，分布関

数のなかには，各確率変数が従う分布の情報（これは周辺分布関数により与えられる）も含まれている．そこで，同時分布の情報から，周辺分布の情報を除いて，従属性の情報のみをとり出し，それを，1つの2変数関数 $C(x,y)$（確率変数が n 個の場合は n 変数）によって表現したものがコピュラ（関数）なのである．逆に，2つの確率変数について，それぞれの周辺分布関数の情報と，それらの分布関数をつなぎ合わせるコピュラの情報とを与えれば，同時分布関数の情報が得られることになる．じつのところ，コピュラ（copula）とは，言葉の意味からすると，「何かと何かを繋ぎ合わせるもの」のことである．

では，具体的には，コピュラとは，どういう形の関数であろうか．それは，同時分布関数の情報から周辺分布関数の情報を取り除いたものであるから，分布に関する情報が（いわば）ない，ある種の同時分布関数である．実際，それは，（冒頭に述べたように）周辺分布がどちらも標準一様分布である同時分布の同時分布関数なのである．もっと具体的にいえば，注目している2つの確率変数を X, Y とすれば，コピュラとは，$(F_X(X), F_Y(Y))$ の同時分布関数のことである．ただし，このように単純な表現ができるのは，じつは，同時分布が連続型の場合だけ[1]であるので，注意が必要である．とはいえ，実用上コピュラを扱うときには，対象とする同時分布は連続型のみを考える場合が圧倒的に多く，また実際，**本節の以下の部分では**，同時分布はすべて**連続型**であるものとする．

要約すると，

　(X,Y) の同時分布の情報
　$= X$ の周辺分布の情報 $+ Y$ の周辺分布の情報
　$+ (F_X(X), F_Y(Y))$ の同時分布の情報

であり，この右辺の第3項で言及されている同時分布の同時分布関数 $C(x,y)$ のことを (X,Y) の**コピュラ**とよぶ．

ここでは，連続型に限定しているため，1つの同時分布に対してコピュラは一意に決まることになる．また，この点に関連して重要なのは，**スクラーの定**

---

[1] 確率変数が連続型でない場合には，$F_X(X)$ や $F_Y(Y)$ は標準一様分布には従わない．そのため，X, Y とそれぞれ共単調（後述）であって，ともに標準一様分布に従う確率変数 U_X, U_Y を考え，$(F_X(X), F_Y(Y))$ の代わりに (U_X, U_Y) とする必要がある．

理として知られている次の命題である.

スクラーの定理

同時分布関数 $F_{(X,Y)}(x,y)$ が与えられれば,それに対応するコピュラ $C(x,y)$ を定めることができ,とくに,同時分布が連続型のとき,コピュラは一意に定まる.逆に,周辺分布関数 $F_X(x), F_Y(y)$ とコピュラ $C(x,y)$ が与えられれば,(各分布が連続型ではない場合も含め)同時分布関数 $F_{(X,Y)}(x,y)$ は,

$$F_{(X,Y)}(x,y) = C(F_X(x), F_Y(y))$$

であり,一意に定まる.

問題88 2次元正規分布で相関係数が $1, 0, -1$ および一般に ρ のそれぞれの場合のコピュラ(それぞれ $C^+(x,y), C^\perp(x,y), C^-(x,y), C^\Phi(x,y)$ とする)を求めよ.また,上で見た,相関係数が0だが強い従属性があった特殊な事例(X が標準正規分布に従い,Z は X と独立に確率 1/2 で値 1 をとり確率 1/2 で値 -1 をとり,$Y := XZ$ であるときの (X,Y))のコピュラ $C(x,y)$ を求めよ.なお,コピュラを表現するにあたっては,必要ならば,標準正規分布 $N(0,1)$ の分布関数を $\Phi(x)$ とし,2つの周辺分布がともに標準正規分布 $N(0,1)$ であり相関係数が ρ である2次元正規分布 $N(0,0;1,1;\rho)$ の同時分布関数を $\Phi_\rho(x,y)$ とせよ.

解答 確率変数は前提ごとに異なるはずであるが,混乱はないと思われるので,どの前提の場合も2つの確率変数を X, Y と表記する.

2次元正規分布で相関係数が1の場合,

$$P(F_X(X) = F_Y(Y)) = 1$$

であるから,

$$C^+(x,y) = P(F_X(X) \leq x, F_Y(Y) \leq y) = P(F_X(X) = F_Y(Y) \leq \min(x,y))$$
$$= \min(x,y)$$

である.

2次元正規分布で相関係数が0の場合，XとYは独立であり，したがって$F_X(X)$と$F_Y(Y)$も独立であるので，

$$C^\perp(x,y) = P(F_X(X) \leqq x, F_Y(Y) \leqq y) = P(F_X(X) \leqq x)P(F_Y(Y) \leqq y)$$
$$= xy$$

である．
2次元正規分布で相関係数が-1の場合，

$$P(F_X(X) = 1 - F_Y(Y)) = 1$$

であるから，

$$C^-(x,y) = P(F_X(X) \leqq x, F_Y(Y) \leqq y) = P(1 - y \leqq F_X(X) = 1 - F_Y(Y) \leqq x)$$
$$= \max(x + y - 1, 0)$$

である．
2次元正規分布の相関係数がρの場合，

$$C^\Phi(x,y) = P(F_X(X) \leqq x, F_Y(Y) \leqq y) = P(\Phi(X) \leqq x, \Phi(Y) \leqq y)$$
$$= P(X \leqq \Phi^{-1}(x), Y \leqq \Phi^{-1}(y))$$
$$= \Phi_\rho(\Phi^{-1}(x), \Phi^{-1}(y))$$

である．
Xが標準正規分布に従い，ZはXと独立に確率1/2で値1をとり確率1/2で値-1をとり，$Y := XZ$であるとき，

$$C(x,y) = P(F_X(X) \leqq x, F_Y(Y) \leqq y) = P(Z=1)C^+(x,y) + P(Z=-1)C^-(x,y)$$
$$= \frac{1}{2}\min(x,y) + \frac{1}{2}\max(x+y-1, 0)$$

である． □

このうち最初の4つのコピュラには名前が付いており，

$$C^+(x,y) = \min(x,y)$$

は共単調コピュラとよばれ，

$$C^\perp(x,y) = xy$$

は積コピュラとよばれ，

$$C^-(x,y) = \max(x+y-1, 0)$$

は**反単調コピュラ**とよばれ,
$$C^\Phi(x,y) = \Phi_\rho(\Phi^{-1}(x), \Phi^{-1}(y))$$
は**正規コピュラないしガウス型コピュラ**とよばれる．最初の3つはそれぞれ，確率変数どうしが共単調であること，独立であること，反単調であることを示すが，このうち，共単調と反単調は，以下のとおり，むしろこれらのコピュラを使って定義されることが多い．

(X, Y) のコピュラ $C(x, y)$ が
$$C(x, y) = \min(x, y) =: C^+(x, y) \quad (共単調コピュラ)$$
であるとき，確率変数 X, Y は**共単調**であるという．これは3変数以上の場合も定義され，$(X_1, \ldots, X_n)$ のコピュラ $C(x_1, \ldots, x_n)$ が
$$C(x_1, \ldots, x_n) = \min(x_1, \ldots, x_n) =: C^+(x_1, \ldots, x_n) \quad (共単調コピュラ)$$
であるとき，確率変数 $X_1, \ldots, X_n$ は**共単調**であるという．

じつは，X, Y が共単調であることは，

> ある単調増加関数 h_1, h_2 および確率変数 Z が存在して，$X = h_1(Z)$, $Y = h_2(Z)$ となること

として定義することもできる．つまり，共単調である X と Y の値は，ある Z の値によって決定され，しかも，値が大きくなるか小さくなるかについて完全に同調しているのである．したがって，共単調は，正の方向の従属性が最も強い場合の関係を表すものであると理解することができる．このことは，数式でいえば，次の命題として表現することができる．

フレシェ上限

任意のコピュラ $C(x, y)$ に対して，任意の $0 \leq x, y \leq 1$ について，
$$C(x, y) \leq C^+(x, y) = \min(x, y) \quad (フレシェ上限)$$
が成り立つ．

これと同様の命題は，3変数以上の場合も成り立つ．

(X, Y) のコピュラ $C(x, y)$ が
$$C(x, y) = \max(x + y - 1, 0) =: C^-(x, y) \quad (反単調コピュラ)$$

であるとき，確率変数 X, Y は**反単調**であるという．共単調の場合と違って反単調は，3 変数以上の場合には定義されない．

X, Y が反単調であることは，

> ある単調増加関数 h_1, h_2, および確率変数 Z が存在して，
> $X = h_1(Z)$, $Y = -h_2(Z)$ となること

として定義することもできる．つまり，反単調である X と Y の値は，ある Z の値によって決定され，しかも，値が大きくなるか小さくなるかについて完全に反対なのである．したがって，反単調は，負の方向の従属性が最も強い場合の関係を表すものであると理解することができる．このことは，数式でいえば，次の命題として表現することができる．

フレシェ下限

任意のコピュラ $C(x, y)$ に対して，任意の $0 \leqq x, y \leqq 1$ について，
$$C(x, y) \geqq C^-(x, y) = \max(x + y - 1, 0) \quad \text{（フレシェ下限）}$$
が成り立つ．

これと同様の命題は，3 変数以上の場合も成り立つ．つまり，
$$C(x_1, \ldots, x_n) \geqq \max(x_1 + \cdots + x_n + 1 - n, 0)$$
が成り立つ．ただし，変数が 3 個以上の場合，右辺の
$$\max(x_1 + \cdots + x_n + 1 - n, 0)$$
という関数は，コピュラ（周辺分布が標準一様分布である同時分布関数）とはならないので注意を要する．

積コピュラ $C^\perp(x, y) := xy$ は，積の形をしているのでこの名がある．また，これは，周辺分布がともに標準一様分布である同時分布関数（コピュラ）が標準一様分布の分布関数の積で表されるということであるから，このコピュラが，X, Y が互いに独立であることを表現していることは明らかであろう．

正規コピュラは，2 次元正規分布（より一般には多次元正規分布）に従う場合のコピュラであるため，この名がある．（2 変数の）正規コピュラは，1 個のパラメータ ρ をもつが，これは対応する 2 次元正規分布の相関係数である．名前の

ついているコピュラのなかには，正規コピュラと同様，よく使われる多次元分布のコピュラによって規定される場合がよくある．たとえば，後述のとおり，多次元 t 分布から t コピュラとよばれるコピュラが得られる．

その他，コピュラにはいろいろなものがあるが，その種類については，後で（5.1.3 で）まとめて述べる．

5.1.2 ●●● コピュラの利用方法

コピュラの性質や種類について詳しく述べる前に，コピュラはどのように利用されるかを簡単に述べておこう．

1つには，コピュラは，確率変数間の従属性の情報をすべてもっているので，従属性に関するさまざまな指標を表現したり，実際に計算したりするときに大変役に立つ．

本節の冒頭で，従属性を考えるときに，相関係数という指標は不十分であることを指摘した．実際，従属性を表すのによりふさわしいと考えられる指標がいくつか開発されており，よく使われるのはケンドールの $\overset{\text{タウ}}{\tau}$ とスピアマンの $\overset{\text{ロー}}{\rho}$（どちらも少し後で定義を述べる）である．どちらも各確率変数の周辺分布には依存しない指標であり，その意味で，従属性のみを抽出した指標である．そのため，実際，どちらもコピュラの情報だけから計算することができる．

この2つの指標をよく理解したり，必要な計算がうまくできるようになるためには，2つの確率ベクトル (X_1, Y_1) と (X_2, Y_2) の間に定義される協和確率と不協和確率という概念が重要である．(X_1, Y_1) の実現値 (x_1, y_1) と (X_2, Y_2) の実現値 (x_2, y_2) の間に，

$$(x_1 - x_2)(y_1 - y_2) > 0$$

という関係が成り立つとき，つまり，

$$x_1 < x_2 \text{ かつ } y_1 < y_2, \quad \text{または}, \quad x_1 > x_2 \text{ かつ } y_1 > y_2$$

という（不等号の向きがそろっているという）関係が成り立つとき，(X_1, Y_1) と (X_2, Y_2) の実現値は **協和** しているといい，実現値が協和する確率

$$P((X_1 - X_2)(Y_1 - Y_2) > 0)$$

を (X_1, Y_1) と (X_2, Y_2) の**協和確率**という．これと反対に，(X_1, Y_1) の実現値 (x_1, y_1) と (X_2, Y_2) の実現値 (x_2, y_2) の間に，

$$(x_1 - x_2)(y_1 - y_2) < 0$$

という関係が成り立つとき，つまり，

$$x_1 < x_2 \text{ かつ } y_1 > y_2, \quad \text{または，} \quad x_1 > x_2 \text{ かつ } y_1 < y_2$$

という（不等号の向きが反対であるという）関係が成り立つとき，(X_1, Y_1) と (X_2, Y_2) の実現値は**不協和**しているといい，実現値が不協和する確率

$$P((X_1 - X_2)(Y_1 - Y_2) < 0)$$

を (X_1, Y_1) と (X_2, Y_2) の**不協和確率**という．本節で考えているのは連続型分布だけであるから，

$$P((X_1 - X_2)(Y_1 - Y_2) < 0) = 1 - P((X_1 - X_2)(Y_1 - Y_2) > 0)$$

が成り立つ．

以下でとくに重要なのは，X_1 と X_2 が互いに独立に同一の分布に従い，かつ，Y_1 と Y_2 が互いに独立に同一の分布に従う場合の協和確率や不協和確率である．

問題 89 [協和確率とコピュラ]

X_1 と X_2 が互いに独立に同一の（連続型）分布に従い，かつ，Y_1 と Y_2 が互いに独立に同一の（連続型）分布に従うとき，

$$P((X_1 - X_2)(Y_1 - Y_2) > 0) = 2E[C_1(F_X(X_2), F_Y(Y_2))] = 2E[C_2(F_X(X_1), F_Y(Y_1))]$$

が成り立つことを示せ．ただし，$C_1(x, y)$ は (X_1, Y_1) のコピュラであり，$C_2(x, y)$ は (X_2, Y_2) のコピュラである．

解答

$$\begin{aligned} P((X_1 - X_2)(Y_1 - Y_2) > 0) &= P(X_1 < X_2, Y_1 < Y_2) + P(X_1 > X_2, Y_1 > Y_2) \\ &= 2P(X_1 < X_2, Y_1 < Y_2) = 2P(X_1 > X_2, Y_1 > Y_2) \quad (\because \text{対称性}) \end{aligned}$$

であるので，あとは，

$$P(X_1 < X_2, Y_1 < Y_2) = E[C_1(F_X(X_2), F_Y(Y_2))]$$

を示せばよい．ここで指示関数と条件付期待値を使えば，

$$\begin{aligned}P(X_1 < X_2, Y_1 < Y_2) &= E[1_{X_1<X_2,Y_1<Y_2}] = E[E[1_{X_1<X_2,Y_1<Y_2}|X_2,Y_2]] \\ &= E[F_{(X_1,Y_1)}(X_2,Y_2)] \\ &\quad (\because E[1_{X_1<X_2,Y_1<Y_2}|X_2=x_2,Y_2=y_2] = P(X_1<x_2, Y_1<y_2) = F_{(X_1,Y_1)}(x_2,y_2)) \\ &= E[C_1(F_X(X_2), F_Y(Y_2))] \quad\quad\quad (\because \text{スクラーの定理})\end{aligned}$$

であることが導かれ，題意は示される． □

確率変数 X, Y の間の**ケンドールの順位相関係数**（いわゆるケンドールの τ）$\rho_\tau[X,Y]$ は，

$$\begin{aligned}\rho_\tau[X,Y] &:= P((X-X')(Y-Y')>0) - P((X-X')(Y-Y')<0) \\ &= 2P((X-X')(Y-Y')>0) - 1 \quad (\because (X,Y) \text{ が連続型分布に従う}) \\ &= 4E[C(F_X(X), F_Y(Y))] - 1\end{aligned}$$

と定義される．ここで，(X', Y') は，(X, Y) とは独立に (X, Y) と同一の同時分布に従う確率変数ベクトルであり，$C(x, y)$ は，(X, Y) のコピュラである．

フレシェ上限から，

$$E[C(F_X(X), F_Y(Y))] \leqq E[\min(F_X(X), F_Y(Y))] \leqq E[F_X(X)] = \frac{1}{2}$$

であり，フレシェ下限から，

$$E[C(F_X(X), F_Y(Y))] \geqq E[\max(F_X(X)+F_Y(Y)-1, 0)] \geqq 0$$

であるから，

$$-1 \leqq \rho_\tau[X,Y] = 4E[C(F_X(X), F_Y(Y))] - 1 \leqq 1$$

が成り立つ．つまり，ケンドールの τ は，相関係数と同じく，-1 以上 1 以下の値をとる指標である．

また，X, Y が共単調のときは，

$$\begin{aligned}\rho_\tau[X,Y] &= 4E[C(F_X(X), F_Y(Y))] - 1 = 4E[\min(F_X(X), F_Y(Y))] - 1 \\ &= 4E[F_X(X)] - 1 \quad\quad (\because \text{共単調性から } P(F_X(X) = F_Y(Y)) = 1) \\ &= 4 \cdot \frac{1}{2} - 1 = 1\end{aligned}$$

となり，X, Y が反単調のときは，

$$\rho_\tau[X,Y] = 4E[C(F_X(X), F_Y(Y))] - 1 = 4E[\max(F_X(X)+F_Y(Y)-1, 0)] - 1$$

$$= 4 \cdot 0 - 1 \qquad (\because 反単調性から P(F_X(X) = 1 - F_Y(Y)) = 1)$$
$$= -1$$

となり，X, Y が独立のときは，

$$\rho_\tau[X, Y] = 4E[C(F_X(X), F_Y(Y))] - 1 = 4E[F_X(X)F_Y(Y)] - 1$$
$$= 4E[F_X(X)]E[F_Y(Y)] - 1 \qquad (\because 独立性)$$
$$= 4 \cdot \frac{1}{2} \cdot \frac{1}{2} - 1 = 0$$

となる．

確率変数 X, Y の間のスピアマンの順位相関係数（いわゆるスピアマンの ρ）$\rho_S[X, Y]$ は，

$$\rho_S[X, Y] := \rho[F_X(X), F_Y(Y)] = \frac{Cov[F_X(X), F_Y(Y)]}{\sqrt{V[F_X(X)]V[F_Y(Y)]}}$$
$$= 12 Cov[F_X(X), F_Y(Y)] \qquad (\because 標準一様分布の分散 = 1/12)$$
$$= 12 E[F_X(X)F_Y(Y)] - 3 \qquad (\because 標準一様分布の平均 = 1/2)$$

と定義される．これは，コピュラを同時分布関数としてもつ分布の相関係数のことであり，その意味で，まさに従属性のみを抽出した後の「相関係数」である．「相関係数」であるから，スピアマンの ρ も -1 以上 1 以下の値をとる指標である．とくに，X, Y が共単調のときは，$P(F_X(X) = F_Y(Y)) = 1$ であるから $F_X(X), F_Y(Y)$ の相関係数は 1 であるので X, Y のスピアマンの ρ は 1 であり，X, Y が独立のときは，$F_X(X), F_Y(Y)$ も独立であるから相関係数は 0 であるので X, Y のスピアマンの ρ は 0 であり，X, Y が反単調のときは，$P(F_X(X) = 1 - F_Y(Y)) = 1$ であるから $F_X(X), F_Y(Y)$ の相関係数は -1 であるので X, Y のスピアマンの ρ は -1 である．

スピアマンの ρ は，

$$\rho_S[X, Y] := 3(P((X - X')(Y - Y'') > 0) - P((X - X')(Y - Y'') < 0))$$
$$= 6P((X - X')(Y - Y'') > 0) - 3$$

と定義することもできる．ここで，X' と Y'' は互いに独立であり，X' は X と独立に X と同一の分布に従う確率変数であり，Y'' は Y と独立に Y と同一の分布に従う確率変数である．

問題 89 の結果を使えば，(X', Y'') のコピュラが積コピュラであることから，

$$6P((X - X')(Y - Y'') > 0) - 3 = 12E[F_X(X)F_Y(Y)] - 3$$

であるので，たしかに先の定義と一致する．また，同問の結果から，
$$6P((X-X')(Y-Y'')>0)-3 = 12E[C(F_{X'}(X'), F_{Y''}(Y''))] - 3$$
$$= 12\int_0^1\int_0^1 C(x,y)dxdy - 3$$
と表現することもできる．コピュラが明示的に与えられているときは，この式によりスピアマンの ρ を求めることができる．

たとえば，X,Y が共単調のときは，
$$\rho_S[X,Y] = 12\int_0^1\int_0^1 C(x,y)dxdy - 3 = 12\int_0^1\int_0^1 \min(x,y)dxdy - 3$$
$$= 12\int_0^1\left(\int_0^y xdx + \int_y^1 ydx\right)dy - 3 = 12\int_0^1\left(\frac{y^2}{2} + y(1-y)\right)dy - 3$$
$$= 12\left(\frac{1}{6} + B(2,2)\right) - 3 = 12\left(\frac{1}{6} + \frac{1!1!}{3!}\right) - 3 = 1$$
となり，X,Y が反単調のときは，
$$\rho_S[X,Y] = 12\int_0^1\int_0^1 C(x,y)dxdy - 3 = 12\int_0^1\int_0^1 \max(x+y-1, 0)dxdy - 3$$
$$= 12\int_0^1\left(\int_{1-y}^1 (x+y-1)dx\right)dy - 3$$
$$= 12\int_0^1\left[\frac{x^2}{2} + (y-1)x\right]_{x=1-y}^1 dy - 3 = 12\int_0^1 \frac{y^2}{2}dy - 3$$
$$= 12\cdot\frac{1}{6} - 3 = -1$$
となり，X,Y が独立のときは，
$$\rho_S[X,Y] = 12\int_0^1\int_0^1 C(x,y)dxdy - 3 = 12\int_0^1\int_0^1 xydxdy - 3$$
$$= 12\cdot\frac{1}{4} - 3 = 0$$
となり，たしかに先に見たのと同じ結果が得られる．

問題 90 パラメータが ρ である正規コピュラに対応するケンドールの τ とスピアマンの ρ をそれぞれ求めよ．

(解答) ケンドールの τ を求めるには，Z_1, Z_2, Z_3, Z_4 が互いに独立にすべて標準正規分布 $N(0,1)$ に従うものとして，
$$X := Z_1, \quad Y := \rho Z_1 + \sqrt{1-\rho^2}Z_2, \quad X' := Z_3, \quad Y' := \rho Z_3 + \sqrt{1-\rho^2}Z_4$$

として，
$$\rho_\tau[X,Y] = 2P((X-X')(Y-Y') > 0) - 1$$
を求めればよい．ここで，$X - X' = Z_1 - Z_3$ と $Y - Y' = \rho(Z_1 - Z_3) + \sqrt{1-\rho^2}(Z_2 - Z_4)$ を考えると，$Z_1 - Z_3$ と $Z_2 - Z_4$ は互いに独立にともに平均0の正規分布に従うことから，$(X - X', Y - Y')$ は平均ベクトルが $(0,0)$ で相関係数が ρ である2次元正規分布に従う．したがって，問題50（142頁）の結果から，
$$P((X-X')(Y-Y') > 0) = \frac{1}{2} + \frac{\sin^{-1}\rho}{\pi}$$
であるので，
$$\rho_\tau[X,Y] = 2P((X-X')(Y-Y') > 0) - 1 = \frac{2}{\pi}\sin^{-1}\rho$$
となる．

スピアマンの ρ を求めるには，Z_1, Z_2, Z_3, Z_4 が互いに独立にすべて標準正規分布 $N(0,1)$ に従うものとして，
$$X := Z_1, \quad Y := \rho Z_1 + \sqrt{1-\rho^2}Z_2, \quad X' := Z_3, \quad Y'' := Z_4$$
として，
$$\rho_\tau[X,Y] = 6P((X-X')(Y-Y'') > 0) - 3$$
を求めればよい．ここで，$X - X' = Z_1 - Z_3$ と $Y - Y'' = \rho Z_1 + \sqrt{1-\rho^2}Z_2 - Z_4$ を考えると，
$$\rho[X-X', Y-Y''] = \frac{Cov[Z_1 - Z_3, \rho Z_1 + \sqrt{1-\rho^2}Z_2 - Z_4]}{\sqrt{V[Z_1 - Z_3]V[\rho Z_1 + \sqrt{1-\rho^2}Z_2 - Z_4]}}$$
$$= \frac{\rho}{\sqrt{(1^2 + 1^2)(\rho^2 + (1-\rho^2) + 1^2)}} = \frac{\rho}{2}$$
であることから，$(X - X', Y - Y'')$ は平均ベクトルが $(0,0)$ で相関係数が $\rho/2$ である2次元正規分布に従う．したがって，問題50（142頁）の結果から，
$$P((X-X')(Y-Y'') > 0) = \frac{1}{2} + \frac{\sin^{-1}\frac{\rho}{2}}{\pi}$$
であるので，
$$\rho_S[X,Y] = 6P((X-X')(Y-Y'') > 0) - 3 = \frac{6}{\pi}\sin^{-1}\frac{\rho}{2}$$
となる． □

練習問題 37 (X, Y) は，周辺分布がともに標準正規分布 $N(0,1)$ であり，相関係数が ρ である 2 次元正規分布 $N(0.0; 1.1; \rho)$ に従うとし，$U := e^X$，$V := e^{\sigma Y}$ ($\sigma > 0$) とするとき，U, V の相関係数，ケンドールの τ，スピアマンの ρ をそれぞれ求めよ．

解答 計算にあたっては，X と独立に標準正規分布 $N(0,1)$ に従う確率変数 Z を考えて，必要に応じて $Y := \rho X + \sqrt{1-\rho^2} Z$ と見なせばよい．すると，相関係数は

$$\rho[U, V] = \frac{E[UV] - E[U]E[V]}{\sqrt{(E[U^2] - E[U]^2)(E[V^2] - E[V]^2)}} = \frac{E[e^{X+\sigma(\rho X + \sqrt{1-\rho^2}Z)}] - E[e^X]E[e^{\sigma Y}]}{\sqrt{(E[e^{2X}] - E[e^X]^2)(E[e^{2\sigma Y}] - E[e^{\sigma Y}]^2)}}$$

$$= \frac{M_X(1+\sigma\rho)M_Z(\sigma\sqrt{1-\rho^2}) - M_X(1)M_Y(\sigma)}{\sqrt{(M_X(2) - M_X(1)^2)(M_X(2\sigma) - M_X(\sigma)^2)}} = \frac{e^{\frac{1}{2}\{(1+\sigma\rho)^2 + \sigma^2(1-\rho^2)\}} - e^{\frac{1}{2}(1+\sigma^2)}}{\sqrt{(e^2 - e)(e^{2\sigma^2} - e^{\sigma^2})}}$$

$$= \frac{e^{\sigma\rho} - 1}{\sqrt{(e-1)(e^{\sigma^2}-1)}}$$

となる[2]．

また，

$$F_V(v) = P(V \leq v) = P\left(Y \leq \frac{\log v}{\sigma}\right) = F_Y\left(\frac{\log v}{\sigma}\right)$$

であるから，

$$F_V(V) = F_V(e^{\sigma Y}) = F_Y(Y)$$

であり，同様に，

$$F_U(U) = F_X(X)$$

であるので，(U, V) のコピュラは (X, Y) のコピュラと同一である．したがって，U, V のケンドールの τ とスピアマンの ρ は，問題 90 の場合と同じであり，答えは，それぞれ

$$\rho_\tau[U, V] = \frac{2}{\pi} \sin^{-1} \rho$$

$$\rho_S[U, V] = \frac{6}{\pi} \sin^{-1} \frac{\rho}{2}$$

となる． □

---

[2] このとき，相関係数のとりうる値の範囲は，

$$\frac{e^{-\sigma} - 1}{\sqrt{(e-1)(e^{\sigma^2}-1)}} \leq \rho[U, V] \leq \frac{e^\sigma - 1}{\sqrt{(e-1)(e^{\sigma^2}-1)}}$$

となる．この結果から，$\sigma = 1$ のとき範囲が最大となるが，σ をどんどん大きくしていった場合もどんどん小さくしていった場合も，範囲は狭まっていき，極限では，ρ にかかわらず相関係数はつねに 0 となる．

ここまでは，従属性に関する指標をコピュラを用いて表現する方法を紹介した．その応用として，同時分布を推定する際に，同時分布関数の形を想定してパラメータを推定する代わりに，周辺分布の形とコピュラの形を想定してパラメータを推定することができる．その際，最尤法などにより，周辺分布のパラメータとコピュラのパラメータを同時に点推定する場合もあるが，もしパラメータが1つのコピュラを想定したとすれば，標本から求めたケンドールの τ やスピアマンの ρ をもとに簡単に点推定を行うことができる．

　コピュラは，ほかにも，多変量を扱うシミュレーションにおいてよく用いられる．とくに，周辺分布は変えないまま，いろいろなコピュラを用いてシミュレーションを行うことにより，従属性の違いによる統合リスクの違いを見てとる際に有効である．

5.1.3 ●●● コピュラの基本的性質と種類

　(2変数の) コピュラは，2つある周辺分布がどちらも標準一様分布 $U(0,1)$ であるような2次元同時分布関数であるから，ある2変数関数 $C:[0,1]\times[0,1]\to[0,1]$ がコピュラになりうるための必要十分条件は次のとおりである．

1. 任意の $0 \leq x, y \leq 1$ について，
$$C(x,0) = C(0,y) = 0, \quad C(x,1) = x, \quad C(1,y) = y.$$

2. 任意の $0 \leq x_1 \leq x_2 \leq 1, 0 \leq y_1 \leq y_2 \leq 1$ について，
$$C(x_2, y_2) - C(x_2, y_1) - C(x_1, y_2) + C(x_1, y_1) \geq 0.$$

このうち2つめの条件は自明ではないかもしれないが，これは，$C(x,y)$ を同時分布関数としてもつ (X,Y) は，任意の $0 \leq x_1 \leq x_2 \leq 1, 0 \leq y_1 \leq y_2 \leq 1$ について，
$$P(x_1 < X \leq x_2 \text{ かつ } y_1 < Y \leq y_2) \geq 0$$

を満たすという条件を表現したものである．

　さて，すでに述べたとおり，(2変数の) 正規コピュラは，2次元正規分布のコピュラにほかならない．このように，既知の多次元分布をもとにコピュラを

考えるのは自然であり，ほかによく使われるのとしては，多次元 t 分布をもとにして作られる t コピュラがある．

自由度 m の d 次元 t 分布は，$Z_1,\ldots,Z_d$ が互いに独立にすべて自由度 m の t 分布 $t(m)$ に従う確率変数であるときに，$i=1,\ldots,d$ について，

$$a_{i1}^2 + \cdots + a_{id}^2 > 0$$

である定数 $a_{i0}, a_{i1}, \ldots, a_{id}$ によって

$$X_i := a_{i0} + a_{i1}Z_1 + \cdots + a_{id}Z_d$$

と定義される $(X_1,\ldots,X_d)$ の従う同時分布のことである．このとき，とくに，$i=1,\ldots,d$ について，

$$a_{i0} = 0, \quad a_{i1}^2 + \cdots + a_{id}^2 = 1$$

である場合の自由度 m の d 次元 t 分布を，**自由度 m の d 次元標準 t 分布**とよぶとすれば，その分布のパラメータは（自由度 m のほかは）$(X_1,\ldots,X_d)$ についての相関係数だけである．そこで，自由度 m の t 分布の分布関数を $T_m(t)$ とし，自由度 m，相関係数 ρ の2次元標準 t 分布の分布関数を $T_{m,\rho}(t_1,t_2)$ とすれば，（2次元）t コピュラは，

$$C(x,y;m,\rho) = T_{m,\rho}(T_m^{-1}(x), T_m^{-1}(y))$$

と表される．

じつは，多次元正規分布も多次元 t 分布も楕円型とよばれる分布である．**楕円型分布**の同時密度関数の等高線は，すべてある同じ形の楕円（分布の平均ベクトルを表す座標を中心として互いに拡大または縮小しただけの関係の楕円）となっている．楕円型分布に対応するコピュラは楕円型コピュラとよばれるが，楕円型分布の特性から，楕円型コピュラのケンドールの τ は，もとの分布の型によらず，もとの分布の相関係数のみによって決まる．つまり，たとえば，もとの t 分布の相関係数が ρ である t コピュラのケンドールの τ は，パラメータが ρ の正規コピュラの場合と同じく，

$$\rho_\tau = \frac{2}{\pi}\sin^{-1}\rho$$

である．

ところで，何らかの多次元分布をもとにしてコピュラを導入するのは自然であるが，正規コピュラにしても t コピュラにしても初等関数では表されない．そこで，別のアプローチとして，初等関数で表されるコピュラを扱うための比較的汎用性のある方法を考えてみたくなる．そこで思いつかれたのが，次の形をしたコピュラである．

$$C(x, y; \phi) := \phi^{-1}(\phi(x) + \phi(y))$$

ここで，ϕ は，$[0, 1]$ 上で定義される連続な単調減少凸関数で，

$$\phi(0) = \infty, \quad \phi(1) = 0$$

を満たすものである．この形のコピュラを（狭義の）**アルキメデス型**コピュラ[3]という．また，個々のアルキメデス型コピュラを定義づける関数 ϕ のことを**生成作用素**という．

なるほど，この形ならば，上で見た「コピュラになりうるための必要十分条件」を満たしている．あまり自明でないのは，関数が凸という条件であるが，これは必要十分条件の2つめの条件に対応している[4]．

たとえば，積コピュラは $\phi(t) = -\log t$ とした場合のアルキメデス型コピュラである．アルキメデス型コピュラとして提案されているものは何十種類（あるいはそれ以上）もあるが，そのなかでとくによく使われるものとしては，グンベル・コピュラ，クレイトン・コピュラ，フランク・コピュラがある．

グンベル・コピュラとは，

$$\phi(t) = (-\log t)^\theta, \quad \theta \geq 1$$

としたもの（$\theta = 1$ とすると積コピュラになる ϕ であることに注意されたい）であり，

$$C(x, y) = \exp\left(-\left((-\log x)^\theta + (-\log y)^\theta\right)^{1/\theta}\right)$$

と表される．$\theta \to \infty$ としたときの極限は，共単調コピュラである．

---

[3] 「アルキメデス型」という名前は，このコピュラの代数的性質（本書では扱わない）が実数に関するアルキメデスの公理と類似しているために付けられたものである．また，広義のアルキメデス型コピュラでは，$\phi(0) = \infty$ の条件がない．
[4] 証明は煩雑なので，本書では省略する．必要があれば，文献 [10] を参照されたい．

クレイトン・コピュラとは,

$$\phi(t) = \frac{1}{\theta}(t^{-\theta} - 1), \quad \theta > 0$$

としたもの ($\theta \to 0+$ とした極限は $\phi(t) = -\log t$ となって,積コピュラの ϕ と一致することに注意されたい) であり,

$$C(x,y) = (x^{-\theta} + y^{-\theta} - 1)^{-1/\theta}$$

と表される. $\theta \to \infty$ としたときの極限は,共単調コピュラである.

フランク・コピュラとは,

$$\phi(t) = -\log \frac{e^{-\theta t} - 1}{e^{-\theta} - 1}$$

としたもの ($\theta \to 0+$ とした極限は $\phi(t) = -\log t$ となって,積コピュラの ϕ と一致することに注意されたい) であり,

$$C(x,y) = -\frac{1}{\theta}\log\left(1 + \frac{(e^{-\theta x} - 1)(e^{-\theta y} - 1)}{(e^{-\theta} - 1)}\right)$$

と表される. $\theta \to -\infty$ としたときの極限は,反単調コピュラであり,$\theta \to \infty$ としたときの極限は,共単調コピュラである.

アルキメデス型コピュラに対応するケンドールの τ やスピアマンの ρ を,定義に基づいて計算しようとすると一般にかなりやっかいである.しかし,ケンドールの τ については,次の有用な公式が知られている[5].

アルキメデス型コピュラのケンドールの τ

アルキメデス型コピュラ $C(x,y;\phi)$ のケンドールの τ は,

$$1 + 4\int_0^1 \frac{\phi(t)}{\phi'(t)}dt$$

と表せる.

問題 91 グンベル・コピュラとクレイトン・コピュラのそれぞれのケンドールの τ を求めよ.

---

[5] 見てのとおり結果は簡単な形になっているが,証明は長くなるので,本書では省略する.必要があれば,文献 [10] を参照されたい.

242　第5章　リスクを知るための確率・統計の応用例

解答 グンベル・コピュラでは,

$$\phi(t) = (-\log t)^\theta, \quad \theta \geqq 1$$

であるので，ケンドールの τ は，

$$\begin{aligned}
1 + 4\int_0^1 \frac{\phi(t)}{\phi'(t)}dt &= 1 + 4\int_0^1 \frac{(-\log t)^\theta}{-\theta(-\log t)^{\theta-1}/t}dt = 1 + \frac{4}{\theta}\int_0^1 t\log t\,dt \\
&= 1 + \frac{4}{\theta}\left[\frac{t^2}{2}\log t - \frac{t^2}{4}\right]_0^1 \\
&= 1 - \frac{1}{\theta}
\end{aligned}$$

となる．

クレイトン・コピュラでは,

$$\phi(t) = \frac{1}{\theta}(t^{-\theta} - 1), \quad \theta > 0$$

であるので，ケンドールの τ は，

$$\begin{aligned}
1 + 4\int_0^1 \frac{\phi(t)}{\phi'(t)}dt &= 1 + 4\int_0^1 \frac{\frac{1}{\theta}(t^{-\theta}-1)}{\frac{1}{\theta}(-\theta)t^{-\theta-1}}dt \\
&= 1 + \frac{4}{\theta}\int_0^1 (t^{\theta+1} - t)dt = 1 + \frac{4}{\theta}\left[\frac{1}{\theta+2}t^{\theta+2} - \frac{t^2}{2}\right]_0^1 \\
&= \frac{\theta}{\theta+2}
\end{aligned}$$

となる．　□

5.2　破産リスクの算定

　本節では，破産確率の問題を扱う．原則として，保険会社の破産確率を念頭におくが，保険のしくみに関する特別な知識は不要である．ここでは，一方で，確率的に時期や額が決まる**保険金**（支出）が随時発生し，他方で，確定した**保険料**（収入）が常時入ってくる，という単純なモデルだけを考えるからである．その際，（資産運用による収益などの）保険料以外の収入や経費も考慮しない．このような単純なモデルでも，あるいは単純なモデルだからこそ，破産リスクに関する理論の基本部分のエッセンスを見てとることができるであろう．

　まずは，便宜のため，いくつかの記号や用語を導入しておこう．ある時点（時刻 0 とする）から観察を開始し，時刻 t（$\geqq 0$）までに発生した保険金の累計

を S_t とし，単位時間（便宜上，以下では1年とする）あたりの保険料を $c > 0$ とし，時刻 t におけるの余剰金（少し詳しくいえば，その時点で契約がすべて終了するとしたら残るはずの余剰金．以下，**サープラス**という）を U_t とし，時刻0のサープラス（以下，**初期サープラス**という）を $u_0 \geqq 0$ とする．すると，

$$U_t = u_0 + ct - S_t, \quad t \geqq 0$$

という関係式が成り立つ．そして，サープラスが負のときに**破産**と考えることにする．

このモデルは，サープラスの正負を調べる時期によって，大きく2つのモデルに分かれる．1つは，サープラスの正負を年度末だけ調べるとするモデルであり，以下ではこれを**離散時間型**とよぶ．もう1つは，サープラスの正負を常時調べるとするモデルであり，以下ではこれを**連続時間型**とよぶ．

また，観察期間の長さによって，どちらも複数の破産確率が定義される．

離散時間型で観察期間が ν 年間（$\nu = 1, 2, \ldots$，$\overset{\text{ニュー}}{\nu}$ は n に対応するギリシャ文字）の破産確率（**有限期間の破産確率**）とは

$$P(\min\{U_n \mid n = 1, \ldots, \nu\} < 0)$$

のことである．つまり，ν 回の観察のうち，1回でもサープラスが0を下回ったなら破産したと見なすのである．この観察期間 ν を大きくしていったときの破産確率の極限

$$\lim_{\nu \to \infty} P(\min\{U_n \mid n = 1, \ldots, \nu\} < 0)$$

を，離散時間型の**無限期間の破産確率**という．何もいわずに「離散時間型の破産確率」といった場合に，この無限期間のものを指す場合がある．

連続時間型で観察期間が τ 年間（$\tau > 0$．整数値とは限らない．$\overset{\text{タウ}}{\tau}$ は t に対応するギリシャ文字）の破産確率（**有限期間の破産確率**）とは

$$P(\min\{U_t \mid 0 \leqq t \leqq \tau\} < 0)$$

のことである．つまり，τ 年間のうち，一瞬でもサープラスが0を下回ったなら破産したと見なすのである．この観察期間 τ を大きくしていったときの破産確率の極限

$$\lim_{\tau \to \infty} P(\min\{U_t \mid 0 \leqq t \leqq \tau\} < 0)$$

を，連続時間型の無限期間の破産確率という．何もいわずに「連続時間型の破産確率」といった場合に，この無限期間のものを指す場合があり，さらに，単に「破産確率」といった場合にも，この連続時間型の無限期間の破産確率を指す場合がある．

破産確率の計算は，離散時間型で有限期間の破産確率が最も容易に見えるかもしれない（たしかに，計算機を使って数値計算によって力ずくで解くならこれが最も容易である）．だが，数学的な処理は，案外，連続時間型で無限期間の破産確率が最も容易なことも多い．また，保険数理のなかのリスク・セオリーとよばれる分野では，とくに初期においては，連続時間型で無限期間の破産確率が中心に研究されてきた（後述のルンドベリ・モデル参照）．

以下では，まず予行演習として 1.1.4（8 頁）で扱った「ギャンブラーの破産問題」を再論しながら，マルチンゲール（後述）の基本的事項を解説する（5.2.1）．次に，離散時間型の無限期間の破産確率に関する基本的な理論的結果を扱う（5.2.2）．最後に，連続時間型モデルにおける無限期間の破産確率に関する問題を扱う（5.2.3）．

5.2.1 ●●● 破産問題とマルチンゲール

1.1.4 で「ギャンブラーの破産問題」というものを扱った．そのときの問題 4（8 頁）を再掲すると，次のとおりである．

> A と B の 2 人は，あるゲームをくり返し行い，各ゲームの勝者は敗者から 1 円受けとることにする．ただし，各ゲームにおいて A, B の勝つ確率は，他のゲームの勝敗とは独立にそれぞれ p, q ($p+q = 1$) とする．A, B の最初の所持金をそれぞれ n 円，$N-n$ 円とし，どちらかが破産するまでゲームを続けるとき，A が破産する確率を求めよ．

この問題に対しては，A の所持金が k 円（$0 \leq k \leq N$）になった場合にその後 A が破産する（条件付）確率を r_k で表し，この r_k について次の漸化式を立てた．

$$r_k = \begin{cases} 1 & (k=0 \text{ のとき}) \\ pr_{k+1} + qr_{k-1} & (1 \leq k \leq N-1 \text{ のとき}) \\ 0 & (k=N \text{ のとき}) \end{cases}$$

そして，この漸化式を解いて，

$$r_n = \begin{cases} \dfrac{N-n}{N} & (p=q=1/2 \text{ のとき}) \\ \dfrac{(q/p)^n - (q/p)^N}{1-(q/p)^N} & (p \neq q \text{ のとき}) \end{cases}$$

という結果を得た．

この計算において $p \neq q$ の場合の漸化式の処理はやや煩雑であった．しかし，現代の「マルチンゲール」の知識をもってその場合の答えを算出するだけなら，非常に簡単である．

計算方法は，次のとおりである．

マルチンゲールを利用した解法：

t 回ゲームを行った時点でのAの所持金を X_t（とくに $X_0 = n$）とする．$t \geq 1$ について，X_t は確率 p で $X_{t-1}+1$ と等しくなり，確率 q で $X_{t-1}-1$ と等しくなるので，（$p \neq q$ の場合）$(q/p)^{X_t}$ の期待値 $E[(q/p)^{X_t}]$ を考えると，

$$\begin{aligned} E[(q/p)^{X_t}] &= pE[(q/p)^{X_{t-1}+1}] + qE[(q/p)^{X_{t-1}-1}] \\ &= E[(q/p)^{X_{t-1}}] = \cdots = E[(q/p)^{X_0}] = (q/p)^n \quad (\text{一定}) \end{aligned}$$

である．また，いつかAかBのいずれかは破産するので，それぞれの破産確率を r と $1-r$ とし，破産時刻を T とすれば，

$$E[(q/p)^{X_T}] = r(q/p)^0 + (1-r)(q/p)^N = (q/p)^N + r(1-(q/p)^N)$$

となるが，これも $(q/p)^n$ と等しいはずなので，

$$(q/p)^N + r(1-(q/p)^N) = (q/p)^n \quad \therefore r = \frac{(q/p)^n - (q/p)^N}{1-(q/p)^N}$$

となる．

いまの解法では $(q/p)^{X_t}$ というものが唐突に登場するが，（ギャンブラーの破産問題を最初に考え，そして見事に解いた）パスカルにも思いもよらないこうした

離れ業ができるのは，$(q/p)^{X_t}$ がマルチンゲールという性質をもつ（より正確な表現は後述）という知識が現代ではあるからである．ちなみに，$p = q(= 1/2)$ の場合は，X_t がマルチンゲールとなる（同）ので，その知識から $E[X_t] = E[X_0] = n$ （一定）に注目して

$$E[X_T] = r \cdot 0 + (1-r)N = n$$

という式を立てることにより，きわめて簡単に $r = (N-n)/N$ を求めることができる．

　この計算手法を習得するには，2つの知識が必要である．マルチンゲールという概念と任意停止定理である．どちらも，もし，数学的にできるだけ幅広く適用できるように厳密かつ抽象的に説明しようとするとなかなかやっかいな代物である．しかし，基本的な発想を理解し，基本的な事例に正しく適用するだけの厳密性を身につけるのは（本書をここまで読み進められてきた読者にとっては）さほど難しいことではないであろう．

■**確率過程**

　まず，必要なかぎりで，確率過程という概念を導入しておこう．破産確率の定義を述べたときもそうであったが，時刻 t までの発生保険金の累計 S_t や時刻 t のサープラスのように，実数 t を添え字としてもつ確率変数（代表して X_t とする）を考えることがよくある．そのとき，X_t が定義されるすべての t について X_t を「順番に並べた」ものを**確率過程**といい，$\{X_t\}_{t \in \Lambda}$ と書き表す．$\overset{\text{ラムダ}}{\Lambda}$ は t のとりうる値の範囲であり，以下では，t は 0 以上の値しかとりえないものとする．たとえば，観察期間が有限の τ だとすれば，$\Lambda = [0, \tau]$ となる．また，実際には，添え字が正の整数の場合にしか確率変数が定義されないこともよくある．たとえば，観察開始から n 番めに発生した保険金の額を X_n とすれば，$\Lambda = \{1, 2, \ldots\}$ となる．なお，t のとりうる値の範囲が文脈から明らかなときや，逆に，とりうる値の範囲に関わらない一般的な話をするときには，確率過程は $\{X_t\}$ というように簡単に表現する．

　Λ が高々可算のときには「順番に並べる」というのはわかる気がしても，連続無限のときにはイメージしにくいかもしれない．しかし，各確率変数の実現値を「順番に並べた」ものは，たんなる1変数関数にすぎず，**見本関数**とよば

れる．もちろん，それを可視化するのも簡単である．

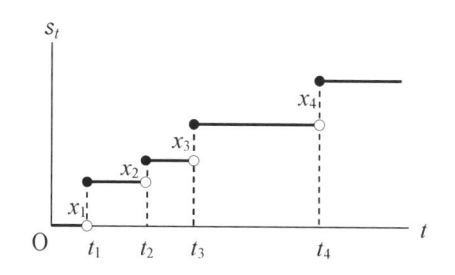

累計発生保険金 $\{S_t\}$ の見本関数，$S_t = x_1 + x_2 + \cdots + x_{n_t}$ の例

■マルチンゲール

マルチンゲールは，一部の確率過程がもつ性質である．確率過程 $\{X_t\}$ において，任意の $t_1 < \cdots < t_n < t$ について，

$$E[X_t | X_{t_1}, \ldots, X_{t_n}] = X_{t_n}$$

が成り立つとき，$\{X_t\}$ は**マルチンゲール**であるという．

これは「公平な賭け」という考え方から生まれた概念である．X_t を時刻 t におけるギャンブラーの所持金だと想定しよう．ギャンブラーがつねに，儲けの期待値が0であるという意味で損得なしの**公平な賭け**（以下でも，「公平の賭け」というときはこの意味である）を行っているとしたら，過去の浮き沈みがどうあれ，将来のどんな時刻 t でも，その時点の所持金の（現時点から見た）期待値は，現時点の所持金の額と変わらないはずである．そのことを数学的に，条件付期待値の形で表したのが，

$$E[X_t | X_{t_1}, \ldots, X_{t_n}] = X_{t_n}$$

という式であり，マルチンゲールとは，この意味で公平な賭けをし続けている確率過程がもつ性質である．

問題92 [剣闘士チームのパズル]

2つの剣闘士のチームAとBが対決する．Aチームの剣闘士たちの力はそれぞれ $a_1, \ldots, a_m$ であり，Bチームのほうは $b_1, \ldots, b_n$ である．剣闘士たちは，一対一で，どちらかが死ぬまで闘うが，力が x の剣闘士と力が

> y の剣闘士が闘った場合には，x のほうが勝つ確率は $x/(x+y)$ で y のほうが勝つ確率は $y/(x+y)$ である．また，どちらが勝った場合も倒した相手の力を奪いとり，勝った剣闘士は力が $x+y$ になる．
>
> 1つの決闘が終わるたびに，Aチームの監督がまず（自分のチームのなかで生き残っている剣闘士のうちから）1人の剣闘士を決闘場に送りだし，Bチームの監督はそれを見て自分の剣闘士を選び，決闘させる．こうして決闘を続け，最後まで生き残った剣闘士がいたほうのチームが勝ちである．
>
> (1) それぞれのチームにとっての最善の戦略は何か．
> (2) 両チームが最善を尽くしたとき，Aチームが勝つ確率はいくらか．

解答 (1) 鍵となるのは，どの決闘も公平なゲームであることに気づくことである．実際，Aチームが力 x の剣闘士を出して，Bチームが力 y の剣闘士を出したとき，Aチームが得る力の期待値は，

$$\frac{x}{x+y} \cdot y + \frac{y}{x+y} \cdot (-x) = 0$$

である．したがって，一連の決闘はすべて公平な賭けであり，k 回の決闘の後に，Aチームの剣闘士がもっている力の合計を X_k （ただし，$X_0 := a_1 + \cdots + a_m$ とする）とすれば，確率過程 $\{X_k\}$ はマルチンゲールである．

こうした公平な賭けでは，どんな戦略でも有利不利はない．つまり，他の戦略よりも優れているという意味での最善の戦略はない，というのが (1) の答えである（「どんな戦略も最善の戦略である」といってもよい）．

これだけの説明では，(1) の答えが正しいと確信がもてないかもしれないが，次の (2) の答えを見れば，この点ははっきりするであろう．というのも，勝つ確率を実際に求めてみると，戦略によらず同じ値となるからである．

(2) 決闘はいずれにせよ $m+n-1$ 回で終了する．$X_0 = a_1 + \cdots + a_m$ であり，戦略によらず，どの決闘でも，得られる力の期待値は 0 である．したがって，最終的にAチームが得ている力の期待値は，最初にAチームがもっている力と変わらない．つまり，

$$E[X_{m+n-1}] = a_1 + \cdots + a_m$$

である．他方，X_{m+n-1} のとりうる値は，0 と $a_1 + \cdots + a_m + b_1 + \cdots + b_n$ のみであり，Aの勝つ確率を p とすれば，

$$E[X_{m+n-1}] = p \cdot (a_1 + \cdots + a_m + b_1 + \cdots + b_n) + (1-p) \cdot 0 = p(a_1 + \cdots + a_m + b_1 + \cdots + b_n)$$

であるから，

$$p(a_1 + \cdots + a_m + b_1 + \cdots + b_n) = a_1 + \cdots + a_m$$

という等式が得られ，これを解いて，

$$p = \frac{a_1 + \cdots + a_m}{a_1 + \cdots + a_m + b_1 + \cdots + b_n}$$

が得られる．すなわち，戦略によらず，Aチームの勝つ確率はこの値となる． □

■任意停止定理

いまの問題で見たように，公平な賭けにおいては，（期待値の意味で）少しでも有利になるような戦略は存在しない．こうした事実（の一部）を数学的な定理として表現したものが，任意停止定理とよばれるものである．

任意停止定理は，一面では，公平な賭けでは「勝ち逃げ」を確実に狙うことはできないということを主張する定理である．公平な賭けにおいても必ず浮き沈みはあるであろうから，元の所持金よりも少しでも儲けが得られたときに賭けに参加するのをやめるという戦略（これをここでは「勝ち逃げ戦略」とよぶ）をとれば，少額とはいえ確実に利益が得られそうに見えるかもしれない．しかし，一度も元の所持金を超えない可能性はつねにある．その代償により，一見確実に儲けられそうに見える利益分は，キャンセルされてしまうのである（問題 8（14 頁）参照）．

「勝ち逃げ」に限定せず，もう少し一般的な形で定理の含意を述べれば，公平な賭けにおいては，どんなときに賭けに参加するのをやめることとする戦略をとろうとも，有利になることも不利になることもない，ということになる．ただし，誰も未来の実現値は知らないので，時刻 t において賭けを停止するかどうかを判定する際には，t より後の実現値を参照してはならないことには注意しなければならない．

こうして決まる，賭けに参加するのをやめる時刻 T のことを，確率過程論では**停止時刻**という．どんなときに賭けをやめるかを決めているだけであるため，実際の時刻がいつになるかはあらかじめ決まっていないので，この T は確率変数である．また，戦略によっては，賭けを永久にやめない結果になるこ

ともありうるので，その場合の T の実現値は ∞ であると規約し，$P(T < \infty)$ は
「（いつかは）停止する確率」，$P(T = \infty)$ は「（永久に）停止しない確率」を表す
ものとする．本節では，後に破産時刻を，この停止時刻として扱うことになる
ところがミソである．その際，$P(T < \infty)$ は破産確率を表し，$P(T = \infty)$ は破産
しない確率（存続確率という）を表すことになる．

$T = \infty$ となる可能性があることから，X_T という確率変数の理解には注意が
必要である．X_T の分布関数は，

$$F_{X_T}(x) = P(X_T \leq x) := P(T < \infty)P(X_T \leq x | T < \infty) + P(T = \infty)\lim_{t \to \infty} P(X_t \leq x | T \geq t)$$

と定義される．ただし，停止する確率が 0 ($P(T < \infty) = 0$) である場合は，ここ
では想定していない．このとき，X_T の期待値は，$P(T < \infty)$ と $P(T = \infty)$ がとも
に正の場合には，

$$E[X_T] = P(T < \infty)E[X_T | T < \infty] + P(T = \infty)\lim_{t \to \infty} E[X_t | T \geq t]$$

と計算され，$P(T = \infty) = 0$ の場合には，

$$E[X_T] = P(T < \infty)E[X_T | T < \infty] \, (= E[X_T | T < \infty])$$

と計算される．以下では，便宜のため，

$$P(T = \infty)E[X_T | T = \infty] := \begin{cases} P(T = \infty)\lim_{t \to \infty} E[X_t | T \geq t] & (P(T = \infty) > 0 \text{ のとき}) \\ 0 & (P(T = \infty) = 0 \text{ のとき}) \end{cases}$$

という表記を用いることにする．すると，$P(T < \infty)$ と $P(T = \infty)$ がともに正の
場合も，$P(T = \infty) = 0$ の場合も，

$$E[X_T] = P(T < \infty)E[X_T | T < \infty] + P(T = \infty)E[X_T | T = \infty]$$

と表されることになる．

> **問題93** $\{X_t\}$ を（X_0 が定義されている）マルチンゲールとし，T を停止時刻とす
> るとき，任意の $t > 0$ について，
>
> $$E[X_0] = P(T < t)E[X_T | T < t] + P(T \geq t)E[X_t | T \geq t]$$
>
> であることを示せ．ただし，$P(T \geq t) = 0$ のときは，
>
> $$P(T \geq t)E[X_t | T \geq t] = 0$$
>
> と規約する．

この関係式は，以下で随所で使うので注意されたい．

解答

$$E[X_0] = E[E[X_t|X_0]] = E[X_t]$$
$$= P(T < t)E[X_t|T < t] + P(T \geqq t)E[X_t|T \geqq t]$$
$$= P(T < t)E[E[X_t|X_T]|T < t] + P(T \geqq t)E[X_t|T \geqq t]$$
$$= P(T < t)E[X_T|T < t] + P(T \geqq t)E[X_t|T \geqq t]$$

□

この停止時刻という概念を用いて，任意停止定理を表現すると次のとおりである．

任意停止定理

$\{X_t\}$ を（X_0 が定義されている）マルチンゲールとし，T を停止時刻とするとき，一定の条件のもとで，$E[X_T] = E[X_0]$ が成立する．

もちろん，数学的にも実用的にも，この「一定の条件」が何かが重要である．まず，T が有界である場合にこの定理が成立することは，いままでの考察から自明であろう．T が有界とは限らないときの条件は次のとおりである．

任意停止定理が成り立つための条件：

$P(T = \infty) > 0$ かつ $\lim_{t \to \infty} E[X_t|T \geqq t]$ が有限の極限値をもつ，
　または

$P(T = \infty) = 0$ かつ $\lim_{t \to \infty} P(T \geqq t)E[X_t|T \geqq t] = 0$ （とくに，$P(T = \infty) = 0$ かつ $\{X_t\}$ が有界（ある定数 K が存在して，任意の t について $|X_t| < K$）の場合や（もう少し広く）$E[T] < \infty$ かつある定数 K が存在して任意の t について $|X_t| < Kt$ の場合[6]）．

---

[6] この場合には，$E[T] < \infty$ であるから $P(T = \infty) = 0$ であり，また，

$$|P(T \geqq t)E[X_t|T \geqq t]| \leqq P(T \geqq t)E[|X_t||T \geqq t] < P(T \geqq t)Kt = Kt\int_t^\infty dF_T(s)$$
$$\leqq K\int_t^\infty s\,dF_T(s) = K\left(E[T] - \int_0^t s\,dF_T(s)\right) \longrightarrow 0 \quad (t \to \infty)$$

であるため $\lim_{t \to \infty} P(T \geqq t)E[X_t|T \geqq t] = 0$ も成り立ち，条件を満たす．

この条件を満たせば定理が成り立つことは，次のとおり明らかであろう．任意の t について，
$$E[X_0] = P(T < t)E[X_T|T < t] + P(T \geq t)E[X_t|T \geq t]$$
であることから，上の条件を満たすならば，右辺を $t \to \infty$ とした極限値は
$$P(T < \infty)E[X_T|T < \infty] + P(T = \infty)E[X_T|T = \infty]$$
となるが，これは，$E[X_T]$ を表す算式にほかならない．

定理の理解のためにはむしろ，定理が成り立たない条件を考えたほうがよい．定理が成り立たないのは，1つには，$P(T = \infty) > 0$ であるにもかかわらず，$\lim_{t \to \infty} E[X_t|T \geq t]$ が有限の極限値をもたないために，そもそも $E[X_T]$ が定義されない場合である．もう1つは，$P(T = \infty) = 0$ であるにもかかわらず
$$\lim_{t \to \infty} P(T \geq t)E[X_t|T \geq t] \neq 0$$
となってしまう場合である．この場合，$E[X_T] = P(T < \infty)E[X_T|T < \infty]$ となるが，その値は，上で見た
$$P(T < t)E[X_T|T < t] + P(T \geq t)E[X_t|T \geq t]$$
を $t \to \infty$ とした極限値と一致しなくなるため，定理は成立しなくなる．

本節の最初のほうで見た，ギャンブラーの破産問題に対するマルチンゲールを用いた解法（245頁）の正当性は，任意停止定理により保証される．この解法では，$\{(q/p)^{X_t}\}$ がマルチンゲールであることを利用しているが，そこで用いた停止時刻 T について，$P(T = \infty) = 0$ であることと $\{(q/p)^{X_t}\}$ が有界であることは，いずれも明らかなので，定理が適用できる．

5.2.2 ●●● 離散時間型モデルにおける無限期間の破産確率

保険会社の破産確率を考えるときも，マルチンゲールの考え方は有効である．離散時間型における無限期間の破産確率のモデルは，
$$U_n = u_0 + cn - S_n, \quad n = 0, 1, 2, \ldots$$
となる確率過程 $\{U_n\}$ について，破産確率
$$\lim_{\nu \to \infty} P(\min\{U_n | n = 1, \ldots, \nu\} < 0)$$

を考えるというものであった．ここで，U_n はサープラスとよばれる余剰金，S_n は時刻 n までに発生した保険金の累計，c は年間保険料，u_0 は初期サープラスであった．

具体的にモデルを与えるには，u_0 と c の値のほか，S_n の従う分布を与える必要がある．S_n については，以下では，毎年の発生保険金 W_n $(n=1,2,\ldots)$ が互いに独立に同一の分布に従うものとして，

$$\begin{cases} S_0 = 0 \\ S_n = W_1 + \cdots + W_n, \quad n = 1, 2, \ldots \end{cases}$$

とする．以下，$W_1, W_2, \ldots$ を代表して W と書く．すると，S_n のモデルを与えるには，W の従う分布を与えればよいということになる．

特定の破産確率を算出しようとする際，年間保険料 c も初期サープラス u_0 ももちろん定数である．しかし，破産確率を扱うには，初期サープラスに応じた破産確率の変化に着目するとよいことがあるので，破産確率は，初期サープラスを変数 u としてとる関数 $\tilde{\varepsilon}(u)$ として表す．ただし，形式上，関数の定義域は $-\infty < u < \infty$ とし，$u < 0$ のときには，$\tilde{\varepsilon}(u) = 1$ と規約する．なお，関数の記号を表すときに ε の上につけている~は，後で扱う連続時間型モデルにおける破産確率 $\varepsilon(u)$ と区別するためのものであり，それ以上の意味はない．

さて，このモデルにおいて破産時刻 $\tilde{T}$ は停止時刻である．そして，これを用いると，破産確率は，

$$\tilde{\varepsilon}(u_0) = P(\tilde{T} < \infty)$$

と表すことができる．そこで，マルチンゲールをうまく見つけて，破産確率の算式を求めてみよう．そのために好都合な確率過程として $\{e^{-\tilde{R}U_n}\}_{n \in \{0,1,2,\ldots\}}$ という形のマルチンゲールがある．$\tilde{R}$ は（W の従う分布と c によって決まる）何らかの定数である．

ここで，

$$U_{n+1} = U_n + c - W_{n+1}$$

という関係式が成り立ち，W_{n+1} と U_n は独立であることに注意すると，$\{e^{-\tilde{R}U_n}\}$ がマルチンゲールとなるためには，

$$e^{-\tilde{R}U_n} = E[e^{-\tilde{R}U_{n+1}} | e^{-\tilde{R}U_n}]$$

$$= E[e^{-\tilde{R}(U_n+c-W_{n+1})}|e^{-\tilde{R}U_n}]$$
$$= e^{-\tilde{R}U_n}E[e^{-\tilde{R}(c-W)}]$$

でなければならない．したがって，$\tilde{R}$ は，r を未知数とする方程式

$$E[e^{-r(c-W)}] = 1$$

の解となる．実際，この方程式の（存在するなら唯一に定まる[7]）正の解を $\tilde{R}$ とすれば，$\{e^{-\tilde{R}U_n}\}$ はマルチンゲールとなる．この特別の定数 $\tilde{R}$ のことを**調整係数**という．

問題 94 離散時間型モデルにおいて，$c > E[W]$ であり，また，調整係数 $\tilde{R}$ が存在するとき，破産時刻を $\tilde{T}$ で表すと，次の等式および不等式が成り立つことを示せ．

$$\tilde{\varepsilon}(u_0) = \frac{e^{-\tilde{R}u_0}}{E[e^{-\tilde{R}U_{\tilde{T}}}|\tilde{T} < \infty]}, \quad \tilde{\varepsilon}(u_0) < e^{-\tilde{R}u_0}$$

ただし，$c > E[W]$（年間保険料が年間発生保険金の期待値より大きい）であることから，破産しない場合には，$n \to \infty$ とすると U_n も平均的に無限大になっていくので，$\lim_{n\to\infty} E[e^{-\tilde{R}U_n}|\tilde{T} \geq n] = 0$ も（じつのところ）成り立つが，このことは証明なしに用いてよい．

(解答) $\{e^{-\tilde{R}U_n}\}$ がマルチンゲールであり，$\lim_{n\to\infty} E[e^{-\tilde{R}U_n}|\tilde{T} \geq n] = 0$（有限の極限値）であることから，任意停止定理が成り立つので，

$$e^{-\tilde{R}u_0} = P(\tilde{T} < \infty)E[e^{-\tilde{R}U_{\tilde{T}}}|\tilde{T} < \infty] + P(\tilde{T} = \infty)E[e^{-\tilde{R}U_{\tilde{T}}}|\tilde{T} = \infty]$$
$$= \tilde{\varepsilon}(u_0)E[e^{-\tilde{R}U_{\tilde{T}}}|\tilde{T} < \infty] + 0$$

となるので，

$$\tilde{\varepsilon}(u_0) = \frac{e^{-\tilde{R}u_0}}{E[e^{-\tilde{R}U_{\tilde{T}}}|\tilde{T} < \infty]}$$

がただちに得られる．また，破産時のサープラスは負なので，$e^{-\tilde{R}U_{\tilde{T}}} > 1$ であるから，いま見た破産確率を表す式の分母は，

$$E[e^{-\tilde{R}U_{\tilde{T}}}|\tilde{T} < \infty] > 1$$

---

[7] こうした点は，文献 [2] を参照されたい．

であり，

$$\tilde{\varepsilon}(u_0) < e^{-\tilde{R}u_0}$$

が得られる． □

5.2.3 ●●○ 連続時間型モデルにおける無限期間の破産確率

　この分野の破産確率の研究においては，ある種の連続時間型モデルが最も古典的なものである．以下で詳しく述べるが，一番の要点を先取りしていえば，古典的モデル（ルンドベリ・モデル）では，保険金の発生はポアソン過程に従うものとするのである．

　連続時間型における無限期間の破産確率のモデルは，

$$U_t = u_0 + ct - S_t, \quad t \geqq 0$$

となる確率過程 $\{U_t\}$ について，破産確率

$$\lim_{\tau \to \infty} P(\min\{U_t \mid 0 \leqq t \leqq \tau\} < 0)$$

を考えるというものであった．ここで，U_t はサープラス，S_t は時刻 t までに発生した保険金の累計，c は単位時間あたりの保険料，u_0 は初期サープラスであった．

　具体的にモデルを与えるには，u_0 と c の値のほか，S_t の従う分布を与える必要がある．この S_t を複合ポアソン分布に従うものとする（もっと正確にいうと「$\{S_t\}$ を複合ポアソン過程とする」）のが，この分野の古典的モデルである**ルンドベリ・モデル**である．ルンドベリとは，1903年に世界ではじめて（いまでいう）複合ポアソン過程を考案し，それを保険リスクの解明に役立てようとしたスウェーデンのアクチュアリー，フィリップ・ルンドベリ (1876-1965) のことである．

　S_t が従う**複合ポアソン分布**は，次のようなものである．

- 任意の2つの時刻 $s < t$ について，s までに発生する保険金の件数 N_s と t までに発生する保険金の件数 N_t の差 $N_t - N_s$ は，パラメータ $\lambda(t-s)$ のポア

ソン分布に従う（もっと正確にいうと「$\{N_t\}$ はパラメータ λ のポアソン過程である」）.
- 各保険金の額 $X_1, X_2, \ldots$（代表して X と表記する）は互いに独立に，また，発生件数とも独立に，ある同一の分布に従う.

ただし，無限期間の破産確率を考えるかぎりは，単位時間を一定倍（時計の針が進む速度を一定倍）しても結果は変わらないので，平均して単位時間あたり1件の保険金が発生するように時間の進み方を一定倍した時計（オペレーショナル・タイム）を用いることとし，以下では $\lambda = 1$ とする．このあたり，確率過程に関するもっと正確な内容や，オペレーショナル・タイムについて詳しく知りたい場合は，文献 [2] を参照されたい.

以上より，具体的なルンドベリ・モデルを与えるには，X の従う分布と，u_0 および c の値を与えればよい．ただし，c は単位時間あたりの保険料であり，時間の進め方を調整すると変化してしまうので，c の代わりに，

$$1 + \theta := \frac{\text{単位時間あたりの保険料}}{\text{単位時間あたりの発生保険金の期待値}} = \frac{c/\lambda}{E[X]}$$

で定義される**安全割増率** θ を，モデルの記述に用いることにする．その結果，ルンドベリ・モデルは，

$$U_t = u_0 + (1+\theta)tE[X] - S_t$$

という形で表現される．また，

$$U_t = U_s + (1+\theta)(t-s)E[X] - (S_t - S_s), \quad 0 \leq s < t$$

であり，このときの $S_t - S_s$ は，U_s と独立に，$t-s$ をパラメータとするポアソン分布による複合ポアソン分布に従うことになる.

破産確率は，初期サープラスを変数 u としてとる関数 $\varepsilon(u)$ として表す．ただし，形式上，関数の定義域は $-\infty < u < \infty$ とし，$u < 0$ のときには，$\varepsilon(u) = 1$ と規約する.

離散時間型モデルの場合と同じく，このモデルにおいても破産時刻 T は停止時刻である．そして，これを用いると，破産確率は，

$$\varepsilon(u_0) = P(T < \infty)$$

と表すことができる．そこで，マルチンゲールをうまく見つけて，破産確率の算式を求めてみよう．そのために好都合な確率過程として $\{e^{-RU_t}\}$ という形のマルチンゲールがある．R は（X の従う分布と θ によって決まる）何らかの定数である．

$\{e^{-RU_t}\}$ がマルチンゲールとなるためには，任意の $s < t$ について，

$$e^{-RU_s} = E[e^{-RU_t}|e^{-RU_s}]$$
$$= E[e^{-R\{U_s+(1+\theta)(t-s)E[X]-(S_t-S_s)\}}|e^{-RU_s}]$$
$$= e^{-RU_s}e^{-R(1+\theta)(t-s)E[X]}E[e^{R(S_t-S_s)}]$$
$$\therefore E[e^{R(S_t-S_s)}] = e^{R(1+\theta)(t-s)E[X]}$$

でなければならない．ここで，$S_t - S_s$ は，$t-s$ をパラメータとするポアソン分布による複合ポアソン分布に従うので，

$$E[e^{R(S_t-S_s)}] = M_{S_t-S_s}(R) = e^{(t-s)(M_X(R)-1)}$$

となる．したがって，

$$e^{(t-s)(M_X(R)-1)} = e^{R(1+\theta)(t-s)E[X]}$$

であるから，少し整理すると，

$$M_X(R) = 1 + (1+\theta)E[X]R$$

である．したがって，R は，r を未知数とする方程式

$$M_X(r) = 1 + (1+\theta)E[X]r$$

の解となる．

実際，この方程式の（存在するなら唯一に定まる[8]）正の解を R とすれば，$\{e^{-RU_t}\}$ はマルチンゲールとなる．この特別の定数 R のことを**調整係数**という．

> **問題 95** 連続時間型モデルにおいて，$\theta > 0$ であり，また，調整係数 R が存在するとき，破産時刻を T で表すと，次の等式および不等式が成り立つことを示せ．
> $$\varepsilon(u_0) = \frac{e^{-Ru_0}}{E[e^{-RU_T}|T<\infty]}, \quad \varepsilon(u_0) < e^{-Ru_0}$$

---
[8] こうした点は，文献 [2] を参照されたい．

> ただし，$\theta > 0$（年間保険料が年間発生保険金の期待値より大きい）であることから，破産しない場合には，$t \to \infty$ とすると U_t も平均的に無限大になっていくので，$\lim_{t \to \infty} E[e^{-RU_t}|T \geq t] = 0$ も（じつのところ）成り立つが，このことは証明なしに用いてよい．

(解答) $\{e^{-RU_t}\}$ がマルチンゲールであり，$\lim_{t \to \infty} E[e^{-RU_t}|T \geq t] = 0$（有限の極限値）であることから，任意停止定理が成り立つので，前問（問題94）とまったく同様にして，等式と不等式を示すことができる． □

ところで，

$$\varepsilon(u_0) = \frac{e^{-Ru_0}}{E[e^{-RU_T}|T < \infty]}$$

という破産確率の公式が，実際の破産確率を求めるのに直接役立つ事例はほとんどない．それは，右辺の分母を求めるためのうまい手段がないからである．

そこで，ルンドベリ・モデルにおいて具体的に破産確率を求めるためには，次のような別の手法をとる．

手法28 [ルンドベリ・モデルにおける存続確率]

ルンドベリ・モデルにおいて破産確率 $\varepsilon(u_0)$ を求めるためには，$\phi(u_0) := 1 - \varepsilon(u_0)$ と定義される**存続確率** $\phi(u_0)$ が，ある種の複合幾何分布に従う確率変数 L の分布関数になっているという事実を用いて，次のとおり計算する．

$$\varepsilon(u_0) = 1 - \phi(u_0)$$

$$\phi(u) = F_L(u) = \sum_{k=0}^{\infty} \frac{\theta}{1+\theta}\left(\frac{1}{1+\theta}\right)^k F_Y^{k*}(u)$$

$$= \frac{\theta}{1+\theta} + \sum_{k=1}^{\infty} \frac{\theta}{1+\theta}\left(\frac{1}{1+\theta}\right)^k F_Y^{k*}(u), \quad u \geq 0$$

ただし，

$$F_Y(y) = \frac{1}{E[X]} \int_0^y (1 - F_X(x))dx$$

である．

この L は,
$$L := \max\{S_t - (1+\theta)E[X]t | t \geq 0\}$$
と定義されるものであり，サープラスが最小値をとったときに初期サープラスを基準としてどれだけ落ち込んだかを表す確率変数である．したがって，これが u_0 を超えれば破産，越えなければ（永久に）存続ということで，上記の式となる．ただし，L がどうして上記のような複合幾何分布に従うかについては，本書では扱いきれないので，文献 [2] を参照されたい．

5.3 クレディビリティ理論

本節では，保険数理の専門家であるアクチュアリーたちによって築き上げられた理論であるクレディビリティ理論を紹介する．クレディビリティ理論が扱う典型的な課題は，次のとおりのものである．

> r 個の母集団からそれぞれ大きさ n の標本をとり，その実現値 y_{ij} ($i = 1, \ldots, r; j = 1, \ldots, n$) をもとに，次に得られる実現値 $y_{i,n+1}$ を合理的に予測するにはどうしたらよいか．

もう少し具体的にいえば，たとえば，r 人の保険契約者の過去 n 年間の（たとえば支払保険金の）実績から，各契約者の将来の（支払保険金の）値を予測するという問題である．そして，ここでは，r は十分大きいが，n はかなり小さい（たとえば，$n = 3$ 程度）ものとする．

もし n が十分大きければ，$y_{i,n+1}$ を予測するには，同じ母集団（母集団 i）のデータ y_{ij} ($j = 1, \ldots, n$) のみを使って予測を行えばよい．たとえば点推定ならば，推定値は $\frac{1}{n}\sum_{j=1}^{n} y_{ij}$ とすればよさそうである．しかし，n が小さいので，この方法ではいかにも頼りない．ちなみに，どうして n が小さいかというと，（たとえば）1 年に 1 回しかとれないようなデータの場合，そもそもデータを蓄積するのに時間がかかるし，また，せっかく長期間データを蓄積したとしても，そのうちの古いデータは，時間経過に伴う各母集団の特性の変化の可能性を考慮すると，実際にはデータとして使うのにふさわしくないという場合が多いからである．このような状況で，どのように推測を行うべきか，というのがクレ

ディビリティ理論の課題である.

ところで,どうしてこのような課題を扱う理論をクレディビリティ理論というのであろうか. それは,この課題の答えの形に関係がある. この点を少し説明しておこう.

特定の i に関する標本が小さい場合,とくに,標本がまったくないという極端な場合,もし i 以外の標本は十分あったとすれば,どうすべきであろうか. 自然な発想として,i 以外の全体のデータの標本平均を推定値とする方法が考えられる. そして,実際,適当なモデルのもとでは,この方法は正当化される. このことからも(あるいは,おそらくほかの道筋からも)自然と発想されるように,n が小さいときに $y_{i,n+1}$ を予測するとしたら,r 個全部の母集団の標本平均 $\hat{\mu} := \frac{1}{rn} \sum_{i=1}^{r} \sum_{j=1}^{n} y_{ij}$ と i 番めの母集団のみの標本平均 $\bar{y}_{i\bullet} := \frac{1}{n} \sum_{j=1}^{n} y_{ij}$ の間の値をとればよいと考えられる. このとき,$0 \leqq Z \leqq 1$ である実数 Z を使って,点推定値を

$$Z\bar{y}_{i\bullet} + (1-Z)\hat{\mu}$$

という形で表したとしたら,この Z は,問題としている母集団のみの実績値を相対的にどれくらい信頼するかを表すものであるといえる. 実際,適当な定式化のもとでは,このような Z は信頼度(credibility factor)とよばれるが,クレディビリティ理論の名前の由来は,このような信頼性の概念にある.

しかし,こうした信頼度を用いる形の答えは,現在では,クレディビリティ理論のなかにあるさまざまな答えの形式のうちのほんの1つにすぎない. そのため,いまクレディビリティ理論の課題に実際にとり組むにあたっては,この,ある種素朴な答えの形式はいったん忘れてしまったほうがかえってよいかもしれない.

なお,広くクレディビリティ理論とよばれる分野のなかには,北米でさかんに用いられる(「アメリカ流クレディビリティ理論」とよばれることもある)有限変動クレディビリティ理論とよばれる理論ないし分野があるが,本書ではこれは扱わない.

5.3.1 ●●● クレディビリティ理論の基本モデル

上で述べた課題を扱うにあたってクレディビリティ理論がとるモデルは，混合分布モデルの一種である．具体的には，次のモデルであり，これは，ビュールマン・モデルとよばれる．この名称は，この分野の現代的基礎を築いたハンス・ビュールマンに由来する．

ビュールマン・モデル

各母集団 i（$i = 1, 2, \ldots$）に対応する確率変数 Θ_i があり，$\Theta_1, \Theta_2, \ldots$ は，互いに独立に同一の分布に従っている．$\Theta_i = \theta$ であるという条件のもとでは，$Y_{i1}, Y_{i2}, \ldots$ は，パラメータを θ とする同一の分布に互いに独立に従っており，他の母集団とも独立である．

以下で，とくに演習問題などのなかで，このモデルについて言及するときは，使っている記号などを思い起こしやすいように，たとえば「確率変数 Y_{ij} がパラメータ Θ_i による混合分布に従う（ビュールマン・モデル）とき…」というような表現を用いることにする．

母集団のパラメータというものは，4章で扱った統計的推測のモデルにおいては未知の定数であったが，このモデルでは確率変数となっているところが大きな違いである．以下では，このモデルに基づき，この理論の入門として，点推定についてのみ扱うことにする．

点推定といっても，4章で扱ったように母数を推定するのではなく，将来の実現値を推測するのであるから，4章の考えをそのまま利用するわけにはいかない．4章では，単純にいえば，点推定量としては最小分散不偏推定量がよい推定量とされた．ビュールマン・モデルの場合に，どのような推定量がよい推定量であるかにはいくつかの考えがあるが，最も代表的かつ最も重要なのは（そして，本書ではそれだけを紹介するが），最小2乗誤差推定量とよばれるものである．

一般的に述べれば，X という確率変数の実現値を推定するために $Y_1, \ldots, Y_n$ というデータを用いるときの X の最小2乗誤差推定量とは，

$$E[(X-T)^2|Y_1,\ldots,Y_n]$$

を最小とする統計量 $T := t(Y_1,\ldots,Y_n)$ (t は n 変数関数) のことである．この T を形式的に表現することは容易であり，練習問題 14（81 頁）で見たとおり，

$$T = E[X|Y_1,\ldots,Y_n]$$

である．

> **問題 96** 確率変数 Y_{ij} がパラメータ Θ_i による混合分布に従う（ビュールマン・モデル）ものとして，Y_{ij} ($i=1,\ldots,r; j=1,\ldots,n$) を用いて $Y_{i,n+1}$ を推定する．
>
> (1) $\Theta_1,\ldots,\Theta_r$ が互いに独立に従っている分布が何であるかが不明のとき，$Y_{i,n+1}$ の最小 2 乗誤差推定量を条件付期待値の形で表現せよ．
>
> (2) $\Theta_1,\ldots,\Theta_r$ が互いに独立に従っている分布がわかっているとき，$Y_{i,n+1}$ の最小 2 乗誤差推定量を，条件付期待値の形でできるだけ簡単に表現せよ．

（解答）(1) $E[Y_{i,n+1}|Y_{11},\ldots,Y_{1n},\ldots,Y_{r1},\ldots,Y_{rn}]$

(2) $\Theta_1,\ldots,\Theta_r$ が互いに独立に従っている分布がすでにわかっているならば，$Y_{i'j}$ ($i' \neq i$) からは Θ_i の分布に関する情報は得られず，したがって，$Y_{i,n+1}$ の分布に関する情報も得られない．いい換えれば，$Y_{i'j}$ ($i' \neq i$) は $Y_{i,n+1}$ と独立であるので，

$$E[Y_{i,n+1}|Y_{11},\ldots,Y_{1n},\ldots,Y_{r1},\ldots,Y_{rn}] = E[Y_{i,n+1}|Y_{i1},\ldots,Y_{in}]$$

である．すなわち，最小 2 乗誤差推定量は，

$$E[Y_{i,n+1}|Y_{i1},\ldots,Y_{in}]$$

と書ける． □

もちろん，抽象的に条件付期待値の形で答えを与えたところで，実際の具体的な推定値は計算できない．しかし，いまの問題の解答からわかるとおり，ビュールマン・モデルをとるならば答えはある種の条件付期待値となるのだから，クレディビリティ理論の課題は，その条件付期待値をいかにして具体的に求めるか，という問題に帰着する．

5.3.2 ●●● ベイズ推定

ここでは点推定に限定して述べているが，もう少し一般的に，$Y_1,\ldots,Y_n$ というデータをもとにして X という確率変数の従う分布を推定するというのは，いわゆるベイズ統計学における典型的な課題である．ベイズ統計学では，その課題を解決するために，事前分布と事後分布（いずれも後述）というものを考える．その考えは，クレディビリティ理論でも使える．じつのところ，ベイズ統計学で点推定を行うときには，典型的には最小2乗誤差推定量を考え，いまの例でいえば，やはり

$$T = E[X|Y_1,\ldots,Y_n]$$

という統計量 T を点推定量とするのであるから，両者の課題は完全に共通している．

したがって，ベイズ統計学で扱うのと同様の事前分布が与えられている場合には，クレディビリティ理論の課題は，ベイズ統計学でよく知られた方法により解決する．じつは，クレディビリティ理論の方法（後述のビュールマンの方法）が本領を発揮するのは，ベイズ統計学とは違う事前分布が与えられている場合やそもそも事前分布が与えられていない場合であるが，その前に，ベイズ統計学によって解決できる問題を解決しておこう．

少し細かいことをいうと，ベイズ統計学において最も典型的（ないし基本的な）事例は，X が母集団のパラメータ Θ であり，$Y_1,\ldots,Y_n$ がその母集団からの標本の場合である．そのため，確率変数 Y_{ij} がパラメータ Θ_i による混合分布に従う（ビュールマン・モデル）という場合でいえば，

- $\Theta_1,\Theta_2,\ldots$ が従う分布がすでにわかっており，
- $\Theta_i = \theta$ であるという条件のもとで Y_{ij} が従う分布もすでにわかっている

ときに，Θ_i に対する最小2乗誤差推定量

$$E[\Theta_i|Y_{i1},\ldots,Y_{in}]$$

を計算するのは，ベイズ統計学においてはごく基本的な事項である．

これに対し，ここでの課題はパラメータの推定ではなく，母集団から今後とりだされるデータの実現値の推測である．だが，実際には，

$$\Theta_i = E[Y_{ij}|\Theta_i]$$

という条件を満たしている場合が多く，その場合には，ベイズ統計学におけるパラメータ推定の問題に帰着される．なぜなら，この条件を満たしていれば，

$$E[Y_{i,n+1}|Y_{i1},\ldots,Y_{in}] = E[E[Y_{i,n+1}|\Theta_i]|Y_{i1},\ldots,Y_{in}]$$
$$= E[\Theta_i|Y_{i1},\ldots,Y_{in}]$$

となるからである．

もちろん，この条件を満たしていない場合もある[9]．しかし，本書で扱う基本的事例では実際に

$$\Theta_i = E[Y_{ij}|\Theta_i]$$

を満たしているし，煩雑さが減ったほうが本質的な部分が見やすくなると思われるので，以下では，この条件を満たす場合に限定して考えることにする．

ここで，便宜のため，ベイズ統計学のパラメータ推定に関する基本事項をごく簡単に説明しておく．

ベイズ統計学では，

　母集団からの各標本を確率変数としてとらえるとともに，
　母集団のパラメータ（母数）も確率変数としてとらえる．

というモデルをとる．ビュールマン・モデルは，この意味ではベイズ統計学のモデルの一種であるので，ベイズ統計学の方法が援用できるのである．パラメータが確率変数だとすれば，何らかの分布に従うはずであるが，その

---

[9] その場合にも，上と同じく，
- $\Theta_1, \Theta_2, \ldots$ が従う分布がすでにわかっており，
- $\Theta_i = \theta$ であるという条件のもとで Y_{ij} が従う分布もすでにわかっている

という場合には，

$$E[Y_{i,n+1}|Y_{i1},\ldots,Y_{in}]$$

という（ここでまさにほしかった）最小2乗誤差推定量を計算する一般的方法がベイズ統計学ではよく知られている．その計算においては，予測分布という（本書では説明しない）概念を用いる．つまり，分布の情報がいろいろとわかっている場合には，一般に，この予測分布の考え方を使ってクレディビリティ理論の課題を解くことができる．

分布のことをそのパラメータの**事前分布**とよぶ．そして，母集団からの標本 $Y_1 = y_1, \ldots, Y_n = y_n$ が与えられたとき，その母集団のパラメータ Θ の条件付分布のことを，$Y_1 = y_1, \ldots, Y_n = y_n$ が与えられたときの Θ の**事後分布**という．

以上を踏まえると，
$$\Theta_i = E[Y_{ij}|\Theta_i]$$
を満たしているときに求めようとしている最小2乗誤差推定量
$$E[\Theta_i|Y_{i1}, \ldots, Y_{in}]$$
に基づく推定値
$$E[\Theta_i|Y_{i1} = y_{i1}, \ldots, Y_{in} = y_{in}]$$
は，ベイズ統計学の言葉で表現すれば，パラメータ Θ_i の事後分布の期待値であるということになる．こうして，次の手法が得られる．

手法29　[ベイズ推定]

確率変数 Y_{ij} がパラメータ Θ_i による混合分布に従うというモデル（ビュールマン・モデル）において，

- $\Theta_1, \Theta_2, \ldots$ が従う分布はすでにわかっている
- $\Theta_i = \theta$ であるという条件のもとで Y_{ij} が従う分布はすでにわかっている
- $\Theta_i = E[Y_{ij}|\Theta_i]$ である

という3つの条件が満たされるとき，パラメータ Θ_i の事後分布の期待値
$$E[\Theta_i|Y_{i1} = y_{i1}, \ldots, Y_{in} = y_{in}]$$
を，$Y_{i,n+1}$ の実現値の推定値とする．

問題97　ある保険契約の各契約者の1年間のクレーム件数の分布は，互いに独立にポアソン分布に従う．ただし，ポアソン分布のパラメータには，λ_1 と λ_2（ともに値は既知）の2通りの可能性があり，契約者ごとにパラメータは一定しているが，各契約者のクレーム件数がどちらのパラメータのポアソン分布に従っているかは未知である．契約者を無作為に抽

> 出したとき，その契約者のパラメータが λ_1 である確率は既知の値 p であることはわかっている．いま無作為に抽出した契約者の過去2年のクレーム件数 Y_1, Y_2 の実現値を調べたら y_1 件と y_2 件であった．このとき，この契約者の翌年のクレーム件数 Y_3 の実現値を点推定せよ．

この契約者のパラメータを Λ とすれば，$\Lambda = \lambda$ の条件のもとでは Y_1, Y_2, Y_3 は互いに独立に $Po(\lambda)$ に従い，その場合の（条件付の）期待値は λ であるから，

$$E[Y_i|\Lambda] = \Lambda$$

が成り立つ．したがって，本問では手法29が利用できる．

(解答) 本問では（すぐ上でも述べたが）$E[Y_i|\Lambda] = \Lambda$ が成り立つので，課題は，「$Y_1 = y_1, Y_2 = y_2$ が得られたとき，事前分布が $f_\Lambda(\lambda_1) = p, f_\Lambda(\lambda_2) = 1-p$ であるパラメータ Λ の事後分布の期待値を求める」ということに帰着する．Λ の事後分布の確率関数を $f(y)$ とすれば，ベイズの定理より，

$$\begin{aligned}
f(\lambda_1) &= P(\Lambda = \lambda_1 | Y_1 = y_1 \text{ かつ } Y_2 = y_2) \\
&= \frac{P(\Lambda = \lambda_1)P(Y_1 = y_1 \text{ かつ } Y_2 = y_2 | \Lambda = \lambda_1)}{\displaystyle\sum_{i=1,2} P(\Lambda = \lambda_i)P(Y_1 = y_1 \text{ かつ } Y_2 = y_2 | \Lambda = \lambda_i)} \\
&= \frac{p\left(e^{-\lambda_1}\frac{\lambda_1^{y_1}}{y_1!}\right)\left(e^{-\lambda_1}\frac{\lambda_1^{y_2}}{y_2!}\right)}{p\left(e^{-\lambda_1}\frac{\lambda_1^{y_1}}{y_1!}\right)\left(e^{-\lambda_1}\frac{\lambda_1^{y_2}}{y_2!}\right) + (1-p)\left(e^{-\lambda_2}\frac{\lambda_2^{y_1}}{y_1!}\right)\left(e^{-\lambda_2}\frac{\lambda_2^{y_2}}{y_2!}\right)} \\
&= \frac{pe^{-2\lambda_1}\lambda_1^{y_1+y_2}}{pe^{-2\lambda_1}\lambda_1^{y_1+y_2} + (1-p)e^{-2\lambda_2}\lambda_2^{y_1+y_2}}
\end{aligned}$$

同様に，

$$f(\lambda_2) = \frac{(1-p)e^{-2\lambda_2}\lambda_2^{y_1+y_2}}{pe^{-2\lambda_1}\lambda_1^{y_1+y_2} + (1-p)e^{-2\lambda_2}\lambda_2^{y_1+y_2}}$$

したがって，

$$\begin{aligned}
\text{求める値} &= \Lambda \text{の事後分布の期待値} = \lambda_1 f(\lambda_1) + \lambda_2 f(\lambda_2) \\
&= \frac{\lambda_1 pe^{-2\lambda_1}\lambda_1^{y_1+y_2} + \lambda_2(1-p)e^{-2\lambda_2}\lambda_2^{y_1+y_2}}{pe^{-2\lambda_1}\lambda_1^{y_1+y_2} + (1-p)e^{-2\lambda_2}\lambda_2^{y_1+y_2}}
\end{aligned}$$

□

本問の計算で鍵となるのは，ベイズの定理である．ベイズ統計学を援用してみたらベイズの定理が出てきたわけであるが，じつのところ，ベイズ統計学は

ベイズの定理が要の役割を果たすのでその名がある[10]のだから，当然の出合いである．それはさておき，事後分布などの計算に際してベイズの定理をうまく適用するには，1.3.3 で扱ったベイズの定理の説明にいくつかの事項を補足しておく必要がある．

まず，本問の場合は対象がクレーム件数であり，その分布は離散型であるから確率関数（つまり確率）を扱えばよかったが，連続型の対象の場合には密度関数（つまり確率密度）を扱う必要があり，公式を拡張しておく必要がある．ただし，連続型の場合にも，離散型で確率関数を使っていた部分に密度関数を形式的に代入した公式（下記手法 30 参照）が成り立つので，公式を拡張するといっても，確率関数も密度関数も区別しないで用いればよいだけの話である．実際，とくにベイズ統計学では，確率関数と密度関数をともに密度関数とよび，ほとんど区別せずに用いる場合が多い．

また，本問の事例の場合には，パラメータのとりうる値の範囲が限られていたので，1.3.3 で説明したベイズの定理をそのまま適用して計算することができたが，パラメータの従う分布が連続分布の場合は，そのままというわけにはいかない．この点でも公式を拡張しておく必要がある．

具体的には，次のような手法としてまとめることができる．

手法 30　[ベイズの定理]

$Y_1 = y_1, \ldots, Y_n = y_n$ が与えられたときの Θ の事後分布の密度関数ないし確率関数 $f_{\Theta|Y_1,\ldots,Y_n}(\theta|y_1,\ldots,y_n)$ を求めるときには，Θ が連続型であるときには，

$$f_{\Theta|Y_1,\ldots,Y_n}(\theta|y_1,\ldots,y_n) = \frac{f_{Y_1,\ldots,Y_n|\Theta}(y_1,\ldots,y_n|\theta)f_\Theta(\theta)}{\int_{-\infty}^{\infty} f_{Y_1,\ldots,Y_n|\Theta}(y_1,\ldots,y_n|\theta)f_\Theta(\theta)d\theta}$$

と計算し，Θ が離散型であるときには，

$$f_{\Theta|Y_1,\ldots,Y_n}(\theta|y_1,\ldots,y_n) = \frac{f_{Y_1,\ldots,Y_n|\Theta}(y_1,\ldots,y_n|\theta)f_\Theta(\theta)}{\sum_\theta f_{Y_1,\ldots,Y_n|\Theta}(y_1,\ldots,y_n|\theta)f_\Theta(\theta)}$$

と計算する．これらの計算公式も**ベイズの定理**とよばれる．

---

[10]　「ベイズが始めた統計学」という意味では決してない．ベイズの当時には，いまの意味での「統計学」という概念さえなかったのだから．

また，このとき，最小2乗誤差推定量を用いた Θ の推定値 $E[\Theta|Y_1 = y_1,\ldots,Y_n = y_n]$ を求めるときには，Θ が連続型であるときには，

$$E[\Theta|Y_1 = y_1,\ldots,Y_n = y_n] = \frac{\int_{-\infty}^{\infty} \theta f_{Y_1,\ldots,Y_n|\Theta}(y_1,\ldots,y_n|\theta) f_\Theta(\theta) d\theta}{\int_{-\infty}^{\infty} f_{Y_1,\ldots,Y_n|\Theta}(y_1,\ldots,y_n|\theta) f_\Theta(\theta) d\theta}$$

と計算し，Θ が離散型であるときには，

$$E[\Theta|Y_1 = y_1,\ldots,Y_n = y_n] = \frac{\sum_\theta \theta f_{Y_1,\ldots,Y_n|\Theta}(y_1,\ldots,y_n|\theta) f_\Theta(\theta)}{\sum_\theta f_{Y_1,\ldots,Y_n|\Theta}(y_1,\ldots,y_n|\theta) f_\Theta(\theta)}$$

と計算する．

このベイズの定理を適用して分数計算をするときには，分母にも分子にも表れるためにキャンセルされる部分（前問では $y_1!$ と $y_2!$）は，実際には，最初からいわば無視して計算するのがよい．つまり，ベイズの定理を適用する際に，（たとえば）確率関数

$$f_{Y_1,Y_2|\Lambda}(y_1,y_2|\Lambda = \lambda_1) = e^{-2\lambda_1} \frac{\lambda_1^{y_1+y_2}}{y_1!y_2!}$$

の代わりに，

$$e^{-2\lambda_1} \lambda_1^{y_1+y_2}$$

を考えればよい．

どの部分を無視してよいかは，十分統計量について述べた際に言葉だけ出した因子分解定理というものが関連するが，そういう難しいことをいわなくても，少し計算練習を積めばおのずとわかってくるであろう．それにこれはあくまでも計算を楽にするための工夫なので，ぎりぎりのところまで削る必要はない．いずれにせよ，こういう計算の省略をする際には，たとえば「$f_{Y_1,Y_2|\Lambda}(y_1,y_2|\Lambda = \lambda_1) \propto e^{-2\lambda_1} \lambda_1^{y_1+y_2}$ であるので」というような断りを入れておけば通用する慣わしになっている．

以上すべてをまとめると，前問の計算は，次のような数行で表すことができる．

$i = 1, 2$ について，

$$f(y_1, y_2|\Lambda = \lambda_i) := f_{Y_1,Y_2|\Lambda}(y_1, y_2|\Lambda = \lambda_i) \propto e^{-2\lambda_i}\lambda_i^{y_1+y_2}$$

であるので,

$$求める値 = \Lambda の事後分布の期待値 = \frac{\sum_{i=1,2}\lambda_i f(y_1,y_2|\lambda_i)f_\Lambda(\lambda_i)}{\sum_{i=1,2}f(y_1,y_2|\lambda_i)f_\Lambda(\lambda_i)}$$

$$= \frac{\lambda_1 p e^{-2\lambda_1}\lambda_1^{y_1+y_2} + \lambda_2(1-p)e^{-2\lambda_2}\lambda_2^{y_1+y_2}}{p e^{-2\lambda_1}\lambda_1^{y_1+y_2} + (1-p)e^{-2\lambda_2}\lambda_2^{y_1+y_2}} \qquad \square$$

問題98 ある保険契約の各契約者の1年間のクレーム件数の分布は，互いに独立にポアソン分布に従う．ただし，各契約者のパラメータは一定しているが未知であり，契約者ごとにパラメータの値は異なっている．契約者を無作為に抽出したとき，その契約者のパラメータ Λ はガンマ分布 $\Gamma(\alpha,\beta)$ (α,β は既知) に従うと見なしてよいことはわかっている．いま無作為に抽出した契約者の過去2年のクレーム件数 Y_1, Y_2 の実現値を調べたら y_1 件と y_2 件であった．このとき，この契約者の翌年のクレーム件数 Y_3 の実現値を点推定せよ．

(解答) 本問は前問と同じくパラメータ Λ の事後分布の期待値を求めればよい．前問と同様，任意の $\lambda > 0$ について，

$$f(y_1,y_2|\Lambda = \lambda) := f_{Y_1,Y_2|\Lambda}(y_1,y_2|\Lambda = \lambda) \propto e^{-2\lambda}\lambda^{y_1+y_2}$$

であり，また，

$$f_\Lambda(\lambda) \propto \lambda^{\alpha-1}e^{-\beta\lambda}, \quad \lambda > 0$$

である．よって,

$$求める値 = \Lambda の事後分布の期待値 = \frac{\int_{-\infty}^{\infty}\lambda f(y_1,y_2|\lambda)f_\Lambda(\lambda)d\lambda}{\int_{-\infty}^{\infty}f(y_1,y_2|\lambda)f_\Lambda(\lambda)d\lambda}$$

$$= \frac{\int_0^\infty \lambda e^{-2\lambda}\lambda^{y_1+y_2}\lambda^{\alpha-1}e^{-\beta\lambda}d\lambda}{\int_0^\infty e^{-2\lambda}\lambda^{y_1+y_2}\lambda^{\alpha-1}e^{-\beta\lambda}d\lambda} = \frac{\int_0^\infty \lambda \lambda^{\alpha+y_1+y_2-1}e^{-(\beta+2)\lambda}d\lambda}{\int_0^\infty \lambda^{\alpha+y_1+y_2-1}e^{-(\beta+2)\lambda}d\lambda}$$

$$= \frac{\Gamma(\alpha+y_1+y_2,\beta+2)の期待値}{\Gamma(\alpha+y_1+y_2,\beta+2)の全確率} = \frac{\alpha+y_1+y_2}{\beta+2} \qquad \square$$

このように，本問の答えはずいぶん簡単な形に書ける．本問の場合，ポアソン分布のパラメータの事前分布としてガンマ分布をとったのだが，そのおかげである．つまり，ポアソン分布とガンマ分布は（いわば）相性がよい．本問の解答では，手法 30 で示した公式を用いて推定値をいきなり求めたが，事後分布の密度関数を求めると，

$$f_{\Lambda|Y_1,Y_2}(\lambda|Y_1=y_1,Y_2=y_2) = \frac{f(y_1,y_2|\lambda)f_\Lambda(\lambda)}{\int_{-\infty}^{\infty} f(y_1,y_2|\lambda)f_\Lambda(\lambda)d\lambda}$$

$$\cdots$$

$$\propto \lambda^{\alpha+y_1+y_2-1}e^{-(\beta+2)\lambda}, \quad \lambda > 0$$

$$= \Gamma(\alpha+y_1+y_2, \beta+2) \text{ の密度関数}$$

となり，事後分布は（パラメータは違うが）事前分布と同じくガンマ分布となって扱いやすい．なお，いま行った事後分布の密度関数の計算途中で「$\propto$」を用いたが，この計算結果で密度関数（とりうる値で積分すれば 1 となる関数）が出てくるのは当然なので，分布が何かを特定するために本質的でない係数の部分は無視して計算してもよく，このような省略も，無駄な計算をしないためのコツの 1 つである．

いま見たように，ガンマ分布はポアソン分布と相性がよいのだが，もちろんその事実はよく知られている．実際，ガンマ分布は，ポアソン分布のパラメータの**自然共役事前分布**とよばれ，その意味で特別の分布である．ポアソン分布のパラメータの事前分布としてガンマ分布以外を選んでしまうと，（1 つ前の問題 97 のように事前分布のとりうる値の範囲が有限であるというような単純な場合を除いて）簡単な形で答えを与えることは一般にできなくなってしまう．

自然共役事前分布の一般論には本書では触れないが，とくによく知られよく使われるものを次に掲げておく（注目するパラメータを Θ とし，得られた標本を $Y_1=y_1,\ldots,Y_n=y_n$ とする．また，$\sum y_i := y_1+\cdots+y_n$ とする）．

母集団分布	事前分布 事後分布	Θ の推定値
ベルヌーイ分布 $Bin(1, \Theta)$	ベータ分布 $Beta(a, b)$ $Beta(a + \sum y_i, b + n - \sum y_i)$	$\dfrac{a + \sum y_i}{a + b + n}$ $= \dfrac{n}{a+b+n}\left(\dfrac{1}{n}\sum y_i\right) + \left(1 - \dfrac{n}{a+b+n}\right)\dfrac{a}{a+b}$
ポアソン分布 $Po(\Theta)$	ガンマ分布 $\Gamma(\alpha, \beta)$ $\Gamma(\alpha + \sum y_i, \beta + n)$	$\dfrac{\alpha + \sum y_i}{\beta + n}$ $= \dfrac{n}{\beta+n}\left(\dfrac{1}{n}\sum y_i\right) + \left(1 - \dfrac{n}{\beta+n}\right)\dfrac{\alpha}{\beta}$
正規分布 $N(\Theta, \sigma^2)$	正規分布 $N(\mu, \tau^2)$ $N\left(\dfrac{\sigma^2\mu + \tau^2\sum y_i}{\sigma^2 + n\tau^2}, \dfrac{\sigma^2\tau^2}{\sigma^2 + n\tau^2}\right)$	$\dfrac{\sigma^2\mu + \tau^2\sum y_i}{\sigma^2 + n\tau^2}$ $= \dfrac{n/\sigma^2}{1/\tau^2 + n/\sigma^2}\left(\dfrac{1}{n}\sum y_i\right) + \left(1 - \dfrac{n/\sigma^2}{1/\tau^2 + n/\sigma^2}\right)\mu$

この表のいずれの推定値も，（事前分布のパラメータと母集団の標本の大きさとによって決まる）何らかの定数 Z を用いて，

$$Z \times \text{母集団}\,i\,\text{の標本平均} + (1 - Z) \times \text{事前分布の平均}$$

の形で表せていることに注意せよ．

ここまで見てきたような，相性のよい母集団分布と事前分布の組み合わせをうまく活用することは大事だが，もちろん，こうした組み合わせが実際のデータに適合するとは限らない．では，事前分布として自然共役事前分布がとれない場合にはどうしたらよいであろうか．この課題には，ベイズ統計学でもいろいろな答えを与えているが，以下では，ベイズ統計学の一般論から離れ，クレディビリティ理論が与える答えのうち基本的なものを紹介しよう．基本的なものとはいえ，ここからがクレディビリティ理論の本領発揮である．

5.3.3 ●●○ ビュールマンの方法

ベイズの定理は誠にすばらしいが，一般に計算が困難である．しかし，それでは，実用の立場からは困ってしまう．現在では，計算機の力を駆使してこれに対処しようという方法がいろいろと開発されているが，その一方で，何らかの近似により答えが簡単に求められる方法があれば大変ありがたい．以下で紹介するのは，それに対する答えの1つとしてのビュールマンの方法である．

確率変数 Y_{ij} がパラメータ Θ_i による混合分布に従うというモデル（ビュール

マン・モデル）において事前分布（つまり，Θ_i が従う分布）が与えられている場合には，われわれの課題は，
$$E[(Y_{i,n+1} - T)^2 | Y_{i1}, \ldots, Y_{in}]$$
を最小にする統計量 $T = t(Y_{i1}, \ldots, Y_{in})$ を見つけることであった．しかし，一般にこの T を見つけるのは難しい，というのがいま直面している問題である．そこで，関数 t の形を一定の範囲に限定してみることを考える．とくに，次の形の推定量（**線形推定量**とよばれる）に限定してみよう．
$$T = a_0 + \sum_{j=1}^n a_j Y_{ij}$$

この形の推定量のなかで 2 乗誤差 $E[(Y_{i,n+1} - T)^2 | Y_{i1}, \ldots, Y_{in}]$ を最小にする T（これを**最小 2 乗線形推定量**という）を求める[11]と，
$$T = Z \overline{Y}_{i\bullet} + (1-Z) E[Y_{ij}]$$
となる．ただし，
$$\overline{Y}_{i\bullet} := \frac{1}{n} \sum_{j=1}^n Y_{ij}, \quad Z := \frac{n}{n + \frac{E[V[Y_{ij}|\Theta_i]]}{V[E[Y_{ij}|\Theta_i]]}}$$
である[12]．

ここで登場する $E[Y_{ij}](= E[E[Y_{ij}|\Theta_i]]), E[V[Y_{ij}|\Theta_i]], V[E[Y_{ij}|\Theta_i]]$ はいずれも i にも j にもよらない定数であるので，以下ではそれぞれ
$$E[Y](= E[E[Y|\Theta]]), E[V[Y|\Theta]], V[E[Y|\Theta]]$$
と書くことにする．さらに，
$$\mu := E[Y], \quad v := E[V[Y|\Theta]], \quad w := V[E[Y|\Theta]]$$
という記号も用いる．すると，次の手法が得られる．

---

[11] 算出過程については，文献 [2] を参照されたい．
[12] 直後に述べるように，$E[Y_{ij}], E[V[Y_{ij}|\Theta_i]], E[V[Y_{ij}|\Theta_i]]$ はいずれも j の値によらないので，j は任意の値と考えればよい．

> **手法31** ［ビュールマンの方法（事前分布が与えられている場合）］
>
> 確率変数 Y_{ij} がパラメータ Θ_i による混合分布に従うというモデル（ビュールマン・モデル）において，
> - $\Theta_1, \Theta_2, \ldots$ が従う分布はすでにわかっている
> - $\Theta_i = \theta$ であるという条件のもとで Y_{ij} が従う分布はすでにわかっている
>
> という2つの条件が満たされるとき，
> $$Z\overline{Y}_{i\bullet} + (1-Z)\mu$$
> を，$Y_{i,n+1}$ の実現値の推定量（ビュールマン推定量とよぶ）とする．ただし，
> $$\overline{Y}_{i\bullet} := \frac{1}{n}\sum_{j=1}^{n} Y_{ij}, \quad Z := \frac{n}{n+v/w},$$
> $$\mu := E[Y] = E[E[Y|\Theta]], \quad v := E[V[Y|\Theta]], \quad w := V[E[Y|\Theta]]$$
> である．

最小2乗線形推定量としてこの手法を導く算出過程は少し煩雑なので本書では示さないが，信頼度を用いた形に限定した場合の最小2乗誤差推定量として同じ推定量を導くのは比較的容易なので，次の問題としておこう．

> **問題99** 確率変数 Y_{ij} がパラメータ Θ_i による混合分布に従う（ビュールマン・モデル）とき，$\overline{Y}_{i\bullet} := \frac{1}{n}\sum_{j=1}^{n} Y_{ij}$ とし，$\mu := E[Y]$ とすると，
> $$E\left[\left\{Y_{i,n+1} - \left(Z\overline{Y}_{i\bullet} + (1-Z)\mu\right)\right\}^2\right]$$ を最小とする定数 Z は，$Z = \dfrac{n}{n + \frac{E[V[Y|\Theta]]}{V[E[Y|\Theta]]}}$ であることを示せ．

(解答) 以下で，添え字の i は省略し，また，$\overline{Y} := \overline{Y}_{i\bullet}$ とする．
$$E[\{Y_{n+1} - (Z\overline{Y} + (1-Z)\mu)\}^2] = Z^2 E[(\overline{Y}-\mu)^2] - 2ZE[(Y_{n+1}-\mu)(\overline{Y}-\mu)] + E[(Y_{n+1}-\mu)^2]$$
であるから，求める Z は，
$$Z = \frac{E[(Y_{n+1}-\mu)(\overline{Y}-\mu)]}{E[(\overline{Y}-\mu)^2]} = \frac{Cov[Y_{n+1},\overline{Y}]}{V[\overline{Y}]}$$
である．ここで，

$$Cov[Y_{n+1}, \overline{Y}] = E[Cov[Y_{n+1}, \overline{Y}|\Theta]] + Cov[E[Y_{n+1}|\Theta], E[\overline{Y}|\Theta]]$$
$$= 0 + Cov[E[Y|\Theta], E[Y|\Theta]] \quad (\because E[Cov[Y_{n+1}, \frac{Y_j}{n}|\Theta]] = 0 \, (j = 1, \ldots, n))$$
$$= V[E[Y|\Theta]]$$

および

$$V[\overline{Y}] = E[V[\overline{Y}|\Theta]] + V[E[\overline{Y}|\Theta]] = E[\frac{1}{n^2}V[Y_1 + \cdots + Y_n|\Theta]] + V[\frac{1}{n}E[Y_1 + \cdots + Y_n|\Theta]]$$
$$= E[\frac{1}{n^2}nV[Y|\Theta]] + V[\frac{1}{n}nE[Y|\Theta]] = \frac{1}{n}E[V[Y|\Theta]] + V[E[Y|\Theta]]$$

に注意すると，

$$Z = \frac{Cov[Y_{n+1}, \overline{Y}]}{V[\overline{Y}]} = \frac{V[E[Y|\Theta]]}{\frac{1}{n}E[V[Y|\Theta]] + V[E[Y|\Theta]]} = \frac{n}{n + \frac{E[V[Y|\Theta]]}{V[E[Y|\Theta]]}}$$
□

問題100 問題98（269頁）をビュールマンの方法によって解き直せ．

解答 Λ はガンマ分布 $\Gamma(\alpha, \beta)$ に従うので，

$$\mu = E[Y] = E[E[Y|\Lambda]] = E[\Lambda] \qquad (\because Po(\lambda) \text{の平均} = \lambda)$$
$$= \frac{\alpha}{\beta}$$
$$v = E[V[Y|\Lambda]] = E[\Lambda] \qquad (\because Po(\lambda) \text{の分散} = \lambda)$$
$$= \frac{\alpha}{\beta}$$
$$w = V[E[Y|\Lambda]] = V[\Lambda] \qquad (\because Po(\lambda) \text{の平均} = \lambda)$$
$$= \frac{\alpha}{\beta^2}$$

である．本問では $n = 2$ であるので，

$$Z = \frac{2}{2 + v/w} = \frac{2}{\beta + 2}$$

である．以上より，

$$\text{求める値} = Y_{i3} \text{の実現値の推定値} = Z\overline{y} + (1-Z)\mu$$
$$= \frac{2}{\beta + 2} \frac{y_1 + y_2}{2} + \left(1 - \frac{2}{\beta + 2}\right) \frac{\alpha}{\beta} = \frac{\alpha + y_1 + y_2}{\beta + 2}$$
□

このように，答えは問題98の場合，つまりベイズ推定の場合の答えと一致する．もちろん，ビュールマンの方法とベイズ推定の結果とがつねに一致する

わけではない．たとえば，問題97（265頁）をビュールマンの方法によって解いても，ベイズ推定の結果（同問の答え）とは一致しない．

しかし，ビュールマン推定量は，ベイズ推定の場合と違って原則としていつでも答えがきちんと求まるとともに，ベイズ推定のよい近似にはなっている．たとえば，事前分布が自然共役事前分布である場合，たいていは（たとえば，先に一覧表で挙げた事例はすべて）ビュールマン推定量は最小2乗誤差推定量に完全に一致する．

ところで，ここまで見てきた事例では，事前分布が与えられているので，μ, v, w をきちんと求めることができ，したがって，ビュールマン推定量もきちんと求めることができた．では，事前分布が与えられていない場合にはどうするか．

じつは，そういう事例に対しても，上で与えたのと同じビュールマン推定量を用いるというのがビュールマンの方法である．つまり，推定量を

$$Z\overline{Y}_{i\bullet} + (1-Z)\mu$$

とするのである．ただし，もちろん，先の場合と違って事前分布はわかっていないので，μ, v, w はきちんと求めることができない．

それではどうするのかといえば，それらの値を，多く（r個とする）の母集団からの各n個のデータ $Y_{ij}(i = 1, \ldots, r; j = 1, \ldots, n)$ から推定するのである[13]．したがって，事前分布が与えられていない場合の残る課題は，μ, v, w の推定量を求めることである．とはいえ，母集団分布に応じてこれらの推定量は変わってくるはずなので，一般解のようなものはない．ここでは一例として，ポアソン母集団の場合を挙げておく．なお，以下では，μ, v, w の推定量をそれぞれ $\hat{\mu}, \hat{v}, \hat{w}$ と書く．また，混乱することはないと思われるので，それぞれの推定値も同じ記号 $\hat{\mu}, \hat{v}, \hat{w}$ で表す．

---

[13] ベイズ統計学では，このように（いわば）事前分布を経験データから推定する方法は主流ではない．しかし，このような方法は経験ベイズ法とよばれ，いまではその有用性がかなり認められてきている．したがって，ビュールマンの方法は経験ベイズ法の一種であると要約することも可能であるが，ここでは，これ以上ベイズ統計学の文脈に引きつけて説明する必要はないであろう．

手法32 [ビュールマンの方法（ポアソン母集団の場合）]

確率変数 Y_{ij} がパラメータ Θ_i による混合分布に従うというモデル（ビュールマン・モデル）において，

- $\Theta_1, \Theta_2, \ldots$ が従う分布は未知
- $\Theta_i = \theta$ であるという条件のもとでは Y_{ij} はポアソン分布 $Po(\theta)$ に従う

という2つの条件が満たされるとき，

$$Z\overline{Y}_{i\bullet} + (1-Z)\hat{\mu}$$

を，$Y_{i,n+1}$ の実現値の推定量（ビュールマン推定量とよぶ）とする．ただし，

$$\overline{Y}_{i\bullet} := \frac{1}{n}\sum_{j=1}^{n} Y_{ij}, \quad Z := \frac{n}{n + \hat{v}/\hat{w}}$$

であり，$\hat{\mu}, \hat{v}, \hat{w}$ は，

$\hat{\mu} = E[Y]$ の推定値 $:= \overline{y}_{\bullet\bullet}$

$\hat{v} = E[V[Y|\Theta]]$ の推定値
$= E[Y]$ の推定値 　$(\because Y \sim Po(\Theta)$ なので $E[V[Y|\Theta]] = E[\Theta] = E[E[Y|\Theta]] = E[Y])$
$:= \overline{y}_{\bullet\bullet}$

$\hat{w} = V[E[Y|\Theta]]$ の推定値 $= (V[\overline{Y}_{i\bullet}] - E[V[\overline{Y}_{i\bullet}|\Theta]])$ の推定値
$:= \dfrac{1}{r-1}\left(\sum_{i=1}^{r}\overline{y}_{i\bullet}^2 - r\overline{y}_{\bullet\bullet}^2\right) - \dfrac{\hat{v}}{n}$

であり，ここで，

$$\overline{y}_{\bullet\bullet} := \frac{1}{rn}\sum_{i=1}^{r}\sum_{j=1}^{n} y_{ij}, \quad \overline{y}_{i\bullet} := \frac{1}{n}\sum_{j=1}^{n} y_{ij}$$

である．とくに，通常は $n = 1$ であって，

$$\hat{\mu} = \hat{v} = \overline{y}_{\bullet 1}, \quad \hat{w} = \frac{1}{r-1}\left(\sum_{i=1}^{r} y_{i1}^2 - r\overline{y}_{\bullet 1}^2\right) - \hat{v}, \quad \overline{y}_{\bullet 1} := \frac{1}{r}\sum_{i=1}^{r} y_{i1}$$

である．

この手法で用いられている $\hat{\mu}, \hat{v}, \hat{w}$ は不偏推定量であるが，その点を確かめる

ことは，点推定の考え方や条件付期待値ほかのとり扱いのよい練習問題となるであろう．

それでは，母集団分布を特定しない（ノンパラメトリックな）場合はどうなるであろうか．実をいえば，ビュールマンの方法は，（事前分布が与えられていないだけでなく）ノンパラメトリックな場合に適用するのが最も典型的な利用方法であり，次のとおりとする．

手法 33 ［ビュールマンの方法（ノンパラメトリックな場合）］

確率変数 Y_{ij} がパラメータ Θ_i による混合分布に従うというモデル（ビュールマン・モデル）において，母集団分布について何の前提も置かないとき，

$$Z\bar{Y}_{i\bullet} + (1-Z)\hat{\mu}$$

を，$Y_{i,n+1}$ の実現値の推定量（**ビュールマン推定量**とよぶ）とする．ただし，

$$\bar{Y}_{i\bullet} := \frac{1}{n}\sum_{j=1}^{n} Y_{ij}, \quad Z := \frac{n}{n + \hat{v}/\hat{w}}$$

であり，$\hat{\mu}, \hat{v}, \hat{w}$ は，

$\hat{\mu} = E[Y]$ の推定値 $:= \bar{y}_{\bullet\bullet}$

$\hat{v} = E[V[Y|\Theta]]$ の推定値

$$:= \frac{1}{r}\sum_{i=1}^{r}\frac{1}{n-1}\sum_{j=1}^{n}(y_{ij} - \bar{y}_{i\bullet})^2 = \frac{1}{r(n-1)}\left(\sum_{i=1}^{r}\sum_{j=1}^{n} y_{ij}^2 - n\sum_{i=1}^{r}\bar{y}_{i\bullet}^2\right)$$

$\hat{w} = V[E[Y|\Theta]]$ の推定値 $= (V[\bar{Y}_{i\bullet}] - E[V[\bar{Y}_{i\bullet}|\Theta]])$ の推定値

$$:= \frac{1}{r-1}\sum_{i=1}^{r}(\bar{y}_{i\bullet} - \bar{y}_{\bullet\bullet})^2 - \frac{\hat{v}}{n} = \frac{1}{r-1}\left(\sum_{i=1}^{r}\bar{y}_{i\bullet}^2 - r\bar{y}_{\bullet\bullet}^2\right) - \frac{\hat{v}}{n}$$

であり，ここで，

$$\bar{y}_{\bullet\bullet} := \frac{1}{rn}\sum_{i=1}^{r}\sum_{j=1}^{n} y_{ij}, \quad \bar{y}_{i\bullet} := \frac{1}{n}\sum_{j=1}^{n} y_{ij}$$

である．

前手法と同様，この手法で用いられている $\hat{\mu}, \hat{v}, \hat{w}$ も不偏推定量であるが，その点を確かめることは，やはりよい練習問題となるであろう．

付録 A

確率・統計ミニハンドブック

A.1 代表的な確率分布の特性値など

■連続型確率分布

分布	密度関数	積率母関数	平均	分散	特記事項
一様分布 $U(a,b)$	$\frac{1}{b-a}$	$\frac{e^{bt}-e^{at}}{(b-a)t}$	$\frac{a+b}{2}$	$\frac{(b-a)^2}{12}$	歪度 = 0, 尖度 = $-\frac{6}{5}$
標準一様分布 $U(0,1)$	1	$\frac{e^t-1}{t}$	$\frac{1}{2}$	$\frac{1}{12}$	歪度 = 0, 尖度 = $-\frac{6}{5}$
正規分布 $N(\mu,\sigma^2)$	$\frac{1}{\sqrt{2\pi}\sigma}e^{-\frac{(x-\mu)^2}{2\sigma^2}}$	$e^{\mu t+\frac{\sigma^2}{2}t^2}$	μ	σ^2	$C_X^{(k)}(0)=0\ (k\geq 3)$
標準正規分布 $N(0,1)$	$\frac{1}{\sqrt{2\pi}}e^{-\frac{x^2}{2}}$	$e^{\frac{1}{2}t^2}$	0	1	$C_X^{(k)}(0)=0\ (k\geq 3)$
対数正規分布 $LN(\mu,\sigma^2)$	$\frac{1}{\sqrt{2\pi}\sigma x}e^{-\frac{(\log x-\mu)^2}{2\sigma^2}}$	なし	$e^{\mu+\frac{\sigma^2}{2}}$	$e^{2\mu+\sigma^2}(e^{\sigma^2}-1)$	$E[X^k]=e^{k\mu+\frac{k^2\sigma^2}{2}}$
ガンマ分布 $\Gamma(\alpha,\beta)$	$\frac{\beta}{\Gamma(\alpha)}(\beta x)^{\alpha-1}e^{-\beta x}$	$\left(\frac{\beta}{\beta-t}\right)^\alpha$ $(t<\beta)$	$\frac{\alpha}{\beta}$	$\frac{\alpha}{\beta^2}$	$C_X^{(k)}(0)=\frac{(k-1)!\alpha}{\beta^k}$ $E[X^k]=\frac{\Gamma(\alpha+k)}{\Gamma(\alpha)\beta^k}$
指数分布 $\Gamma(1,\beta)$	$\beta e^{-\beta x}$	$\frac{\beta}{\beta-t}$ $(t<\beta)$	$\frac{1}{\beta}$	$\frac{1}{\beta^2}$	$C_X^{(k)}(0)=\frac{(k-1)!}{\beta^k}$ $E[X^k]=\frac{k!}{\beta^k}$
ワイブル分布 $W(p,\theta)$	$\frac{p}{\theta}\left(\frac{x}{\theta}\right)^{p-1}e^{-\left(\frac{x}{\theta}\right)^p}$	*	$\theta\Gamma\left(1+\frac{1}{p}\right)$	$\theta^2\left\{\Gamma\left(1+\frac{2}{p}\right)-\Gamma\left(1+\frac{1}{p}\right)^2\right\}$	$F(x)=1-e^{-\left(\frac{x}{\theta}\right)^p}$ $E[X^k]=\theta^k\Gamma\left(1+\frac{k}{p}\right)$
ベータ分布 $Beta(p,q)$	$\frac{1}{B(p,q)}x^{p-1}(1-x)^{q-1}$	*	$\frac{p}{p+q}$	$\frac{pq}{(p+q)^2(p+q+1)}$	$E[X^k]=\frac{\Gamma(p+k)\Gamma(p+q)}{\Gamma(p)\Gamma(p+q+k)}$
パレート分布 $Pa(\alpha,\beta)$	$\frac{\alpha}{\beta}\left(\frac{\beta}{x}\right)^{\alpha+1}$	なし	$\frac{\alpha\beta}{\alpha-1}$ $(\alpha>1)$	$\frac{\alpha\beta^2}{(\alpha-1)^2(\alpha-2)}$ $(\alpha>2)$	$F(x)=1-\left(\frac{\beta}{x}\right)^\alpha$ $E[X^k]=\frac{\alpha\beta^k}{\alpha-k}\ (k<\alpha)$
コーシー分布 $C(\mu,\phi)$	$\frac{1}{\pi}\frac{\phi}{\phi^2+(x-\mu)^2}$	なし	なし	なし	$\phi_X(t)=e^{i\mu t-\phi|t|}$
デルタ分布 $\delta(\alpha)$	1	$e^{\alpha t}$	α	0	
単位分布 $\delta(0)$	1	1	0	0	

■離散型確率分布

分布	確率関数	積率母関数	平均	分散	特記事項
ポアソン分布 $Po(\lambda)$	$e^{-\lambda}\frac{\lambda^x}{x!}$	$e^{\lambda(e^t-1)}$	λ	λ	$C_X^{(k)}(0) = \lambda \quad (k \geq 1)$
2項分布 $Bin(n,p)$	$\binom{n}{x}p^x q^{n-x}$	$(pe^t+q)^n$	np	npq	歪度 = $\frac{1-2p}{\sqrt{npq}}$, 尖度 = $\frac{1-6pq}{npq}$
ベルヌーイ分布 $Bin(1,p)$	$p^x q^{1-x}$	pe^t+q	p	pq	歪度 = $\frac{1-2p}{\sqrt{pq}}$, 尖度 = $\frac{1-6pq}{pq}$
負の2項分布 $NB(\alpha,p)$	$\binom{\alpha+x-1}{x}p^\alpha q^x$	$\left(\frac{p}{1-qe^t}\right)^\alpha$ $(1-qe^t > 0)$	$\frac{\alpha q}{p}$	$\frac{\alpha q}{p^2}$	$C_X^{(k)}(0) = \alpha \sum_{n=1}^\infty n^{k-1}q^n$ 歪度 = $\frac{2-p}{\sqrt{\alpha q}}$, 尖度 = $\frac{6-6p+p^2}{\alpha q}$
幾何分布 $NB(1,p)$	pq^x	$\frac{p}{1-qe^t}$ $(1-qe^t > 0)$	$\frac{q}{p}$	$\frac{q}{p^2}$	$C_X^{(k)}(0) = \sum_{n=1}^\infty n^{k-1}q^n$ 歪度 = $\frac{2-p}{\sqrt{q}}$, 尖度 = $\frac{6-6p+p^2}{q}$
対数級数分布 $LS(p)$	$-\frac{q^x}{x\log p}$	$\frac{\log(1-qe^t)}{\log p}$ $(1-qe^t > 0)$	$-\frac{q}{p\log p}$	$\frac{q(q+\log p)}{(p\log p)^2}$	$E[X^k] = -\frac{1}{\log p}\sum_{n=1}^\infty n^{k-1}q^n$
超幾何分布 $H(N,M,n)$	$\frac{\binom{M}{x}\binom{N-M}{n-x}}{\binom{N}{n}}$	*	np	$npq\frac{N-n}{N-1}$	左記で $p := M/N$, $q := 1-p$

上の2表の積率母関数で*としたものは，簡単な形では書くことができない．

A.2 代表的な統計的推測における推定量や統計量など

A.2.1 ●●● 正規母集団 $N(\mu, \sigma^2)$ の母平均 μ の統計的推測

（仮説検定の帰無仮説 H_0 は $\mu = \mu_0$ とする）

- 母分散 σ^2 既知の場合

    1. 推定量：$\hat{\mu} = \overline{X} \sim N(\mu, \sigma^2/n)$
    2. 統計量：$T = \dfrac{\hat{\mu}-\mu}{\sqrt{\sigma^2/n}} = \dfrac{\overline{X}-\mu}{\sqrt{\sigma^2/n}} \sim N(0,1)$
    3. 信頼区間：$\overline{x} - \sqrt{\sigma^2/n}\,u(\varepsilon/2) \leqq \mu \leqq \overline{x} + \sqrt{\sigma^2/n}\,u(\varepsilon/2)$
    4. 棄却域：T のなかの μ を μ_0 としたものを T_0 として，

    $$H_1: \mu \neq \mu_0 \quad \Rightarrow \quad |T_0| > u(\varepsilon/2)$$
    $$H_1: \mu > \mu_0 \quad \Rightarrow \quad T_0 > u(\varepsilon)$$
    $$H_1: \mu < \mu_0 \quad \Rightarrow \quad T_0 < -u(\varepsilon)$$

    5. 特記事項

        a. 推定量は最尤推定量．不偏性，一致性，十分性，有効性も満たす．
        b. 信頼区間は $\mu \in \hat{\mu} \pm \sqrt{\sigma^2/n}\,u(\varepsilon/2)$ ということ．
        c. 両側検定は一様最強力不偏検定．片側検定は一様最強力検定．

- 母分散 σ^2 未知の場合

    1. 推定量：$\hat{\mu} = \overline{X} \sim N(\mu, \sigma^2/n)$
    2. 統計量：$T = \dfrac{\hat{\mu} - \mu}{\sqrt{\hat{\sigma}^2/n}} = \dfrac{\overline{X} - \mu}{\sqrt{\sum_{i=1}^{n}(X_i - \overline{X})^2/n(n-1)}} \sim t(n-1)$
    3. 信頼区間：$\overline{x} - \sqrt{\dfrac{\sum_{i=1}^{n}(x_i - \overline{x})^2}{n(n-1)}}\, t_{n-1}(\varepsilon/2) \leqq \mu \leqq \overline{x} + \sqrt{\dfrac{\sum_{i=1}^{n}(x_i - \overline{x})^2}{n(n-1)}}\, t_{n-1}(\varepsilon/2)$
    4. 棄却域：T のなかの μ を μ_0 としたものを T_0 として，

        $$H_1 : \mu \neq \mu_0 \quad \Rightarrow \quad |T_0| > t_{n-1}(\varepsilon/2)$$
        $$H_1 : \mu > \mu_0 \quad \Rightarrow \quad T_0 > t_{n-1}(\varepsilon)$$
        $$H_1 : \mu < \mu_0 \quad \Rightarrow \quad T_0 < -t_{n-1}(\varepsilon)$$

    5. 特記事項

        a. 推定量は最尤推定量．不偏性，一致性，十分性，有効性も満たす．
        b. $\hat{\sigma}^2$ は母分散の（最尤推定量を定数倍して作った）不偏推定量 $\hat{\sigma}^2 = \dfrac{1}{n-1}\sum_{i=1}^{n}(X_i - \overline{X})^2$ であり，$\dfrac{(n-1)\hat{\sigma}^2}{\sigma^2} \sim \chi^2(n-1)$．$\hat{\sigma}^2$ と $\overline{X}$ は独立．
        c. 信頼区間は，$\mu \in \hat{\mu} \pm \sqrt{\hat{\sigma}^2/n}\, t_{n-1}(\varepsilon/2)$ ということ．
        d. 両側検定は一様最強力不偏検定．片側検定は一様最強力検定．

A.2.2 ●●●○ 2つの正規母集団の母平均の差 d の統計的推測

（2つの正規母集団を $N(\mu_1, \sigma_1^2), N(\mu_2, \sigma_2^2)$ とし，$d := \mu_1 - \mu_2$ とし，仮説検定の帰無仮説 H_0 は $d = d_0$ とする．とくに $d_0 = 0$ の場合の帰無仮説は**等平均仮説**とよばれる）

- 母分散 σ_1^2, σ_2^2 がともに既知の場合

    1. 推定量：$\hat{d} = \overline{X}_1 - \overline{X}_2 \sim N(d, \sigma_1^2/n_1 + \sigma_2^2/n_2)$
    2. 統計量：$T = \dfrac{\hat{d} - d}{\sqrt{\sigma_1^2/n_1 + \sigma_2^2/n_2}} = \dfrac{\overline{X}_1 - \overline{X}_2 - (\mu_1 - \mu_2)}{\sqrt{\sigma_1^2/n_1 + \sigma_2^2/n_2}} \sim N(0, 1)$
    3. 信頼区間：$\overline{x}_1 - \overline{x}_2 - \sqrt{\dfrac{\sigma_1^2}{n_1} + \dfrac{\sigma_2^2}{n_2}}\, u(\varepsilon/2) \leqq d \leqq \overline{x}_1 - \overline{x}_2 + \sqrt{\dfrac{\sigma_1^2}{n_1} + \dfrac{\sigma_2^2}{n_2}}\, u(\varepsilon/2)$
    4. 棄却域：T のなかの d を d_0 としたものを T_0 として，

$$H_1 : d \neq d_0 \quad \Rightarrow \quad |T_0| > u(\varepsilon/2)$$
$$H_1 : d > d_0 \quad \Rightarrow \quad T_0 > u(\varepsilon)$$
$$H_1 : d < d_0 \quad \Rightarrow \quad T_0 < -u(\varepsilon)$$

5. 特記事項

    a. 推定量は最尤推定量. 不偏性, 一致性, 十分性, 有効性も満たす.
    b. 信頼区間は $d \in \hat{d} \pm \sqrt{\dfrac{\sigma_1^2}{n_1} + \dfrac{\sigma_2^2}{n_2}} u(\varepsilon/2)$ ということ.
    c. 両側検定は一様最強力不偏検定. 片側検定は一様最強力検定.

- 母分散は $\sigma_1^2 = \sigma_2^2 =: \sigma^2$（等分散）だが, σ^2 の値は未知の場合

  1. 推定量：$\hat{d} = \overline{X}_1 - \overline{X}_2 \sim N(d, (1/n_1 + 1/n_2)\sigma^2)$

  2. 統計量：$T = \dfrac{\hat{d} - d}{\sqrt{(1/n_1 + 1/n_2)\hat{\sigma}^2}} = \dfrac{\overline{X}_1 - \overline{X}_2 - (\mu_1 - \mu_2)}{\sqrt{\left(\dfrac{1}{n_1} + \dfrac{1}{n_2}\right)\dfrac{\sum_{i=1}^{n_1}(X_{1i} - \overline{X}_1)^2 + \sum_{i=1}^{n_2}(X_{2i} - \overline{X}_2)^2}{n_1 + n_2 - 2}}}$

$\sim t(n_1 + n_2 - 2)$

  3. 信頼区間：$\overline{x}_1 - \overline{x}_2 - \sqrt{\left(\dfrac{1}{n_1} + \dfrac{1}{n_2}\right)\dfrac{\sum_{i=1}^{n_1}(x_{1i} - \overline{x}_1)^2 + \sum_{i=1}^{n_1}(x_{2i} - \overline{x}_2)^2}{n_1 + n_2 - 2}} \, t_{n_1+n_2-2}(\varepsilon/2)$
$\leqq d \leqq \overline{x}_1 - \overline{x}_2 + \sqrt{\left(\dfrac{1}{n_1} + \dfrac{1}{n_2}\right)\dfrac{\sum_{i=1}^{n_1}(x_{1i} - \overline{x}_1)^2 + \sum_{i=1}^{n_2}(x_{2i} - \overline{x}_2)^2}{n_1 + n_2 - 2}} \, t_{n_1+n_2-2}(\varepsilon/2)$

  4. 棄却域：T のなかの d を d_0 としたものを T_0 として,

$$H_1 : d \neq d_0 \quad \Rightarrow \quad |T_0| > t_{n_1+n_2-2}(\varepsilon/2)$$
$$H_1 : d > d_0 \quad \Rightarrow \quad T_0 > t_{n_1+n_2-2}(\varepsilon)$$
$$H_1 : d < d_0 \quad \Rightarrow \quad T_0 < -t_{n_1+n_2-2}(\varepsilon)$$

5. 特記事項

    a. 推定量は最尤推定量. 不偏性, 一致性, 十分性, 有効性も満たす.
    b. $\hat{\sigma}^2$ は σ^2 の（最尤推定量を定数倍して作った）不偏推定量
$$\hat{\sigma}^2 = \dfrac{\sum_{i=1}^{n_1}(X_{1i} - \overline{X}_1)^2 + \sum_{i=1}^{n_2}(X_{2i} - \overline{X}_2)^2}{n_1 + n_2 - 2} \text{ であり,}$$
$(n_1 + n_2 - 2)\hat{\sigma}^2/\sigma^2 \sim \chi^2(n_1 + n_2 - 2)$. $\hat{\sigma}^2$ と $\hat{d}$ は独立.
    c. 信頼区間は, $d \in \hat{d} \pm \sqrt{(1/n_1 + 1/n_2)\hat{\sigma}^2} \, t_{n_1+n_2-2}(\varepsilon/2)$ ということ.
    d. 両側検定は一様最強力不偏検定. 片側検定は一様最強力検定.

- 母分散 σ_1^2, σ_2^2 は等分散ではなく, ともに未知の場合（**ウェルチの検定**）

  1. 推定量：$\hat{d} = \overline{X}_1 - \overline{X}_2 \sim N(d, \sigma_1^2/n_1 + \sigma_2^2/n_2)$

2. 統計量：$T = \dfrac{\hat{d} - d}{\sqrt{\hat{\sigma}_1^2/n_1 + \hat{\sigma}_2^2/n_2}} = \dfrac{\overline{X}_1 - \overline{X}_2 - (\mu_1 - \mu_2)}{\sqrt{\dfrac{\sum_{i=1}^{n_1}(X_{1i}-\overline{X}_1)^2}{n_1(n_1-1)} + \dfrac{\sum_{i=1}^{n_2}(X_{2i}-\overline{X}_2)^2}{n_2(n_2-1)}}} \sim t(m)$

(近似的)

3. 信頼区間[1]：

$$\overline{x}_1 - \overline{x}_2 - \sqrt{\dfrac{\sum_{i=1}^{n_1}(x_{1i}-\overline{x}_1)^2}{n_1(n_1-1)} + \dfrac{\sum_{i=1}^{n_2}(x_{2i}-\overline{x}_2)^2}{n_2(n_2-1)}}\, t_m(\varepsilon/2) \leqq d$$

$$\leqq \overline{x}_1 - \overline{x}_2 + \sqrt{\dfrac{\sum_{i=1}^{n_1}(x_{1i}-\overline{x}_1)^2}{n_1(n_1-1)} + \dfrac{\sum_{i=1}^{n_2}(x_{2i}-\overline{x}_2)^2}{n_2(n_2-1)}}\, t_m(\varepsilon/2)$$

4. 棄却域：T のなかの d を d_0 としたものを T_0 として，

$$H_1 : d \neq d_0 \quad \Rightarrow \quad |T_0| > t_m(\varepsilon/2)$$
$$H_1 : d > d_0 \quad \Rightarrow \quad T_0 > t_m(\varepsilon)$$
$$H_1 : d < d_0 \quad \Rightarrow \quad T_0 < -t_m(\varepsilon)$$

5. 特記事項

   a. 通常は，等平均仮説（つまり $d_0 = 0$）の検定の場合にのみ用いられる．

   b. $m = \dfrac{(\hat{\sigma}_1^2/n_1 + \hat{\sigma}_2^2/n_2)^2}{\hat{\sigma}_1^{2\,2}/n_1^2(n_1-1) + \hat{\sigma}_2^{2\,2}/n_2^2(n_2-1)}$

   $= \dfrac{\left(\dfrac{1}{n_1(n_1-1)}\sum_{i=1}^{n_1}(x_{1i}-\overline{x}_1)^2 + \dfrac{1}{n_2(n_2-1)}\sum_{i=1}^{n_2}(x_{2i}-\overline{x}_2)^2\right)^2}{\dfrac{1}{n_1^2(n_1-1)^3}\left(\sum_{i=1}^{n_1}(x_{1i}-\overline{x}_1)^2\right)^2 + \dfrac{1}{n_2^2(n_2-1)^3}\left(\sum_{i=1}^{n_2}(x_{2i}-\overline{x}_2)^2\right)^2}$

   c. 推定量は最尤推定量．不偏性，一致性，十分性，有効性も満たす．

   d. $\hat{\sigma}_1^2, \hat{\sigma}_2^2$ はそれぞれ σ_1^2, σ_2^2 の（最尤推定量を定数倍して作った）不偏推定量 $\hat{\sigma}_1^2 = \dfrac{1}{n_1-1}\sum_{i=1}^{n_1}(X_{1i}-\overline{X}_1)^2$ および $\hat{\sigma}_2^2 = \dfrac{1}{n_2-1}\sum_{i=1}^{n_2}(X_{2i}-\overline{X}_2)^2$．統計量 T の従う分布は正確には簡単には表されない（t 分布に近似的に従うことの確認は本書の範囲では難しい）．

   e. 信頼区間は，$d \in \hat{d} \pm \sqrt{\dfrac{\hat{\sigma}_1^2}{n_1} + \dfrac{\hat{\sigma}_2^2}{n_2}}\, t_m(\varepsilon/2)$ ということ．

- その他の場合

   1. 母分散が未知の場合，標本が大きい場合の検定（通常は等平均仮説の検

---

[1] 形式的に載せておくが，実際にはあまり使われない．

定）には，正規近似を用いればよい．すなわち，ウェルチの検定において，$t(m)$ の代わりに $N(0,1)$ を用いればよい．

2. 標本が $(x_{11}, x_{21}), \ldots, (x_{1n}, x_{2n})$ のように，x_1 のデータと x_2 のデータが対になっている場合には，標本は $x_{11} - x_{21}, \ldots, x_{1n} - x_{2n}$ であると考え，正規母集団 $N(d, \sigma^2)$ の母平均 d に関する統計的推測の問題と考える．

A.2.3 ●●● 正規母集団 $N(\mu, \sigma^2)$ の母分散 σ^2 の統計的推測

（仮説検定の帰無仮説 H_0 は $\sigma^2 = \sigma_0^2$ とする）

- 母平均 μ 既知の場合

    1. 推定量：$\hat{\sigma}^2 = \dfrac{1}{n} \sum_{i=1}^{n} (X_i - \mu)^2 \sim \Gamma(n/2, n/2\sigma^2)$

    2. 統計量：$T = \dfrac{n\hat{\sigma}^2}{\sigma^2} = \dfrac{\sum_{i=1}^{n}(X_i - \mu)^2}{\sigma^2} \sim \chi^2(n)$

    3. 信頼区間：$\dfrac{\sum_{i=1}^{n}(x_i - \mu)^2}{\chi_n^2(\varepsilon/2)} \leqq \sigma^2 \leqq \dfrac{\sum_{i=1}^{n}(x_i - \mu)^2}{\chi_n^2(1 - \varepsilon/2)}$

    4. 棄却域：T のなかの σ^2 を σ_0^2 としたものを T_0 として，

        $H_1 : \sigma^2 \neq \sigma_0^2 \quad \Rightarrow \quad T_0 < \chi_n^2(1 - \varepsilon/2) \cup T_0 > \chi_n^2(\varepsilon/2)$
        $H_1 : \sigma^2 > \sigma_0^2 \quad \Rightarrow \quad T_0 > \chi_n^2(\varepsilon)$
        $H_1 : \sigma^2 < \sigma_0^2 \quad \Rightarrow \quad T_0 < \chi_n^2(1 - \varepsilon)$

    5. 特記事項

        a. 推定量は最尤推定量．不偏性，一致性，十分性，有効性も満たす．

        b. 両側検定は一様最強力不偏検定ではない．片側検定は一様最強力検定．

- 母平均 μ 未知の場合

    1. 推定量：$\hat{\sigma}^2 = \dfrac{1}{n-1} \sum_{i=1}^{n} (X_i - \overline{X})^2 \sim \Gamma((n-1)/2, (n-1)/2\sigma^2)$

    2. 統計量：$T = \dfrac{(n-1)\hat{\sigma}^2}{\sigma^2} = \dfrac{\sum_{i=1}^{n}(X_i - \overline{X})^2}{\sigma^2} \sim \chi^2(n-1)$

    3. 信頼区間：$\dfrac{\sum_{i=1}^{n}(x_i - \overline{x})^2}{\chi_{n-1}^2(\varepsilon/2)} \leqq \sigma^2 \leqq \dfrac{\sum_{i=1}^{n}(x_i - \overline{x})^2}{\chi_{n-1}^2(1 - \varepsilon/2)}$

4. 棄却域：T のなかの σ^2 を σ_0^2 としたものを T_0 として，

$$H_1 : \sigma^2 \neq \sigma_0^2 \quad \Rightarrow \quad T_0 < \chi_{n-1}^2(1-\varepsilon/2) \cup T_0 > \chi_{n-1}^2(\varepsilon/2)$$
$$H_1 : \sigma^2 > \sigma_0^2 \quad \Rightarrow \quad T_0 > \chi_{n-1}^2(\varepsilon)$$
$$H_1 : \sigma^2 < \sigma_0^2 \quad \Rightarrow \quad T_0 < \chi_{n-1}^2(1-\varepsilon)$$

5. 特記事項

    a. 推定量は最尤推定量を定数倍して作った不偏推定量．一致性，十分性，最小分散不偏性も満たす．

    b. 両側検定は一様最強力不偏検定ではない．片側検定は一様最強力検定．

A.2.4 ●●● 2つの正規母集団の母分散の比の区間推定と等分散仮説の検定

（2つの正規母集団を $N(\mu_1, \sigma_1^2), N(\mu_2, \sigma_2^2)$ とし，仮説検定の帰無仮説 H_0 は $\sigma_1^2 = \sigma_2^2$ （等分散仮説）とする．母平均 μ_1, μ_2 はともに未知とする）

- （とくに場合分けはない）

    1. 統計量：$T = \dfrac{\hat{\sigma_1^2}/\sigma_1^2}{\hat{\sigma_2^2}/\sigma_2^2} \sim F(n_1-1, n_2-1)$

    2. 信頼区間：$F_{n_2-1}^{n_1-1}(1-\varepsilon/2)\dfrac{\hat{\sigma_2^2}}{\hat{\sigma_1^2}} = \dfrac{1}{F_{n_1-1}^{n_2-1}(\varepsilon/2)}\dfrac{\hat{\sigma_2^2}}{\hat{\sigma_1^2}} \leq \dfrac{\sigma_2^2}{\sigma_1^2} \leq F_{n_2-1}^{n_1-1}(\varepsilon/2)\dfrac{\hat{\sigma_2^2}}{\hat{\sigma_1^2}}$

    3. 棄却域：T において $\sigma_1^2 = \sigma_2^2$ とした $T_0 := \hat{\sigma_1^2}/\hat{\sigma_2^2}$ により，

        $$H_1 : \sigma_1^2 \neq \sigma_2^2 \quad \Rightarrow \quad T_0 > F_{n_2-1}^{n_1-1}(\varepsilon/2) \cup 1/T_0 > F_{n_1-1}^{n_2-1}(\varepsilon/2)$$
        $$H_1 : \sigma_1^2 > \sigma_2^2 \quad \Rightarrow \quad T_0 > F_{n_2-1}^{n_1-1}(\varepsilon)$$
        $$H_1 : \sigma_1^2 < \sigma_2^2 \quad \Rightarrow \quad 1/T_0 > F_{n_1-1}^{n_2-1}(\varepsilon)$$

    4. 特記事項

        a. $\hat{\sigma_1^2}, \hat{\sigma_2^2}$ はそれぞれ σ_1^2, σ_2^2 の（最尤推定量を定数倍して作った）不偏推定量 $\hat{\sigma_1^2} = \dfrac{1}{n_1-1}\sum_{i=1}^{n_1}(X_{1i} - \overline{X}_1)^2$ および $\hat{\sigma_2^2} = \dfrac{1}{n_2-1}\sum_{i=1}^{n_2}(X_{2i} - \overline{X}_2)^2$．

b. 両側検定は一様最強力不偏検定ではない．片側検定は一様最強力検定.

A.2.5 ●●● 2次元正規母集団の母相関係数の点推定と無相関検定

(2次元正規母集団を $N(\mu_1, \mu_2; \sigma_1^2, \sigma_2^2; \rho)$ とし，仮説検定の帰無仮説 H_0 は $\rho = 0$ とし，対立仮説 H_1 は $\rho \neq 0$ とする．母平均 μ_1, μ_2 も母分散 σ_1^2, σ_2^2 もすべて未知とする)

- (とくに場合分けはない)
    1. 推定量： $\hat{\rho} = \dfrac{\sum_{i=1}^{n}(X_i - \overline{X})(Y_i - \overline{Y})}{\sqrt{\sum_{i=1}^{n}(X_i - \overline{X})^2 \sum_{i=1}^{n}(Y_i - \overline{Y})^2}}$
    2. 無相関検定の統計量： $T = \dfrac{\sqrt{n-2}\,\hat{\rho}}{\sqrt{1-\hat{\rho}^2}} \sim t(n-2)$
    3. 棄却域： $|T| > t_{n-2}(\varepsilon/2)$
    4. 特記事項
        a. 推定量は最尤推定量．一致性，十分性も満たす．
        b. 無相関検定は一様最強力不偏検定．

A.2.6 ●●● 2次元正規母集団の母相関係数の区間推定と仮説検定

(2次元正規母集団を $N(\mu_1, \mu_2; \sigma_1^2, \sigma_2^2; \rho)$ とし，仮説検定の帰無仮説 H_0 は $\rho = \rho_0$ とする．母平均 μ_1, μ_2 も母分散 σ_1^2, σ_2^2 もすべて未知とする．関数 $z(r)$ を $z(r) := \dfrac{1}{2}\log\dfrac{1+r}{1-r}$ (z変換) と定義する．また，標本は十分に大きいものとする)

- (とくに場合分けはない)
    1. 推定量： $\hat{\rho} = \dfrac{\sum_{i=1}^{n}(X_i - \overline{X})(Y_i - \overline{Y})}{\sqrt{\sum_{i=1}^{n}(X_i - \overline{X})^2 \sum_{i=1}^{n}(Y_i - \overline{Y})^2}}$
    2. 統計量： $T = \dfrac{z(\hat{\rho}) - z(\rho)}{1/\sqrt{n-3}} \sim N(0,1)$ （近似的）
    3. 信頼区間： $z^{-1}(z(\hat{\rho}) - u(\varepsilon/2)/\sqrt{n-3}) \leqq \rho \leqq z^{-1}(z(\hat{\rho}) + u(\varepsilon/2)/\sqrt{n-3})$

4. 棄却域：T のなかの ρ を ρ_0 としたものを T_0 として，

$$H_1 : \rho \neq \rho_0 \quad \Rightarrow \quad |T_0| > u(\varepsilon/2)$$
$$H_1 : \rho > \rho_0 \quad \Rightarrow \quad T_0 > u(\varepsilon)$$
$$H_1 : \rho < \rho_0 \quad \Rightarrow \quad T_0 < -u(\varepsilon)$$

A.2.7 ●●○ 回帰直線に関する統計的推測

（観測される標本は $(x_1, y_1), \ldots, (x_n, y_n)$ であり，モデルは

$$Y_i = \alpha + \beta x_i + \varepsilon_i, \quad i = 1, \ldots, n$$

とする．ここで，α, β は**回帰係数**，ε_i は**誤差項**で，$\varepsilon_1, \varepsilon_2, \ldots$ は互いに独立にすべて正規分布 $N(0, \sigma^2)$（σ^2 は未知）に従う．また，

$$s_x^2 := \frac{1}{n}\sum_{i=1}^{n}(x_i - \overline{x})^2, \ S_y^2 := \frac{1}{n}\sum_{i=1}^{n}(Y_i - \overline{Y})^2, \ s_y^2 := \frac{1}{n}\sum_{i=1}^{n}(y_i - \overline{y})^2, \ \hat{\rho} := \frac{\sum_{i=1}^{n}(x_i - \overline{x})(Y_i - \overline{Y})}{n s_x S_y}$$

とし，各種推定量（ ˆ を冠したもの）については，対応する推定値にも同じ記号を用いる）

- （とくに場合分けはない）

  1. 推定量：$\hat{\alpha} = \overline{Y} - \hat{\beta}\overline{x} \sim N\left(\alpha, \left(1 + \frac{\overline{x}^2}{s_x^2}\right)\frac{\sigma^2}{n}\right) = N\left(\alpha, \frac{\left(\sum_{i=1}^{n} x_i^2\right)\sigma^2}{n^2 s_x^2}\right)$

     $\hat{\beta} = \hat{\rho}\dfrac{S_y}{s_x} = \dfrac{\sum_{i=1}^{n}(x_i - \overline{x})(Y_i - \overline{Y})}{\sum_{i=1}^{n}(x_i - \overline{x})^2} \sim N\left(\beta, \dfrac{\sigma^2}{n s_x^2}\right)$

  2. 統計量：$T_\alpha = \dfrac{\hat{\alpha} - \alpha}{\sqrt{\dfrac{\left(\sum_{i=1}^{n} x_i^2\right)\hat{\sigma^2}}{n^2 s_x^2}}} \sim t(n-2)$ $T_\beta = \dfrac{\hat{\beta} - \beta}{\sqrt{\hat{\sigma^2}/n s_x^2}} \sim t(n-2)$

  3. 信頼区間：$\hat{\alpha} - \sqrt{\dfrac{\left(\sum_{i=1}^{n} x_i^2\right)\hat{\sigma^2}}{n^2 s_x^2}} t_{n-2}(\varepsilon/2) \leqq \alpha \leqq \hat{\alpha} + \sqrt{\dfrac{\left(\sum_{i=1}^{n} x_i^2\right)\hat{\sigma^2}}{n^2 s_x^2}} t_{n-2}(\varepsilon/2)$

     $\hat{\beta} - \sqrt{\dfrac{\hat{\sigma^2}}{n s_x^2}} t_{n-2}(\varepsilon/2) \leqq \beta \leqq \hat{\beta} + \sqrt{\dfrac{\hat{\sigma^2}}{n s_x^2}} t_{n-2}(\varepsilon/2)$

  4. $H_0 : \alpha = \alpha_0$ に対する棄却域：T_α のなかの α を α_0 としたものを T_0 として，

     $$H_1 : \mu \neq \mu_0 \quad \Rightarrow \quad |T_0| > t_{n-2}(\varepsilon/2)$$

$$H_1 : \mu > \mu_0 \quad \Rightarrow \quad T_0 > t_{n-2}(\varepsilon)$$
$$H_1 : \mu < \mu_0 \quad \Rightarrow \quad T_0 < -t_{n-2}(\varepsilon)$$

5. $H_0 : \beta = \beta_0$ に対する棄却域：T_β のなかの β を β_0 としたものを T_0 として，

$$H_1 : \mu \neq \mu_0 \quad \Rightarrow \quad |T_0| > t_{n-2}(\varepsilon/2)$$
$$H_1 : \mu > \mu_0 \quad \Rightarrow \quad T_0 > t_{n-2}(\varepsilon)$$
$$H_1 : \mu < \mu_0 \quad \Rightarrow \quad T_0 < -t_{n-2}(\varepsilon)$$

6. $H_0 : \beta = 0;\quad H_1 : \beta \neq 0$（無相関検定）に対する棄却域：$T_\beta$ のなかの β を 0 としたものを $T_\rho := \dfrac{\hat{\beta}}{\sqrt{\hat{\sigma}^2/ns_x^2}} = \dfrac{\sqrt{n-2}\,\hat{\rho}}{\sqrt{1-\hat{\rho}^2}}$ として，

$$|T_\rho| > t_{n-2}(\varepsilon/2)$$

7. 特記事項

    a. 推定量は最尤推定量．不偏性，一致性，十分性，有効性も満たす．

    b. $\hat{\sigma}^2$ は誤差項の分散の（最尤推定量を定数倍して作った）不偏推定量 $\hat{\sigma}^2 = \dfrac{1}{n-2}\sum_{i=1}^{n}\{Y_i - (\hat{\alpha}+\hat{\beta}x_i)\}^2$ であり，$(n-2)\hat{\sigma}^2/\sigma^2 \sim \chi^2(n-2)$．$\hat{\sigma}^2$ と $\hat{\alpha}$ や $\hat{\beta}$ は独立．

    c. 両側検定は一様最強力不偏検定．片側検定は一様最強力検定．

A.2.8 ●●● 2項母集団 $Bin(1, p)$ の母比率 p の統計的推測

（仮説検定の帰無仮説 H_0 は $p = p_0$ とする）

- 標本が小さい場合

1. 推定量：$\hat{p} = \overline{X}$
2. 統計量：$T = n\hat{p} = n\overline{X} \sim Bin(n, p)$
3. 信頼区間：$t := n\overline{x}$ として，

$$\frac{2t}{2(n-t+1)F^{2(n-t+1)}_{2t}(\varepsilon/2) + 2t} \leq p \leq \frac{2(t+1)F^{2(t+1)}_{2(n-t)}(\varepsilon/2)}{2(t+1)F^{2(t+1)}_{2(n-t)}(\varepsilon/2) + 2(n-t)}$$

4. 棄却域：$t := n\overline{x}$ として,

$H_1 : p \neq p_0 \Rightarrow$
$$\frac{2t(1-p_0)}{2(n-t+1)p_0} > F_{2t}^{2(n-t+1)}(\varepsilon/2) \cup \frac{2(n-t)p_0}{2(t+1)(1-p_0)} > F_{2(n-t)}^{2(t+1)}(\varepsilon/2)$$

$H_1 : p > p_0 \Rightarrow \quad \dfrac{2t(1-p_0)}{2(n-t+1)p_0} > F_{2t}^{2(n-t+1)}(\varepsilon)$

$H_1 : p < p_0 \Rightarrow \quad \dfrac{2(n-t)p_0}{2(t+1)(1-p_0)} > F_{2(n-t)}^{2(t+1)}(\varepsilon)$

5. 特記事項

   a. 推定量は最尤推定量．不偏性，一致性，十分性，有効性も満たす．

   b. 統計量 T に関しては，（たとえば）ガンマ分布 $\Gamma(m,\beta)$ に従う確率変数を $\Gamma(m,\beta)$ というように分布の記号で表すとすると，
   $$P(T \geqq t) = P\left(\frac{\Gamma(t,p)}{\Gamma(n-t+1, 1-p)} < 1\right) = P\left(\frac{\chi^2(2t)/p}{\chi^2(2(n-t+1))/(1-p)} < 1\right)$$
   $$= P\left(\frac{2t(1-p)}{2(n-t+1)p} F(2t, 2(n-t+1)) < 1\right) \text{ および,}$$
   $$P(T \leqq t) = P\left(\frac{\Gamma(t+1,p)}{\Gamma(n-t, 1-p)} > 1\right) = P\left(\frac{\chi^2(2(t+1))/p}{\chi^2(2(n-t))/(1-p)} > 1\right)$$
   $$= P\left(\frac{2(t+1)(1-p)}{2(n-t)p} F(2(t+1), 2(n-t)) > 1\right) \text{ が成り立つ．}$$

   c. 両側検定は一様最強力不偏検定ではない．片側検定は一様最強力検定．

- 標本が大きい場合（近似法）

  1. 推定量：$\hat{p} = \overline{X}$

  2. 統計量：$T = \dfrac{\hat{p}-p}{\sqrt{p(1-p)/n}} = \dfrac{\overline{X}-p}{\sqrt{p(1-p)/n}} \sim N(0,1)$（近似的）

  3. 信頼区間：$\overline{x} - \sqrt{\dfrac{\overline{x}(1-\overline{x})}{n}} u(\varepsilon/2) \leqq p \leqq \overline{x} + \sqrt{\dfrac{\overline{x}(1-\overline{x})}{n}} u(\varepsilon/2)$

  4. 棄却域：T のなかの p を p_0 としたものを T_0 として,

     $H_1 : p \neq p_0 \Rightarrow |T_0| > u(\varepsilon/2)$

     $H_1 : p > p_0 \Rightarrow T_0 > u(\varepsilon)$

     $H_1 : p < p_0 \Rightarrow T_0 < -u(\varepsilon)$

  5. 特記事項

     a. 信頼区間は $p \in \hat{p} \pm \sqrt{\dfrac{\hat{p}(1-\hat{p})}{n}} u(\varepsilon/2)$ ということ.

A.2.9 ●●● 2つの2項母集団の母比率の差 d の統計的推測

(2つの2項母集団を $Bin(1, p_1), Bin(1, p_2)$ とし，$d := p_1 - p_2$ とし，仮説検定の帰無仮説 H_0 は $d = d_0$ とする．また，標本は十分に大きいものとする)

- (とくに場合分けはない)
    1. 推定量：$\hat{d} = \overline{X}_1 - \overline{X}_2 \sim N(d, p_1(1-p_1)/n_1 + p_2(1-p_2)/n_2)$　（近似的）
    2. 統計量：$T = \dfrac{\hat{d} - d}{\sqrt{\hat{p_1}(1-\hat{p_1})/n_1 + \hat{p_2}(1-\hat{p_2})/n_2}} \sim N(0, 1)$　（近似的）
    3. 信頼区間：$\overline{x}_1 - \overline{x}_2 - \sqrt{\hat{p_1}(1-\hat{p_1})/n_1 + \hat{p_2}(1-\hat{p_2})/n_2}\, u(\varepsilon/2) \leq d$
       $\leq \overline{x}_1 - \overline{x}_2 + \sqrt{\hat{p_1}(1-\hat{p_1})/n_1 + \hat{p_2}(1-\hat{p_2})/n_2}\, u(\varepsilon/2)$
    4. 棄却域：T のなかの d を d_0 としたものを T_0 として，

       $H_1 : d \neq d_0 \;\Rightarrow\; |T_0| > u(\varepsilon/2)$
       $H_1 : d > d_0 \;\Rightarrow\; T_0 > u(\varepsilon)$
       $H_1 : d < d_0 \;\Rightarrow\; T_0 < -u(\varepsilon)$

    5. 特記事項
        a. $\hat{p_1}, \hat{p_2}$ はそれぞれ p_1, p_2 の最尤推定値（不偏推定値でもある）$\hat{p_1} = \overline{x}_1$ および $\hat{p_2} = \overline{x}_2$．ただし，母比率が等しい（つまり $d_0 = 0$）という帰無仮説の場合は，$\hat{p_1} = \hat{p_2} = \dfrac{n_1 \overline{x}_1 + n_2 \overline{x}_2}{n_1 + n_2}$ とすることが多い．

A.2.10 ●●● 指数母集団 $\Gamma(1, 1/\mu)$ の母平均 μ の統計的推測

(仮説検定の帰無仮説 H_0 は $\mu = \mu_0$ とする)

- (とくに場合分けはない)
    1. 推定量：$\hat{\mu} = \overline{X} \sim \Gamma(n, n/\mu)$
    2. 統計量：$T = \dfrac{2n\hat{\mu}}{\mu} = \dfrac{2n\overline{X}}{\mu} \sim \Gamma(n, 1/2) = \chi^2(2n)$
    3. 信頼区間：$\dfrac{2n\overline{x}}{\chi^2_{2n}(\varepsilon/2)} \leq \mu \leq \dfrac{2n\overline{x}}{\chi^2_{2n}(1-\varepsilon/2)}$
    4. 棄却域：T のなかの μ を μ_0 としたものを T_0 として，

$$H_1 : \mu \neq \mu_0 \quad \Rightarrow \quad T_0 < \chi^2_{2n}(1 - \varepsilon/2) \cup T_0 > \chi^2_{2n}(\varepsilon/2)$$
$$H_1 : \mu > \mu_0 \quad \Rightarrow \quad T_0 > \chi^2_{2n}(\varepsilon)$$
$$H_1 : \mu < \mu_0 \quad \Rightarrow \quad T_0 < \chi^2_{2n}(1 - \varepsilon)$$

5. 特記事項

    a. 推定量は最尤推定量．不偏性，一致性，十分性，有効性も満たす．

    b. 両側検定は一様最強力不偏検定ではない．片側検定は一様最強力検定．

A.2.11 ●●● ポアソン母集団 $Po(\lambda)$ の母平均 λ の統計的推測

（仮説検定の帰無仮説 H_0 は $\lambda = \lambda_0$ とする）

- 標本が小さい場合

  1. 推定量：$\hat{\lambda} = \overline{X}$
  2. 統計量：$T = n\overline{X} \sim Po(n\lambda)$
  3. 信頼区間：$t := n\overline{x}$ として，$\dfrac{1}{2n}\chi^2_{2t}(1 - \varepsilon/2) \leqq \lambda \leqq \dfrac{1}{2n}\chi^2_{2(t+1)}(\varepsilon/2)$
  4. 棄却域：$t := n\overline{x}$ として，

  $$H_1 : \lambda \neq \lambda_0 \quad \Rightarrow \quad 2n\lambda_0 < \chi^2_{2t}(1 - \varepsilon/2) \cup 2n\lambda_0 > \chi^2_{2(t+1)}(\varepsilon/2)$$
  $$H_1 : \lambda > \lambda_0 \quad \Rightarrow \quad 2n\lambda_0 < \chi^2_{2t}(1 - \varepsilon)$$
  $$H_1 : \lambda < \lambda_0 \quad \Rightarrow \quad 2n\lambda_0 > \chi^2_{2(t+1)}(\varepsilon)$$

  5. 特記事項

     a. 推定量は最尤推定量．不偏性，一致性，十分性，有効性も満たす．

     b. 統計量 T に関しては，（たとえば）ガンマ分布 $\Gamma(m, \beta)$ に従う確率変数を $\Gamma(m, \beta)$ というように分布の記号で表すとすると，
     $$P(T \geqq t) = P(\Gamma(t, n\lambda) < 1) = P\left(\frac{1}{2n\lambda}\chi^2(2t) < 1\right) \text{ および,}$$
     $$P(T \leqq t) = P(\Gamma(t+1, n\lambda) > 1) = P\left(\frac{1}{2n\lambda}\chi^2(2(t+1)) > 1\right) \text{ が成り立つ.}$$

     c. 両側検定は一様最強力不偏検定ではない．片側検定は一様最強力検定．

- 標本が大きい場合(近似法)
    1. 推定量:$\hat{\lambda} = \overline{X}$
    2. 統計量:$T = \dfrac{\hat{\lambda} - \lambda}{\sqrt{\lambda/n}} = \dfrac{\overline{X} - \lambda}{\sqrt{\lambda/n}} \sim N(0, 1)$ (近似的)
    3. 信頼区間:$\bar{x} - \sqrt{\dfrac{\bar{x}}{n}} u(\varepsilon/2) \leqq \lambda \leqq \bar{x} + \sqrt{\dfrac{\bar{x}}{n}} u(\varepsilon/2)$
    4. 棄却域:T のなかの λ を λ_0 としたものを T_0 として,

$$H_1 : \lambda \neq \lambda_0 \quad \Rightarrow \quad |T_0| > u(\varepsilon/2)$$
$$H_1 : \lambda > \lambda_0 \quad \Rightarrow \quad T_0 > u(\varepsilon)$$
$$H_1 : \lambda < \lambda_0 \quad \Rightarrow \quad T_0 < -u(\varepsilon)$$

    5. 特記事項
        a. 信頼区間は $\lambda \in \hat{\lambda} \pm \sqrt{\dfrac{\hat{\lambda}}{n}} u(\varepsilon/2)$ ということ.

参考文献

本書の内容を補い，確率・統計の学習に役立つと思われる文献をいくつか簡単に紹介しておこう．

[1] 藤田岳彦『弱点克服 大学生の確率・統計』東京図書，2010 年.
[2] 岩沢宏和『リスク・セオリーの基礎』培風館，2010 年.
[3] 蓑谷千凰彦『統計分布ハンドブック（増補版）』朝倉書店，2010 年.
[4] 竹村彰通『現代数理統計学』創文社，1991 年.
[5] 竹内啓『数理統計学』東洋経済新報社，1963 年.
[6] 稲垣宣生『数理統計学（改訂版）』裳華房，2003 年.
[7] 国沢清典編『確率統計演習 2 統計』培風館，1966 年.
[8] 日本アクチュアリー会『損保数理（平成 23 年 2 月改訂)』日本アクチュアリー会，2011 年.
[9] マクニールほか『定量的リスク管理』塚原英敦ほか訳，共立出版，2008 年.
[10] R.B.Nelson, *An Introduction to Copulas*, 2nd ed., Springer, 2006.
[11] 藤田岳彦『ランダムウォークと確率解析』日本評論社，2008 年.

確率・統計の入門書は数多くあり，数冊に絞って挙げることはとてもできないが，本書は，もともと [1] と [2] の間を埋めるレベルのものを想定して企画されたので，入門レベルとして [1] を挙げておく．同書は，多数の演習問題とその解説から成り，基本事項を計算力とともに身につけるのに好適である．

本書の第 3 章で力を入れた，分布どうしの関係の例については，[3] にじつに豊富に掲載されている．学習者の手元におくには価格（23,000 円 + 税）が気になるが，本書執筆中に正確を期するために筆者が最も頻繁に参照した本である．

数理統計学の内容を補うものとしては [4][5][6] を挙げておく．本書が割愛した証明や解説は，これらのうちのどれかに見出すことができる場合がある．

数理統計学から離れずに，しかし，実際に数表や電卓を使うような（本書では扱わなかった）演習問題を数多く集めたものとして [7] を挙げておく．

第 5 章のどの節の内容にも触れているものとしては [8] がある．5.1 節の内容に関する実用面については [9] が詳しい（同書は，そのほかにも，リスクを扱うときの実用的手法を幅広く扱っている）．5.1 節で省略した証明が載っている（ふつうに入手可能な）和書は見あたらないため，英語文献を挙げるのは本意ではないが，それらの証明を知りたい場合の参考文献として [10] を掲げておく．5.2 節，5.3 節の内容は，本書とはまた違った角度も含めて [2] が詳しく扱っている．本書が省略したいくつかの証明は同書を参照されたい．

5.2 節に登場する破産問題，マルチンゲール，任意停止定理のいずれもまとめて扱っているものとしては [11] を挙げておく．

■索 引

記号／数字

$\binom{\alpha}{k}$（2項係数）		10
1_A		63
$\lceil x \rceil$		42
$\lfloor x \rfloor$		42
$\overline{g(x)}$		171
$\{X_t\}$		246
$\{X_t\}_{t\in\Lambda}$		246

B

$B(s_1,\ldots,s_n)$		74
$B(s,t)$		74
$Beta(p,q)$		69
$Bin(1,p)$		36
$Bin(n,p)$		36, 88

C

$C(0,1)$		111
$C(\mu,\phi)$		111
χ^2		219
$\chi^2_{2m}(\varepsilon)$		189
$\chi^2(n)$		188
$Cov[X,Y]$		52
$C_X(t)$		145
$C(x,y)$		226
$C(x,y;\phi)$		240

D

$\delta(0)$		84
$\delta(\alpha)$		84

E

$E[g(X)]$		53, 60, 62
$E[g(X_1,\ldots,X_n)]$		128
$E[X|A]$		76
$E[X|Y]$		76
$E[X|Y_1,\ldots,Y_n]$		80

F

$F(m_1,m_2)$		193
$F^{m_1}_{m_2}(\varepsilon)$		193
$Fs(p)$		36
$F_X(x)$		33, 40
$f_X(x)$		33, 35
$f_{X_1,\ldots,X_m|Y_1,\ldots,Y_n}(x_1,\ldots,x_m|b_1,\ldots,b_n)$		132
$F_X(x_1,\ldots,x_d)$		127
$f_X(x_1,\ldots,x_d)$		127

G

γ		19
$\Gamma(1,\beta)$		86
$\Gamma(\alpha)$		59
$\Gamma(\alpha,\beta)$		87
$G_X(t)$		145

H

$\hat{\theta}$		180
$H(N,M,n)$		97

L

$LN(\mu,\sigma^2)$		105
$LS(p)$		90
$L(\theta)$		175
$l(\theta)$		175
$L(\theta_1,\ldots,\theta_k)$		177
$l(\theta_1,\ldots,\theta_k)$		177

M

$M(n,p_1,\ldots,p_k)$		143
μ		272
μ_X		51, 163
$M_X(t)$		145
$M_X(t_1,\ldots,t_n)$		146

N

$N(0,1)$		42, 44, 53
$N(\mu,\sigma^2)$		42
$N(\mu_1,\mu_2;\sigma_1^2,\sigma_2^2;\rho)$		140
$NB(1,p)$		36, 88
$NB(\alpha,p)$		88
$NB(n,p)$		36

O

$O(h)$		124

P

$Pa(\alpha,\beta)$		86
$\Phi(x)$		43
$\phi_X(t)$		145
$Po(\lambda)$		89, 125

Q
$q_\alpha[X]$ ... 52

R
$\rho_S[X, Y]$ ... 234
$\rho_\tau[X, Y]$ ... 233
$\rho[X, Y]$ ... 52
r_{xy} ... 171

S
σ_X ... 51, 163
σ_X^2 ... 51, 163
S_t ... 243
$S_X(x)$ ... 62

T
$t(m)$ ... 192

U
$U(0, 1)$ ... 47
$U(a, b)$ ... 47
$u(\varepsilon)$ ... 195
U_t ... 243

V
v ... 272
$\text{VaR}[X; \alpha]$ ... 52
$V[X]$ ... 51

W
w ... 272
$W(p, \theta)$ ... 97

X
X_T ... 250

あ
IAAのシラバス ... 83
アルキメデス型コピュラ ... 240
安全割増率 ... 256
一様最強力検定 ... 213
一様最強力不偏検定 ... 215
一様最有力検定 ... 213
一様分布 ... 47, 72, 83, 85, 117, 118, 203
　　—のグラフ ... 48
一致する枚数の期待値 ... 16
一致性 ... 180
移動ガンマ分布 ... 173
因子分解定理 ... 180
上側 ε 点 ... 52, 189, 193
ウェルチの検定 ... 282

F 分布 ... 116, 149, 193
　　—のグラフ ... 194
オイラーの定数 ... 19
オペレーショナル・タイム ... 256

か
階級 ... 169
カイ2乗検定 ... 218
カイ2乗分布 ... 83, 116, 188–190, 192, 193, 196, 204, 210, 218
ガウス ... 43
ガウス型コピュラ ... 229
ガウス記号 ... 42
ガウス積分 ... 44, 45, 137
ガウス分布 ... 43
確率過程 ... 76, 116, 246
確率関数 ... 33, 35
確率分布 ... 31
確率変数 ... 3, 31
　　—の分解 ... 17
確率変数ベクトル ... 127
確率母関数 ... 144–146
確率密度関数 ... 40
可算 ... 20
貸し倒れリスク ... 29
仮説検定 ... 204
片側検定 ... 207
勝ち逃げ ... 249
ガリレイ ... 2
ガリレオのサイコロ ... 2
カルダーノ ... 2
関数の分布 ... 137
　　複数の独立な確率変数の— ... 112
ガンマ関数 ... 54, 58
ガンマ分布 ... 83, 87, 109, 115, 116, 123, 124, 147, 150, 153, 154, 164, 189, 269, 271
　　—のグラフ ... 87
幾何分布 ... 36, 83, 88, 93, 107, 154
　　—のグラフ ... 39
奇関数 ... 54
棄却 ... 206
棄却域 ... 205, 206, 209
危険度関数 ... 96
記述統計 ... 169
期待値の加法性 ... 16
期待値の線形性 ... 16
帰無仮説 ... 206
帰無仮説の尤度 ... 213

逆ガンマ分布	55
逆行	7
ギャンブラーの破産問題	8, 244
級数公式	39
キュムラント	51, 66, 162
キュムラント母関数	145, 161
共単調	229, 233, 234
共単調コピュラ	228
共分散	51, 52, 171
協和	231
協和確率	232
極限分布	40, 124
極座標変換	136
近似	200, 201, 218, 220
近似法	201
区間推定	194
くじ引きの原理	13
組み合わせ	10
組み合わせ論	9
クラメール=ラオの不等式	182
クレイトン・コピュラ	241
クレディビリティ理論	259
有限変動—	260
グンベル・コピュラ	240, 241
経験分布	170
経験ベイズ法	275
劇場の座席	17
検出力	208
剣闘士チームのパズル	247
ケンドールの順位相関係数	233
ケンドールの τ	241
ケンドールの τ	233
公平な賭け	247
国際アクチュアリー会	83
コーシー分布	88, 111, 149, 158–160, 225
—のグラフ	111
ゴセット	198
個体	169
コピュラ	225, 226
アルキメデス型—	240
ガウス型—	229
共単調—	228
クレイトン・—	241
グンベル・—	240, 241
正規—	229, 235
積—	228
反単調—	229
フランク・—	241
ゴルトン	27, 43
ゴルトンのパラドックス	27
混合型	33
混合分布	49, 79, 154
混合分布モデル	261

さ

最強力検定	212
斉時性	117
最小2乗誤差推定量	81, 261
最小2乗線形推定量	272
最小値	98
最小分散不偏推定量	187
最小分散不偏性	181
再生性	152
最大値	98
採択	206
最尤推定値	175, 177
最尤推定量	186, 196
最尤法	174
最有力検定	212
サープラス	243
初期—	243
三角分布	72
3囚人問題	22
事後分布	265
指示関数	63, 119
事象	
—の積	5
—の分割	7
指数分布	83, 86, 92, 95, 97, 99, 106, 109, 112, 119, 123, 125, 133, 153
—のグラフ	87
指数母集団	175, 187, 189, 196, 209, 214, 217
—で打ち切りがある場合	176
自然共役事前分布	270
事前分布	265
下側 ε 点	193
しっぽ確率	63
シミュレーション	46
離散型の確率分布の—	49
従属性	30, 224
自由度	218
重複組み合わせ	10
重複順列	10
十分性	180
十分統計量	180, 196
周辺分布	130
樹形図	6, 7
シュワルツの不等式	185

瞬間故障率	96
順序統計量	95, 98, 117
最小—	98
最大—	98
順列	10
条件付確率	20
条件付期待値	76, 77, 80
条件付の期待値	76, 77
条件付の分散	77
条件付分散	78
条件付分布	132
条件付密度関数	132
初期サープラス	243
信頼区間	195
—の最適化	203
—の作り方	197
信頼係数	195
信頼度	260
推定量	180
スクラーの定理	227
裾確率	63
スターリングの公式	41, 124
スチューデント	198
スピアマンの順位相関係数	234
スピアマンの ρ	234
スラック変数	12
正規	43
正規化	40, 64
正規コピュラ	229, 230, 235
正規分布	40, 42, 83, 105, 147, 152, 161, 162, 271
多次元—	140, 224
2次元—	140, 142, 227, 237
—のグラフ	43
正規母集団	177, 190–192, 194, 198
生成作用素	240
正則条件	182
積コピュラ	228, 230
積率	51
積率母関数	57, 145, 146
多次元分布に対応する—	146
z 変換	200
全確率 = 1	35, 47, 57, 61
全確率の公式	21
漸化式	8
線形推定量	272
全事象	3
—の分割	3, 5
先手は有利か	15

尖度	51, 65, 66, 163, 171
相関係数	51, 52, 65, 171, 224
ケンドールの順位—	233
スピアマンの順位—	234
—のとりうる値の範囲	237
標本—	211
存続確率	258

た

第1種の誤り	208
対数級数	90
対数級数分布	89, 90, 148, 155
—のグラフ	91
対数正規分布	58, 83, 105, 147, 149
—のグラフ	106
対数凸性	60
対数尤度関数	175, 177
第2種の誤り	208
対立仮説	206
対立仮説の尤度	213
楕円型分布	239
高々可算	20
多項分布	143, 220
多次元正規分布	139, 140, 224
多次元 t 分布	239
多次元標準 t 分布	239
多次元分布	126
多次元ベータ関数	74
畳み込み	108, 109
単位分布	84
単回帰モデル	211
単純仮説	213
中心極限定理	156, 160
超過率	52
超幾何分布	83, 97
—のグラフ	98
調整係数	254, 257
次のカードの色	14
出会いの問題	16
定義関数	63
停止時刻	249
t 分布	149, 192, 198, 211
—のグラフ	192
適合度検定	218
テール確率	62, 63, 92, 94
デルタ分布	84
天井関数	42
点推定	172
点数の問題	5

転置行列	80
統計的推測	167
統計量	188, 194
同時確率関数	127
同時分布	126
同時分布関数	127
同時密度関数	127
特性関数	145, 158
特性値	50, 51
独立	5, 26, 191, 234
互いに—	26
独立性	25, 224
独立性の検定	221
独立増分性	117
ド・メレ	4
ド・メレのサイコロ問題	4
ド・モアブル	43

な

なくした搭乗券	13
2項係数	10
2項分布	36, 40, 83, 88, 116, 125, 148, 151, 153–155
—のグラフ	39
負の—のグラフ	39
2項母集団	183, 201
2次元正規分布	140, 227
2次方程式の問題	103
任意停止定理	15, 246, 249, 251
ネイマン=ピアソンの補題	212
ノンパラメトリック	182, 277

は

排反な事象	3
破産	243
破産確率	243, 253, 256
無限期間の—	243, 244, 252, 255
有限期間の—	243
パスカル	2, 5, 8
パーセンタイル	51, 52
バナッハ	38
バナッハのマッチ箱	38, 61
パラメータ	35, 167
バリュー・アット・リスク (VaR)	52, 225
パレート	85
パレート分布	83, 85, 86, 106, 149
—のグラフ	86
範囲	98, 139
反単調	230, 233, 234
反単調コピュラ	229
ピアソン	169
非可算	20
ヒストグラム	168
左側検定	206, 210
1つの壺	18
非復元抽出	15
ビュールマン	261
ビュールマン推定量	273, 276, 277
ビュールマンの方法	271, 273
—（事前分布が与えられている場合） 273	
—（ノンパラメトリックな場合） 277	
—（ポアソン母集団の場合） 276	
ビュールマン・モデル	261
標準一様分布	47, 100, 101, 133
標準一様乱数	47
標準コーシー分布	53, 111, 119, 192
標準正規分布	40–42, 44, 53, 111, 124, 134, 135, 137, 156, 192, 194, 200, 201
—の分布関数	43
標準ベキ関数分布	85
標準偏差	51, 163, 171
標準ラプラス分布	112
標本	169
—の大きさ	169, 208
—の観測値	169
標本空間	3
標本相関係数	211
標本不偏分散	181
標本分散	171, 190, 191
標本平均	171, 191
標本モーメント	171
ファーストサクセス分布	36, 93, 99, 125, 186
フィッシャー	66
フェルマー	2, 5
不協和	232
不協和確率	232
複合仮説	213
複合幾何分布	258
複合分布	78, 155
複合ポアソン過程	255
複合ポアソン分布	255
不定	41
負の2項展開	38
負の2項分布	36, 83, 88, 107, 148, 153–155, 164, 172
不偏検定法	215

不偏性	180
フランク・コピュラ	241
フレシェ下限	230
フレシェ上限	229
分位点	52
分割	20
分割表	221
分散	51, 163, 171
分散共分散行列	140
分配問題	5
分布関数	33, 40
分布の形状	40, 66
平均	51, 163, 171
平均ベクトル	140
ベイズ	20
ベイズ推定	263, 265
ベイズ統計学	263, 266
ベイズの定理	20, 21, 267
ベキ関数分布	85, 149
—のグラフ	85
ベータ関数	59, 74, 101
多次元—	74
ベータ分布	69, 83, 100, 102, 115, 116, 119, 131, 149, 271
ベルトラン	19
ベルトランの箱	19
ベルトランのパラドックス	19
ベルヌーイ	35
ベルヌーイ試行	34, 49, 83
ベルヌーイ分布	35, 36, 83, 153, 271
成功確率 p の—	35
変数変換	
1 次元の—	104
多次元の—	133, 134
変動係数	51, 171
ポアソン過程	116
ポアソン分布	83, 89, 116, 125, 148, 153–155, 161, 163, 190, 265, 269, 271
—のグラフ	89
ポアソン母集団	174, 190
ホイヘンス	7
母関数	57, 108, 143, 146
確率—	144–146
キュムラント—	57, 145, 161
積率—	57, 145, 146
保険金	242
保険数理	244
保険料	242
母集団	169
母集団分布	167
母数	167
母尖度	167
母相関係数	200
母分散	167
母平均	167
母モーメント	167
母歪度	167

ま

待ち時間	91, 94
マルチンゲール	15, 245, 247
右側検定	206, 209
密度関数	33, 40
標準正規分布の—	41
見本関数	246
無関係	27
無記憶性	92, 93
無作為抽出	167
無相関	27, 52
無相関検定	210
モーメント	149
（原点まわりの）—	51, 171
平均まわりの—	51, 171
モーメント法	172
モンティ・ホール問題	20
モンモール	16

や

ヤコビアン	134, 135
有意水準	206
有効	183
有効推定量	
—の見つけ方	186
有効性	183
尤度	
帰無仮説の—	213
対立仮説の—	213
尤度関数	175, 177
尤度比	213, 216
尤度比検定	213, 215, 216
床関数	42
余事象	4
予測分布	264
余命	95

ら

ラオ=ブラックウェルの定理	187
ラプラス分布	71, 112

—のグラフ	72, 112	零集合	127
乱数	46	レーマン=シェフェの定理	187
ランダウのO記号	124	連続型	33, 40, 43, 53, 127
離散型	33, 34, 60, 127	連続時間型	243, 255
離散型分布	34		
離散時間型	243, 252	**わ**	
リスク	1	和	
リスク・セオリー	244	離散型確率変数の—	107
両側検定	206, 210	連続型確率変数の—	109
累積性	66	歪度	51, 66, 163, 171
累積モーメント	65, 66, 162	ワイブル分布	83, 96, 97, 149
ルベーグ=スティルチェス積分	62, 129	—のグラフ	97
ルンドベリ	255	和差積商の公式	110, 114, 138
ルンドベリ・モデル	255	和の公式	108
		和の分布	152, 153

■著者紹介

岩沢　宏和(いわさわ　ひろかず)

　1990年3月　東京大学工学部計数工学科 卒業
　1992年　アクチュアリー会正会員資格取得
　1998年9月　三菱信託銀行（現 三菱UFJ信託銀行）退社（年金アクチュアリー）
　2007年3月　東京都立大学大学院人文科学研究科博士課程 単位取得退学
　現在，（公社）日本アクチュアリー会などで保険数理，データサイエンスに関する各種講座・講義の講師を務めている．
　早稲田大学大学院会計研究科客員教授．東京大学大学院経済学研究科ほかにて非常勤講師．
　日本保険・年金リスク学会評議員．

確率・統計関係の著書
『入門　Rによる予測モデリング――機械学習を用いたリスク管理のために』
（東京図書，2019，共著）
『分布からはじめる確率・統計入門――実用のための直感的アプローチ』
（東京図書，2016）
『ホイヘンスが教えてくれる確率論』（技術評論社，2016）
『損害保険数理』（日本評論社，2015，共著）
『世界を変えた確率と統計のからくり134話』（SBクリエイティブ，2014）
『確率パズルの迷宮』（日本評論社，2014）
『確率のエッセンス』（技術評論社，2013）
『リスク・セオリーの基礎』（培風館，2010）

リスクを知(し)るための 確率(かくりつ)・統計入門(とうけいにゅうもん) ©Hirokazu Iwasawa 2012

2012年 2月25日　第1刷発行　　Printed in Japan
2024年 5月25日　第8刷発行

著者　岩沢　宏和
発行所　東京図書株式会社
〒102-0072 東京都千代田区飯田橋3-11-19
振替 00140-4-13803 電話 03(3288)9461
http://www.tokyo-tosho.co.jp

ISBN 978-4-489-02121-3

●東京図書の 確率・統計 テキスト ●

分布からはじめる確率・統計入門
——実用のための直感的アプローチ
岩沢宏和 著・A5判　224ページ
◎分布とは何かを詳しく紹介，実用的な確率・統計の基本を説明‥‥‥‥‥‥‥‥‥‥‥‥
分布って何？　行列のできるパン屋の待ち時間の分布とは？　データ解析が当たり前の現代に，有益かつ不可欠な「分布」．本書は，分布とはどういうものかを詳しく紹介することを通して，実用的な確率・統計の基本を説明する．具体的な計算やグラフの多用により，直感的理解もしやすいよう配慮した．正規分布や t 分布が出てきても，もう，困らない！
【内容】
＜分布から確率・統計へ＞分布とは何か／離散分布とは何か／連続分布とは何か／確率分布とは何か／確率分布の特徴を捉える方法／統計学と分布／＜確率・統計分布小事典＞代表的な離散分布／代表的な連続分布／＜補遺＞本書で使う記号など／補論

弱点克服 大学生の確率・統計
藤田岳彦 著・A5判　272ページ
◎定期試験の対策から，アクチュアリー試験の数学の準備まで‥‥‥‥‥‥‥‥‥‥‥‥‥
確率・統計という分野は，他の数学の分野（とくに積分など）をみっちり使うところもあれば，この分野独特の考え方が必要なところもある．このテキストでは確率の基本から，統計，モデリング，金融数理まで詳しく解説した100問を用意した．大学の定期試験対策だけでなく，近年ニーズが高まっているアクチュアリー（保険数理）の試験にも対応している．
【内容】
確率・統計計算の基礎／確率空間とその基本概念／離散確率分布／1次元連続確率分布／統計／確率過程とモデリング／保険金融数理入門
TEST shuffle 20　——ランダム配列の5題×20回分

■関連既刊書

入門 R による予測モデリング——機械学習を用いたリスク管理のために
‥‥‥‥◆岩沢宏和・平松雄司 著
●データを扱う社会人にとって必須の R と予測モデリングを学べる入門書．

大学1・2年生のためのすぐわかる統計学　‥‥‥◆藤田岳彦・吉田直広 著
●基本事項の解説ののち，約100題の典型的な問題の演習にて，理解をたしかなものに．

入門 確率過程‥‥‥◆松原望 著
●基礎からファイナンス理論への応用まで理解できる入門書．

改訂版 入門 ベイズ統計‥‥‥◆松原望 著
●いま注目を浴びている意思決定の統計学．

松原望の 確率過程 超！入門‥‥‥◆松原望 著
●確率の実感的な意味から始め，数理的な本質を豊富な応用例から解説する．